Grundriss der menschlichen Erblichkeitslehre und Rassenhygiene (2/2) Menschliche Auslese und Rassenhygiene

Fritz Lenz

Alpha Editions

This edition published in 2022

ISBN : 9789356709010

Design and Setting By
Alpha Editions
www.alphaedis.com
Email - info@alphaedis.com

Contents

Erster Abschnitt.

Die Auslese beim Menschen.

1. Die biologische Auslese.

a) Begriff und Formen der Auslese.

Im ersten Bande ist gezeigt worden, daß es innerhalb der menschlichen Bevölkerungen sehr mannigfache erbliche Unterschiede gibt, außer jenen, die man als Rassenunterschiede im engeren Sinne zu bezeichnen pflegt, auch allerlei andere Unterschiede der körperlichen und seelischen Veranlagung, insbesondere auch zahlreiche Abweichungen krankhafter Natur. Wenn nun alle Individuen einer Bevölkerung genau gleich viele Nachkommen hinterlassen würden, so würde die erbliche Durchschnittsbeschaffenheit (abgesehen von dem Auftreten neuer Idiovariationen) immer die gleiche bleiben, wie schon auf S. 70 des ersten Bandes dargelegt wurde. In Wirklichkeit ist das aber niemals und nirgends der Fall; und wenn die erblich verschiedenen Individuen einer Bevölkerung nicht die gleiche, sondern eine verschiedene Zahl von Nachkommen hinterlassen, so sprechen wir von biologischer Auslese (Selektion oder Zuchtwahl) oder auch wohl Auslese schlechtweg.

In der freien Natur, bei Tieren und Pflanzen, kommt die Auslese hauptsächlich dadurch zustande, daß die allermeisten Individuen vor Abschluß ihrer Fortpflanzung zugrunde gehen; der größte Teil erreicht nicht einmal das Fortpflanzungsalter, sondern fällt bereits im Jugendzustande irgend welchen Feinden oder Klimaeinflüssen zum Opfer. Im allgemeinen kommen nur besonders widerstandsfähige und zum Daseinskampf wohlausgerüstete Wesen in der freien Natur zur Erzeugung von Nachkommen. Das ist auch bei menschlichen Naturvölkern die Regel. Bei den modernen Kulturvölkern dagegen kommen die meisten Individuen, welche geboren werden, auch wieder zur Fortpflanzung. Gleichwohl aber ist auch bei allen Kulturvölkern dauernd Auslese am Werke. Der Tod der Individuen als solcher macht nämlich nicht das Wesen der Auslese aus; denn alle Individuen müssen ja sterben. Nur insofern als der frühere oder spätere Eintritt des Todes auch für die Zahl der Nachkommen von Bedeutung ist, hat er eine Auslese zur Folge. In unseren Bevölkerungen hat aber die Verschiedenheit der Nachkommenzahl vorwiegend andere Ursachen. Eine Auslese, die nicht durch den früheren oder späteren Tod der Individuen sondern nur durch Unterschiede der Fruchtbarkeit zustandekommt, bezeichnet man als Fruchtbarkeitsauslese. Eine scharfe Unterscheidung gegenüber der Lebensauslese, die durch das unterschiedliche Zugrundegehen der Individuen zustandekommt, ist aber nicht durchführbar; denn im Grunde ist eben alle Auslese Fruchtbarkeitsauslese.

Durch jede Auslese wird eine Bevölkerung gewissermaßen in zwei Teile geteilt, von denen der eine erhalten, der andere ausgeschaltet wird. Diese

Ausschaltung bezeichnet man auch wohl als negative Auslese, die Erhaltung als positive oder auch als Auslese schlechthin. Immer aber ist dabei vorausgesetzt, daß der überlebende Teil der Bevölkerung von anderer Beschaffenheit als der ausgeschaltete ist. Wenn das nicht der Fall ist, so liegt überhaupt keine Auslese vor, sondern eine wahllose Ausschaltung oder nonselektorische Elimination (Ploetz) einerseits und eine wahllose Erhaltung andererseits. Das ist z. B. der Fall, wenn von einer Reihe erbgleicher Lebewesen ein Teil infolge äußerer Zufälligkeiten zugrundegeht. Bei der Auslese dagegen findet die Erhaltung und Ausschaltung nicht zufällig statt, wie öfter von Leuten, die den Begriff der Auslese nicht verstanden haben, angegeben wird, sondern in Abhängigkeit von der erblichen Beschaffenheit der Lebewesen.

Im wirklichen Leben kommen wahllose und auslesende Ausschaltung vielfach miteinander vermischt vor. Bei gewissen Schädlichkeiten oder Katastrophen, wie etwa einem Erdbeben, wiegt die wahllose Vernichtung vor, bei andern die selektive Ausschaltung. Je größer die wahllose Ausschaltung durch eine Schädlichkeit ist, desto geringer ist natürlich ihre Auslesewirkung und umgekehrt. Gleich Null ist aber kaum jemals eine dieser beiden Größen. Das wird immer wieder verkannt. Immer wieder muß man hören, daß eine Schädlichkeit deshalb keine Auslesebedeutung haben könne, weil die Entscheidung über Ausschaltung oder Überleben ja nicht nur in den Unterschieden der erblichen Veranlagung liege. In diesem Argument liegt aber ein logischer Widersinn, denn wenn allein die erbliche Veranlagung den Ausschlag gäbe, so würde ja der äußeren Schädlichkeit überhaupt keine Bedeutung, also auch keine Auslesebedeutung zukommen können. Aber gerade überall dort, wo die Entscheidung über Leben und Tod von äußeren Einflüssen im Verein mit der erblichen Veranlagung abhängt, ist Auslese wirksam. Auch wo den Unterschieden der Erbanlage eine viel geringere Bedeutung als den äußeren Einflüssen für Überleben oder Unterliegen zukommt, findet immer noch Auslese statt, wenn auch nicht in gleich hohem Grade wie bei vorwiegender Bedeutung der Erbanlage. Im wirklichen Leben sind bald die äußeren Einflüsse und bald die Erbanlagen von größerer Bedeutung für Ausschaltung oder Überleben, und dasselbe gilt von den Unterschieden der Fortpflanzung.

Mit welcher Verständnislosigkeit heute noch manche Gelehrte dem Gedanken der Auslese gegenüberstehen, möge eine Auslassung eines namhaften Mediziners zeigen, der es i. J. 1919 als seine „elementare Pflicht, die Lehre von der Auslese zu untersuchen“, bezeichnet und zu dem Schluß kommt: „Sie wirkt nur negativ, indem sie ohne Unterschied vernichtet, was gut und schlecht.“ Der Begriff der Auslese wird also direkt mit seinem Gegenteil verwechselt, der wahllosen Ausschaltung.

Mit großer Vorliebe wird auch der Begriff des Kampfes ums Dasein mißverstanden. Weil der Lebensraum für alle Lebewesen notwendig begrenzt ist und weil diese infolge ihrer natürlichen Vermehrung den verfügbaren Lebensraum immer mehr oder weniger ausfüllen, so stehen alle Lebewesen, welche einen Teil ihrer Lebensbedürfnisse gemeinsam haben, dauernd in einem Konkurrenzkampf um Nahrung und Lebensraum. Nur ausnahmsweise findet dabei ein Kampf im eigentlichen Sinne statt, etwa wenn Raubtiere um die Beute kämpfen oder Vögel um eine Nistgelegenheit. Der von Darwin eingeführte Begriff des Kampfes ums Dasein bezeichnet also ganz allgemein die Tatsache der Lebenskonkurrenz der Organismen, welche eine der hauptsächlichsten Ursachen der Auslese ist.

Mit dem Begriff der Fruchtbarkeitsauslese hängt der der geschlechtlichen Auslese zusammen. Während die natürliche Auslese nach Darwin im allgemeinen auf Überleben der angepaßteren und Zugrundegehen der weniger angepaßten Lebewesen beruht, soll die geschlechtliche Zuchtwahl nur in Unterschieden der Fortpflanzung zum Ausdruck kommen. Im engeren Sinne wird jener Teil der Fortpflanzungsauslese als geschlechtliche Zuchtwahl bezeichnet, der durch den Wettbewerb von Individuen des einen Geschlechts um das andere Geschlecht zustande kommt, insbesondere durch den Wettbewerb der Männchen um die Weibchen und die Wahl der Männchen durch die Weibchen. Die Bedeutung dieser geschlechtlichen Wahl für die Rasse wird oft sehr überschätzt. Öfter wird sie sogar mit der biologischen Auslese überhaupt gleichgesetzt. In Wahrheit hat aber die geschlechtliche Wahl als solche überhaupt keine Auslesebedeutung für eine Bevölkerung, sondern nur dann, wenn sie zur Ausschaltung eines Teiles der Bevölkerung von der Fortpflanzung führt oder doch zu einer wesentlichen Beeinträchtigung der Fortpflanzung.

Das ist hauptsächlich bei polygyner Fortpflanzung der Fall, wie sie bei vielen gesellig lebenden Tieren die Regel ist. Wenn von wenigen Männchen viele Weibchen befruchtet werden, so werden die übrigen Männchen dadurch eben mehr oder weniger von der Fortpflanzung ausgeschaltet, und die zur Fortpflanzung kommenden sind im Durchschnitt natürlich stärker und lebenstüchtiger als die übrigen. Eine rationelle Tierzucht ohne polygyne Fortpflanzung wäre kaum durchführbar. Auch bei vielen menschlichen Völkern ist oder war die Polygynie von der Sitte gutgeheißen. Daß die dadurch bewirkte schärfere Auslese für sich allein aber nicht den Sieg im Kampfe ums Dasein der Völker verbürgt, zeigt die Tatsache, daß gerade jene Völker, welche gegenwärtig den größten Teil der Erde beherrschen, sich im wesentlichen durch Einehe fortpflanzen.

Da in monogamen menschlichen Bevölkerungen im allgemeinen nur ein recht kleiner Teil dauernd ehelos zu bleiben pflegt, hat die geschlechtliche Wahl dort keine große Auslesebedeutung. Wenn alle Individuen zur

Eheschließung kämen und keine Unterschiede der Fruchtbarkeit zwischen den verschiedenen Paaren beständen, so würde die Liebeswahl auf die durchschnittliche Zusammensetzung der Erbmasse der Bevölkerung überhaupt keinen Einfluß haben. Deren Änderung durch Auslese kommt eben ausschließlich durch Unterschiede der Nachkommenzahl der verschiedenen Individuen zustande, nicht aber durch die Art und Weise, wie die verschiedenen Individuen beider Geschlechter sich zu Paaren zusammenfinden.

Im übrigen finden auch bei allgemeiner Einehe in allen Bevölkerungen dauernd ziemlich intensive Auslesevorgänge statt, weil niemals alle Ehepaare dieselbe Zahl von Nachkommen hinterlassen. Keinerlei Auslese würde nur in dem gedachten Falle stattfinden, wenn alle Menschen zur Ehe gelangen, jedes Ehepaar nur zwei Kinder erzeugen und die Kinder auch ihrerseits wieder alle das fortpflanzungsfähige Alter erreichen und je zwei Kinder erzeugen würden.

Die Intensität der Auslese ist im allgemeinen um so größer, je größer die durchschnittliche Kinderzahl und je schneller die Folge der Generationen ist. Wie auch scheinbar geringe Unterschiede der Fruchtbarkeit und der Generationendauer weitgehende Auslesebedeutung haben, möge an einem Zahlenbeispiel veranschaulicht werden.

Angenommen, in einer Bevölkerungsgruppe A gelangten von jedem Ehepaar im Durchschnitt drei Kinder wieder zur Fortpflanzung, in einer Bevölkerungsgruppe B dagegen vier. Wenn die durchschnittliche Dauer der Generationen 33 Jahre betrüge und zu einer gegebenen Zeit die beiden Gruppen je die Hälfte der Bevölkerung ausmachten, so würde doch schon nach 100 Jahren die Gruppe A nur noch 28% der Bevölkerung ausmachen, die Gruppe B dagegen 72%; und nach 300 Jahren würde das Zahlenverhältnis 7 : 93% betragen.

Aber auch wenn die Zahl der Kinder, welche zur Fortpflanzung kämen, in beiden Gruppen gleich wäre, z. B. vier, die Generationendauer aber verschieden wäre und zwar in der Gruppe A 33, in der Gruppe B 25 betrüge, würden sich starke Verschiebungen in der Zusammensetzung der Bevölkerung vollziehen. Das Verhältnis, welches zu Anfang als 50 : 50 angenommen wurde, würde nach 100 Jahren 33 : 67 und nach 300 Jahren 11 : 89 sein.

In Wirklichkeit haben nun jene Gruppen, die eine schnellere Generationenfolge haben, in der Regel zugleich auch eine größere Kinderzahl, was z. T. einfach eine Folge des früheren Heiratsalters ist. Würden also in Gruppe A von jeder Familie im Durchschnitt 3 Kinder nach 33 Jahren zur Fortpflanzung kommen, in Gruppe B aber 4 Kinder nach je

25 Jahren, so würde das Verhältnis 50 : 50 nach 100 Jahren in 17,5 : 82,5 und nach 300 Jahren in 0,9 : 99,1 umgewandelt sein.

Diese Unterschiede bleiben hinter den wirklich in unserer Bevölkerung vorkommenden sogar noch zurück. Das ist der Weg, auf dem Rassen verschwinden. Man hat sich wohl den Kopf zerbrochen, weshalb die Mehrzahl der heutigen Deutschen den Germanen der Völkerwanderung nicht gleicht. Zur Erklärung des Dahinschwindens der Germanen genügt vollauf ein scheinbar so geringfügiges Zurückbleiben in der Fortpflanzung hinter Bevölkerungselementen von anderer Herkunft, die zunächst garnicht besonders zahlreich gewesen zu sein brauchen.

Da die Intensität der Auslese mit der durchschnittlichen Zahl der Nachkommen und mit den Unterschieden zwischen der Nachkommenzahl verschiedener Gruppen steigt, so muß sie umgekehrt natürlich mit der Abnahme der durchschnittlichen Nachkommenzahl abnehmen, bis sie bei allgemeinem Zweikindersystem so ziemlich auf dem Nullpunkt angelangt wäre. Das ist die hauptsächlichste Ursache einer Einschränkung der Auslese, die man auch wohl mit einem nicht besonders treffenden Namen als Panmixie bezeichnet. Scharf davon zu trennen ist die Richtungsänderung der Auslese, welche öfter damit verwechselt wird. Die Richtung der Auslese ist natürlich von der Umwelt abhängig, sie ändert sich folglich mit der Umwelt.

Wenn die Ausleseverhältnisse in einer Bevölkerung sich so gestalten, daß nicht die Tüchtigeren, sondern die Untüchtigeren überleben und die größere Nachkommenschaft haben, so sprechen wir von Gegenauslese oder Kontraselektion.

Da die Unterscheidung zwischen Tüchtigeren und Untüchtigeren einen Wertmaßstab voraussetzt, so setzt der Begriff der Gegenauslese ebenfalls einen solchen voraus. Rein naturwissenschaftlich ist die Gegenauslese eine Auslese wie jede andere auch; denn auch im Falle der Gegenauslese sind die Überlebenden an die gerade bestehenden Lebensverhältnisse besser angepaßt als die Ausgeschalteten, und der Begriff der Anpassung ist ja von dem der Erhaltung abhängig. Besondere Bedeutung, und zwar ganz gewaltige, gewinnt der Begriff der Gegenauslese aber, wenn man ihn auf ein Ziel bezieht, etwa die Entwicklung der Kultur oder das dauernde Gedeihen der Rasse. Es ist nicht nur möglich, sondern heute leider in weitestem Umfange Tatsache, daß gerade die hauptsächlichsten Träger der modernen Kultur und solche Menschen, die ihrer ganzen Veranlagung nach am besten dem dauernden Gedeihen der Rasse dienen könnten, eine geringere Nachkommenzahl zu hinterlassen pflegen als der Durchschnitt der Bevölkerung.

Die Gegenauslese ist die praktisch wichtigste Ursache der Entartung. Auch der Begriff der Entartung setzt ein Werturteil voraus, wenn wir darunter nicht nur die Neuentstehung und Ausbreitung eigentlich krankhafter Erbanlagen, sondern auch die sonst unerwünschter, wie etwa mangelnder Kulturbegabung, verstehen. Wir haben im 3. Abschnitt des ersten Bandes die Idiokinese als eine Ursache von Entartung kennen gelernt. Die durch idiokinetische Einwirkungen entstehenden krankhaften Erbanlagen können sich natürlich um so eher erhalten, je geringer die Intensität der Auslese ist. So ist also die vorhin besprochene Einschränkung der Auslese eine weitere Ursache der Entartung. Eine schnelle Ausbreitung und Überhandnahme krankhafter und sonstiger unerwünschter Erbanlagen tritt aber nur ein, wenn die Ausleseverhältnisse in einer Bevölkerung in größerem Ausmaße den Charakter der Gegenauslese haben; und das ist in den Ländern der abendländischen Kultur gegenwärtig ohne Zweifel der Fall.

b) Die moderne Gestaltung der natürlichen Auslese in ihrer Wirkung auf die verschiedenen Organsysteme.

Wenn wir nun die Wirkung der natürlichen Auslese auf die wichtigsten krankhaften Anlagen betrachten, so wollen wir dabei dieselbe Reihenfolge einhalten wie bei der Besprechung ihres Erbganges im ersten Bande.

Der Brechungszustand des Auges hat heute nicht entfernt mehr dieselbe lebenswichtige Bedeutung wie auf den primitivsten Kulturstufen. Auf der Stufe des Sammlers und Jägers konnten nur Normalsichtige oder leicht Übersichtige ihren Lebensunterhalt gewinnen und den mannigfachen Feinden in einem Leben immerwährenden Kampfes standhalten oder entgehen. Anlagen zu Kurzsichtigkeit wurden daher schonungslos durch die natürliche Auslese beseitigt. Auch auf der Stufe des Nomaden herrscht noch eine scharfe Auslese in bezug auf den Brechungszustand des Auges. Mit dem Aufkommen des Ackerbaues wird sie allmählich weniger streng. Noch geringer wird sie mit dem Aufkommen anderer Gewerbe neben dem Ackerbau; und je mehr die Arbeitsteilung fortschreitet, um so mehr finden auch Kurzsichtige Erwerbsmöglichkeiten. Besonders seit der Erfindung der Brille haben die Brechungsfehler ihre Auslesebedeutung zum größten Teil verloren, und sie können sich daher unter unseren Lebensverhältnissen ziemlich ungestört ausbreiten, sofern sie nicht gar zu hochgradig sind. Mit dieser Abschwächung der Auslese hängt es zweifellos zusammen, daß heute mehr als 25% aller Erwachsenen in unserer Bevölkerung in geringerem oder höherem Grade kurzsichtig sind. Bei Naturvölkern ist die Kurzsichtigkeit dagegen sehr viel seltener; auch bei den Negern Nordamerikas findet sie sich erst in einigen wenigen Prozenten.

Eine biologische Benachteiligung der mit Kurzsichtigkeit und anderen leichteren Augenfehlern Behafteten findet heute in der Hauptsache nur bei der Ehewahl statt. Das Tragen einer Brille wird beim weiblichen Geschlecht als recht störend empfunden. Da aber überhaupt nur ein kleiner Teil der Bevölkerung ehelos bleibt, hat auch diese Auslese keine große Bedeutung mehr. Die schweren, zur Erblindung führenden erblichen Augenleiden sind heute zwar im Gegensatz zu primitiven Kulturzuständen mit der Erhaltung des Individuums vereinbar, weil die Blinden in besonderen Anstalten oder in Familien gepflegt werden. Da aber Heiraten von Blinden verhältnismäßig selten sind, so wirkt auch heute noch die natürliche Auslese der Ausbreitung der schwersten erblichen Augenleiden entgegen. Auch vorübergehend können sich nur solche zur Erblindung führende Erbanlagen einige Generationen lang halten, welche erst im mittleren oder späteren Lebensalter zum Ausbruch kommen, wie manche Formen des Glaukoms und der Sehnervatrophie.

Von den schwereren erblichen Störungen des Gehörsinnes gilt Entsprechendes wie von denen des Gesichtssinnes, nur mit dem Unterschiede, daß Taubstumme erheblich häufiger zur Eheschließung und Fortpflanzung gelangen als Blinde. Aber auch von den Schwerhörigen bleibt immerhin ein viel größerer Bruchteil ehelos als von den Normalhörenden.

Von der großen Zahl der erblichen Hautleiden hat keines eine besondere Verbreitung erlangt. Hautkrankheiten wirken bei der geschlechtlichen Wahl besonders abstoßend, ein „reiner Teint" dagegen besonders anziehend. Andererseits scheint aber die Widerstandsfähigkeit und Elastizität der Haut geringer zu werden. Der schweifende Jäger und der primitive Ackerbauer bedurfte einer festen und derben Haut, die ihm gegen die Dornen des Busches, gegen das Ungeziefer der Hütten und gegen die eitererregenden Bakterien seiner unreinlichen Umgebung einen gewissen Schutz gewährte. Heute aber richtet sich die geschlechtliche Zuchtwahl gerade auf eine weiche und zarte Haut. Deutliche Zeichen von Entartung finden sich heute besonders an den Anhängen der Haut, den Nägeln und Haaren. Der primitive Mensch brauchte feste, harte Nägel zum Graben, zum Öffnen der Früchte und als Waffe. Heute aber haben sehr viele Menschen nur noch ganz kümmerliche Nägel. Auch Haarmangel und Glatzenbildung scheinen in Zunahme begriffen zu sein, obwohl reiches, volles Haar besonders beim weiblichen Geschlecht sehr anziehend wirkt. Von kleineren Hautmälern oder Leberflecken sind heute wohl nur noch wenige Menschen frei; und das ist sicher nicht seit je so gewesen.

Alle schwereren Mißbildungen waren für den Menschen auf der Stufe des Jägers und Sammlers natürlich von verhängnisvoller Bedeutung. Bei vielen Völkern wurden daher auch noch auf der Stufe geregelten Ackerbaues Kinder mit Mißbildungen gar nicht erst aufgezogen, sondern gleich nach der Geburt ausgesetzt oder getötet, wie es von den alten Spartanern bekannt ist. Bei den alten Germanen hatte der Familienvater darüber zu entscheiden, ob er ein Kind als würdig zur Fortsetzung der Familie anerkennen wollte. So roh und barbarisch diese Methode auch ist, so hat sie doch ganz offenbar zur Erhaltung der Rassentüchtigkeit beigetragen. In unseren Lebensverhältnissen sind leichtere erbliche Mißbildungen wie Kurzfingrigkeit oder Verwachsenfingrigkeit kaum noch bei der Gewinnung des Lebensunterhaltes hinderlich. Immerhin werden Mißbildungen bei der Ehewahl von dem gesunden Instinkt zurückgewiesen. Insbesondere Störungen des Ganges, z. B. infolge erblicher Hüftverrenkung, und Verbiegungen der Wirbelsäule hindern oft, daß sich die Liebe auf ein solches Individuum richtet. Andererseits ermöglicht es die Kunst der Schneider, körperliche Mängel weitgehend zu verdecken. Durch orthopädische Maßnahmen können erblich bedingte Fehler zum großen Teil ausgeglichen werden, und das trägt natürlich ebenfalls zur Erhaltung krankhafter Erbanlagen bei. Von viel größerer Bedeutung ist aber natürlich der Umstand, daß auch Menschen mit beträchtlichen erblichen Fehlern in der modernen Umwelt Möglichkeiten des Fortkommens finden. Leistenbrüche z. B. sind schon derart verbreitet, daß 3–5% aller Männer damit behaftet sind, und durch die Erfolge der Behandlung mit Bruchbändern und besonders der Bruchoperationen wird in Zukunft eine noch größere Zahl befähigt sein, ihre Bruchanlage fortzupflanzen.

Im Leben der Naturvölker kommt sehr viel auf die Schnelligkeit und Ausdauer beim Laufen an. Nur schnellstes Davonlaufen rettet dort oft vor wilden Tieren und ebenso vor menschlichen Feinden; der schweifende Jäger holt die Jagdtiere sogar oft im Laufe ein, um sie mit dem Speer zu erlegen. In unserer Bevölkerung aber haben nur noch wenige Menschen eine solche Fähigkeit zu laufen bewahrt, daß sie es mit Pferden oder freilebenden Tieren an Schnelligkeit aufnehmen können. Die Fähigkeit zu laufen hängt nicht nur vom Bau der Beine ab, sondern sie ist ein Prüfstein für die ganze Konstitution, für die Leistungsfähigkeit des Herzens, der Lunge und fast aller Organe. Seit die großen Raubtiere ausgerottet sind, seit Jagd und Kampf vorwiegend mit Feuerwaffen betrieben werden und seit dem Menschen vielerlei Fahrzeuge zur Fortbewegung zur Verfügung stehen, ist daher auch die Auslese nach der Konstitution wesentlich schwächer geworden. Sich selbst überlassen, stellt die Konstitutionstüchtigkeit einer Bevölkerung sich im Laufe der Zeit notwendig auf das Mindestmaß dessen ein, was mit der Erhaltung des Lebens gerade noch vereinbar ist.

Seit der Entwicklung geordneter Staaten, in denen durch die Polizei die Ruhe im Innern aufrechterhalten wird, ist die persönliche Kampfestüchtigkeit für jeden Einzelnen nicht mehr Lebensbedingung wie in alten Zeiten. Daher konnten sich in der neueren Zeit mehr und mehr schwächlich veranlagte Menschen, insbesondere solche von asthenischer Konstitution, halten und ausbreiten. Sehr wesentlich trug dazu auch die Ausbildung von Gewerben bei, die keine besondere körperliche Rüstigkeit erfordern. So ist das

Schneidergewerbe seit Jahrhunderten als Sammelbecken schwächlicher Menschen bekannt. Die ererbte Vorliebe des weiblichen Geschlechtes für kriegerische Männlichkeit kann die Ausbreitung schwacher Konstitutionen nicht verhindern, weil nur ein ganz kleiner Teil aller Männer ehelos bleibt. Immerhin findet auch heute noch eine gewisse Ausmerzung der Allerschwächsten statt. Bartel hat bei der Sektion von mehr als 100 hypoplastischen Leichen gefunden, daß mehr als die Hälfte dieser Menschen schon vor dem 25. Lebensjahre sterben und daß nur etwa 4% älter als 50 Jahre werden. Je später der Tod erfolgt, desto weniger ist in der Regel die Konstitutionsschwäche ausgesprochen.

Die Auslese nach der Konstitution kommt auch in der sehr geringen Sterblichkeit von Kindern, deren Eltern ein hohes Alter erreichen, zum Ausdruck. Ploetz hat an einem Material von 5585 Kindern gefunden, daß die Sterblichkeit bis zum 5. Lebensjahr um so geringer war, ein je höheres Alter die Eltern erreichen. Wenn die Mütter oder die Väter über 85 Jahre alt werden, so war die Sterblichkeit der Kinder nur ein Drittel bis halb so groß als sonst im Durchschnitt (11,2 gegen 32% bzw. 15,4 gegen 31,3%). Im ganzen geht die Auslese gerade in der bäuerlichen Bevölkerung, welche hauptsächlich den Nachwuchs des Volkes stellt, auch heute noch in der Richtung auf eine kräftige Konstitution, weil die landwirtschaftliche Arbeit eine solche mehr erfordert als viele städtische Berufe. Aber auch in der bäuerlichen Bevölkerung ist diese Auslese heute viel weniger scharf als in vergangenen Zeiten.

Die schwereren Stoffwechselkrankheiten führen auch heute noch häufig zur Unfruchtbarkeit, besonders Zuckerkrankheit und Fettsucht. Weil Anlagen zur Fettsucht sich in früheren Zeiten mit ihren oft dürftigen Ernährungsverhältnissen wohl nur selten so ausgesprochen wie in der Gegenwart entfalten konnten, ist es möglich, daß die natürliche Ausmerzung dieser Anlagen heute schärfer als damals sei. Ähnliches mag auch von den Anlagen zu Zuckerkrankheit und Gicht gelten.

Auch in bezug auf Herzfehler und die Anlage zu Herzklappenentzündungen findet heute noch eine ziemlich scharfe Auslese statt. Kinder mit angeborenen Herzfehlern sterben in der Regel früh. Viel eher kann sich die Anlage zu Arteriosklerose ausbreiten, weil die damit Behafteten meist erst in einem Alter an Gehirnschlägen, Herzschlägen oder Nierenschrumpfung sterben, in dem die Fortpflanzung schon abgeschlossen ist.

Bei manchen Krankheiten sollte angeblich die Kinderzahl überdurchschnittlich groß sein. So wurde angegeben, daß die Kinderzahl in Bluterfamilien 6,1 bis 9,5 im Durchschnitt betrage. Das dürfte indessen auf einer statistischen Täuschung beruhen. Da nämlich vorzugsweise Familien mit besonders vielen Krankheitsfällen in der Literatur beschrieben werden, so ergibt sich eine ungewöhnlich große Kinderzahl infolge unbeabsichtigter Auslese großer Familien. Auch die bei Sehnervatrophie berichtete ungewöhnlich große Fruchtbarkeit von 8 Kindern im Durchschnitt dürfte daher nur scheinbar sein; in Wirklichkeit findet bei diesem Leiden ebenso wie bei Bluterkrankheit auch heute noch eine beträchtliche Ausmerzung statt.

Sehr groß ist die Entartung und die Gefahr weiterer Entartung bei den Zähnen. Schon unter den Schulkindern haben nur noch etwa 5% ein tadelloses Gebiß, 15–20% dagegen ein ganz schlechtes und die übrigen ein mittelmäßiges. Die Widerstandskraft gegen die häufigste und praktisch wichtigste Zahnkrankheit, die Karies (das Hohlwerden) ist familienweise sehr verschieden. Diese Widerstandskraft kann zwar auch durch Außeneinflüsse, insbesondere Ernährungsstörungen im Kindesalter herabgesetzt werden. Die Bedeutung der erblichen Veranlagung ist aber gleichwohl ganz unverkennbar. Auf der Stufe des schweifenden Jägers und Sammlers war ein starkes gesundes Gebiß noch unbedingt lebensnotwendig; es mußte nicht nur zur Zerkleinerung des zähen ungekochten Fleisches der Jagdtiere, von harten Früchten und Wurzeln, sondern oft genug auch als Waffe dienen. Mit dem Aufkommen von Werkzeugen zur Zerkleinerung der Nahrung und ganz besonders mit dem Gebrauch des Feuers zur Erweichung der Nahrung durch Braten oder Kochen nahm allmählich die Lebenswichtigkeit eines starken Gebisses ab. Damit dürfte auch die Verkleinerung des Gebisses gegenüber den Urrassen des Menschen zusammenhängen, was natürlich keine Entartung, sondern vielmehr eine Anpassung an neue Lebensbedingungen bedeutet. Mit der immer weiteren Verfeinerung der Nahrung konnten sich aber auch mehr und mehr Menschen mit ganz mangelhaften Zähnen halten und ihre Anlage weitervererben. Immerhin findet auch heute noch eine gewisse Auslese nach der Beschaffenheit des Gebisses statt. So verfallen Menschen mit schlechten Zähnen erfahrungsgemäß häufiger als andere der Tuberkulose (ohne daß diese freilich direkt dadurch begünstigt zu werden braucht). Bei der Ehewahl sind schöne Zähne deutlich von Einfluß. Auch diese Auslese wird aber mehr und mehr durch die Kunst der Zahnärzte durchkreuzt.

Auch die Funktionstüchtigkeit der Verdauungsorgane hat infolge der sorgfältigen Zubereitung der Speisen viel von ihrer Lebenswichtigkeit verloren. Bei einer vorsichtig gewählten Diät können sich Personen mit Schlaffheit der Magenmuskulatur oder mit mangelhafter Absonderung der Magensäfte fast ebenso gut halten wie solche mit kräftigem Magen. Auch die Anlage zu Magengeschwüren hat durch die Möglichkeit vorsorglicher Kostwahl und wirksamer ärztlicher Behandlung viel von ihrer Gefährlichkeit verloren. Die Möglichkeit weiterer Ausbreitung erblich bedingter Schwäche der Verdauungsorgane ist daher wohl gegeben.

Erbliche Anfälligkeit der Atmungsorgane führte in jenen Zeiten, als der Mensch noch nicht in dem künstlichen Klima der modernen Wohnungen lebte, sicher viel öfter als heute zu Erkältungen mit lebensgefährlichen Folgen. Menschen mit Neigung zu Asthma oder Bronchialkatarrhen können sich heute viel eher als damals erhalten.

Eine unmittelbare Auslese findet natürlich auch heute noch in bezug auf alle Anlagen, von denen die Fortpflanzungstüchtigkeit abhängt, statt.

Der Infantilismus, welcher eine der Hauptursachen weiblicher Unfruchtbarkeit ist, unterliegt natürlich auch heute einer fortdauernden natürlichen Ausmerzung. Wenn er nach Ansicht mancher Frauenärzte trotzdem in Zunahme begriffen ist, so spricht das für eine starke Neuentstehung krankhafter Erbanlagen. Auch die Anlage zu jenen häufigen Geschwülsten der Gebärmutter, welche man Myome nennt, und welche oft familienweise gehäuft vorkommen, wird dauernd von der natürlichen Auslese eingeschränkt, da die Fruchtbarkeit der Myomträgerinnen erheblich geringer ist als die anderer Frauen. Etwas anders liegt die Sache bei jenen krankhaften Anlagen, die zu Schwierigkeiten bei der Geburt Anlaß geben, insbesondere bei Anlagen zu engen Becken. Die häufigste Ursache einer Verengerung des knöchernen Beckenringes, den der kindliche Kopf zu passieren hat, ist allerdings eine in früher Kindheit durchgemachte Rachitis der Mutter. Aber auch Erbanlagen sind für die Entstehung enger Becken von großer Bedeutung, darunter wie es scheint, auch Rassenanlagen im engeren Sinne.

In den Küstenländern der Nord- und Ostsee, wo die nordische Rasse stark vorwiegt, sind enge Becken verhältnismäßig recht selten, viel häufiger dagegen in solchen Bevölkerungsgruppen Europas, wo mongolide Rassenelemente einen größeren Bestandteil bilden. In vergangenen Zeiten gingen bei schweren Geburten die Frauen natürlich viel häufiger zugrunde als heute, und eben darum waren die Geburten im Durchschnitt offenbar leichter. In einem älteren Lehrbuche der Geburtshilfe findet sich der oft zitierte Satz, daß die gebärende Indianerin, wenn ihr Stamm auf dem Kriegspfade sei, sich einfach „seitwärts in die Büsche" schlage und bald darauf mit dem Neugeborenen den Stamm wieder einhole. Es scheint mir zwar, daß diese Schilderung der Phantasie des Verfassers unter dem Eindruck von Indianergeschichten für die Jugend entsprossen sei, aber andererseits dürfte es doch sicher sein, daß bei Naturvölkern die Geburten im Durchschnitt viel leichter verlaufen als bei uns, was zum großen Teil eben durch die schärfere Auslese bedingt sein dürfte. Auch bei wildlebenden Tieren verlaufen die Geburten im allgemeinen offenbar sehr leicht, während z. B. bei Kühen schwere Geburten sehr häufig sind, was z. T. eben eine Folge der Geburtshilfe, welche den Kühen seit zahlreichen Generationen zuteil geworden ist, sein dürfte.

Beim Menschen führte in vergangenen Jahrhunderten besonders auch das Wochenbettsfieber zur Ausmerzung von Erbanlagen, die Geburtsschwierigkeiten bedingen, weil diese gefährliche Krankheit sich mit Vorliebe an schwere und lange Geburten, bei denen die Weichteile gequetscht und verletzt werden, anschließt. Je mehr es der Geburtshilfe gelingt, das Puerperalfieber zu vermeiden und abnorme Geburtsschwierigkeiten zu überwinden, desto mehr werden auch krankhafte Erbanlagen, die enges Becken oder sonstige Geburtsschwierigkeiten bedingen, sich ausbreiten können. Gegenwärtig erwachsen allein infolge zu engen Beckens schon bei 3–5% aller Geburten Schwierigkeiten.

Besonders groß ist die Gefahr einer Entartung der Stillfähigkeit. Vollständige Stillunfähigkeit ist zwar noch nicht häufig; aber fast ein Drittel aller Frauen können ihre Kinder nicht mehr 6 Monate stillen, was man nach Agnes Bluhm wohl als Mindestmaß ansehen müßte. Bis vor kurzem wiesen die Flaschenkinder allerdings noch eine viel größere Sterblichkeit auf als die Brustkinder. Je mehr es aber gelingt, auch die Sterblichkeit der nicht gestillten Säuglinge herabzudrücken, desto mehr müssen wir mit einem weiteren Überhandnehmen der Stillschwäche rechnen, zumal da bei nichtstillenden Müttern schneller eine neue Empfängnis einzutreten pflegt als bei stillenden. Vor dem Aufkommen der künstlichen Säuglingsernährung bedeutete Stillunfähigkeit der Mutter fast regelmäßig den Tod des Kindes, wenn dieses nicht gerade bei einer andern Mutter angelegt werden konnte. Auch für die heutigen Naturvölker trifft das noch zu. Sogar in China und Japan soll die künstliche Säuglingsernährung so gut wie unbekannt und demgemäß das Stillvermögen der Mütter allgemein ausreichend sein.

Die schwereren erblichen Nervenleiden wie Muskelatrophie oder Rückenmarksataxie sind mit der Ausfüllung eines Berufes kaum vereinbar und unterliegen daher auch heute noch einer ziemlich scharfen Ausmerzung. Leiden, die erst im Alter zum Ausbruch kommen, wie die Paralysis agitans oder die erbliche Chorea, beeinträchtigen dagegen die Fortpflanzung nicht. Die Kinderzahl in den Choreafamilien soll den Durchschnitt sogar übertreffen. Vielleicht hängt das damit zusammen, daß diese Familien durch ihr Leiden in den unteren Gesellschaftsschichten, welche eine überdurchschnittliche Fortpflanzung haben, festgehalten werden. Entsprechendes gilt wahrscheinlich auch von mancherlei leichteren Anomalien des Nervensystems. So sind Stotterer als Lehrer, Pfarrer, Offiziere, höhere Beamte oder Kaufleute nicht gut denkbar, während sie viele Berufe mit vorwiegend körperlicher Arbeit ganz gut ausfüllen können; und gerade diese Berufe sind besonders kinderreich, wie wir noch sehen werden.

Hinsichtlich der eigentlichen Geisteskrankheiten ist die natürliche Auslese auch heute noch recht wirksam, wenn auch nicht im gleichen Maße wie unter primitiven Kulturzuständen, wo Geisteskranke ziemlich regelmäßig bald zugrundegehen. Auch bei den heutigen Naturvölkern werden demgemäß Geisteskranke viel seltener angetroffen als bei uns, wo die Irren sorgsam gepflegt und behütet werden. Ohne diese Pflege würden die meisten Geisteskranken bald allerlei Gefahren zum Opfer fallen, insbesondere auch dem Selbstmord, zu dem viele von ihnen neigen. Ein erheblicher Teil der Träger von Anlagen zu Geistesstörungen wird aus den Anstalten wieder als geheilt oder gebessert entlassen. Diese haben dann oft auch Gelegenheit zur Fortpflanzung, und man hat wohl gemeint, daß dadurch eine fortschreitende Zunahme der Geisteskrankheiten statthabe.

Ob tatsächlich die erblichen Geisteskrankheiten bei uns zunehmen, ist statistisch bisher weder bewiesen noch widerlegt. Die Zunahme der Aufnahmen in Irrenanstalten, welche z. B. in Bayern von 24 auf 100000 Einwohner i. J. 1880 auf 50 : 100000 i. J. 1910 gestiegen ist, erklärt sich vor allem durch die inzwischen eingetretene bessere Versorgung mit Anstalten. Sicher hat die Paralyse in den letzten Jahrzehnten stark zugenommen; aber gerade diese interessiert uns hier wenig, weil sie durch Syphilis, also eine äußere Ursache entsteht. Auch die alkoholischen Geistesstörungen sind in früherer Zeit selbstverständlich nicht so häufig gewesen wie in den Jahrzehnten vor dem Kriege. Daß aber die erblich bedingten Geisteskrankheiten im Zunehmen seien, ist kaum wahrscheinlich, eher das Gegenteil. Für die Behauptung, daß die Eltern von Geisteskranken oder gar diese selber überdurchschnittlich viele Kinder hätten, gibt es keine stichhaltigen zahlenmäßigen Belege. Von den Geisteskranken, welche in Anstalten aufgenommen werden, sind etwa zwei Drittel ledig. Die Unterbringung in Anstalten hat unter dem Gesichtspunkt der Auslese eine überwiegend günstige Wirkung; sie nimmt den Irren nämlich die Fortpflanzungsmöglichkeit, die sie außerhalb der Anstalt hätten.

Anlagen zu Geistesstörungen dürften unter Verhältnissen einfacher bäuerlicher Kultur eher mehr Gelegenheit zur Ausbreitung haben als bei uns. Dafür scheinen mir Erfahrungen zu sprechen, die ich während des Krieges an russischen und französischen Kriegsgefangenen gemacht habe. Bei den Russen erkrankten von 10000 Mann jährlich etwa 9 unter dem Bilde schizophrener Geistesstörungen, bei den Franzosen aber nur 1,7. Da im ganzen etwa 14000 Gefangene 3 Jahre lang beobachtet wurden, kann es sich wohl nicht um Zufall handeln. Auch dürfte der Unterschied nur zum kleineren Teil auf sorgfältigere Musterung in Frankreich zurückzuführen sein, zumal da der Prozentsatz der Zurückgestellten dort ja nur ganz klein war. Ich möchte annehmen, daß schizophrene Konstitutionen sich unter den einfacheren Lebensverhältnissen des russischen Bauern leichter halten und fortpflanzen können als in Westeuropa. Von besonderer Wichtigkeit dürfte dabei der beträchtliche Unterschied des durchschnittlichen Heiratsalters sein.

Da in Mittel- und Westeuropa die Ehe erst gegen Ende des 3. Jahrzehnts geschlossen zu werden pflegt, zu einer Zeit, wo die Mehrzahl der Fälle von Schizophrenie schon zum Ausbruch gekommen sind, so kommen hier die derart Veranlagten nur zum kleinen Teil zur Fortpflanzung. In Osteuropa aber, wo die Eheschließung schon am Ende des zweiten Jahrzehnts stattzufinden pflegt, kommen Träger der Anlagen offenbar in großer Zahl zur Eheschließung; und bei der Seelenverfassung mancher Bauern kommt es vor, daß eine Frau, auch wenn sie infolge der Krankheit verblödet ist, noch mehrere Kinder bekommt.

Wenn auch in vergangenen Jahrhunderten zahlreiche Geisteskranke einer barbarischen Rechtspflege zum Opfer fielen und noch zahlreichere einfach als Narren verkamen, so glaube ich trotzdem, daß unter unseren Lebensverhältnissen die natürliche Auslese in bezug auf die Anlagen zu Geisteskrankheiten eher intensiver ist als damals. Immerhin ist die gegenwärtige Entartung erschreckend groß. Bei der Volkszählung von 1910 wurden 392 Geisteskranke und Geistesschwache auf 100000 Einwohner gezählt, was für das ganze Reich mehr als eine Viertelmillion ergibt; und dabei konnten natürlich nur die ohne weiteres bekannten Fälle gezählt werden, während bei allgemeiner ärztlicher Untersuchung der Bevölkerung sich offenbar eine noch viel größere Zahl ergeben haben würde. In der Schweiz, wo Zählungen unter ärztlicher Mitwirkung stattgefunden haben, fanden sich 800 bis 1000 Geistesgestörte auf 100000 Einwohner; und dabei handelt es sich in der großen Mehrzahl offenbar um erblich bedingte Zustände, da die durch äußere Ursachen entstandenen, wie Paralyse oder Delirium, entweder schnell zum Tode führen oder bald vorüberzugehen pflegen.

Die eigentliche *Idiotie* wird heute ebenso sicher ausgetilgt wie vor Jahrtausenden. Ein großer Teil der idiotischen Kinder stirbt schon in den ersten Lebensjahren, und auch jene Idioten, die ein höheres Alter erreichen, kommen natürlich niemals zur Eheschließung und auch kaum zur außerehelichen Fortpflanzung. Auch die Fortpflanzung ausgesprochen schwachsinniger Personen ist sicher geringer als die durchschnittliche; doch ist die geschlechtliche Auslese in dieser Beziehung im männlichen Geschlecht wirksamer als im weiblichen. Der Mann muß im allgemeinen doch einen Beruf ausfüllen, um heiraten zu können. Schwachsinnige Mädchen werden aber nicht selten ohne Rücksicht auf ihre geistige Beschaffenheit geheiratet; auch bekommen sie verhältnismäßig oft uneheliche Kinder, da sie die Folgen geschlechtlichen Verkehrs nicht genügend voraussehen können. Im ganzen soll es im Deutschen Reich 1–200000 Schwachsinnige und mehr als 75000 Idioten geben. Da ein großer Teil der Geistesschwachen verhältnismäßig frühzeitig stirbt, machen unter den Neugeborenen Geistesschwache einen größeren Bruchteil als später aus.

Von allen Geborenen dürften mindestens 1–2% schwachsinnig und ¼% idiotisch sein.

Für die Tüchtigkeit der Rasse droht gerade von den leichteren Graden der Geistesschwäche eine größere Gefahr als von den schwereren. Hier gilt dasselbe wie von manchen organischen Nervenleiden. Die leicht Schwachsinnigen sind durch ihre Veranlagung auf die Ausübung einfacher körperlicher Berufe angewiesen: und gerade diese haben eine überdurchschnittliche Fortpflanzung. Der absichtlichen Geburtenverhütung sind die Schwachsinnigen natürlich am wenigsten zugänglich, und die große Sterblichkeit ihrer Kinder wird mehr und mehr durch Fürsorgemaßnahmen ausgeschaltet. So muß man wohl mit einer weiteren Zunahme des leichten Schwachsinns rechnen.

Ein Teil der Epileptiker verblödet schon in früher Jugend, so daß ihre Fortpflanzung nicht in Frage kommt. Ein anderer Teil hat aber nur einzelne Anfälle und kann seine Anlage fortpflanzen. Nach Echeverria kamen schon vor Jahrzehnten auf die Ehe eines Epileptikers nur etwa 3,3 Kinder, von denen 1,4 frühzeitig starben; somit würden nur 1,9 pro Ehe aufwachsen. Und da sehr viele andere überhaupt nicht zur Eheschließung kommen, ist ihre Gesamtfortpflanzung vermutlich noch geringer. Immerhin aber ist die Epilepsie gegenwärtig außerordentlich verbreitet. Man muß wohl auf 3–400 Einwohner bei uns einen Epileptiker rechnen und unter den Neugeborenen noch mehr.

Recht verwickelt liegen die Ausleseverhältnisse bei den Psychopathien. Unter Kriegsgefangenen beobachtete ich ausgesprochene Hysterie entschieden häufiger bei Russen als bei Franzosen. Hier dürfte ein ähnlicher Gedankengang wie hinsichtlich der Schizophrenie am Platze sein. „Die Intensifizierung und Tempobeschleunigung des modernen Arbeitsprozesses, der Lärm, die Hast und die erhöhte Verantwortung, all dies bringt zahllose Nerven auch in niederen Volksschichten, im Arbeiterstande, zu Fall" (Rüdin). Man kann wohl sagen, daß die natürliche Auslese um so mehr auf eine Abnahme der nervösen Veranlagung hinwirkt, je mehr die äußeren Lebensbedingungen die Anlagen zur Auslösung bringen.

Wenn uns aus dem Mittelalter von seelischen Massenepidemien, von Kinderkreuzzügen, Flagellantenwesen, Tanzepidemien und epidemischer Besessenheit berichtet wird, so sind wir meist geneigt, zu glauben, daß so etwas in unserem aufgeklärten Zeitalter nicht mehr möglich sei. In Rußland ist jedenfalls die „Besessenheit" noch recht häufig; es ist dort ganz gewöhnlich, daß sich jemand einbildet, eine Schlange oder ein anderes Reptil sei in ihn hineingefahren. Noch in den letzten Jahrhunderten hat Rußland grausige seelische Epidemien erlebt; Selbstverstümmelung, haufenweise Selbstverbrennung, Erwürgung von Glaubensgenossen und Kindsmord aus abergläubischen Beweggründen waren bei russischen Sektierern an der Tagesordnung. Und wenn wir mit offenen Augen um uns blicken, so können wir in so manchen seelischen Massenerscheinungen während des Krieges und in der Nachkriegszeit auch bei uns die Auswirkung ganz ähnlicher Seelenverfassungen erkennen.

Ein recht erheblicher Teil aller Psychopathen geht durch eigene Hand zugrunde. Im Deutschen Reiche wurden vor dem Kriege jährlich etwa 20 Selbstmorde auf 100000 Einwohner gezählt. Da außer den von der Statistik erfaßten Fällen noch zahlreiche andere vorkommen, die verheimlicht und als Unglücksfälle gezählt werden, so dürften bei uns etwa 2–4% aller Männer durch eigene Hand enden, während bei Frauen der Selbstmord etwa dreimal seltener ist. Obwohl jene Bevölkerungsgruppen, in denen die meisten Selbstmorde vorkommen, sich durch höhere Intelligenz auszeichnen (höhere Schüler, Akademiker, Künstler), ist die Auslesewirkung dieser durch die modernen Lebensverhältnisse wesentlich mitbedingten Erscheinung insgesamt sicher doch überwiegend günstig. Besonders Anlagen zu manisch-melancholischen Seelenstörungen, zu Epilepsie, zu Neurasthenie und anderen Psychopathien werden dadurch ausgemerzt. Die Auslese durch den Selbstmord liegt daher in der Richtung auf eine Stärkung des Lebenswillens und auf ein heiteres Temperament der Bevölkerung.

Die schweren Verbrecher, welche fast regelmäßig psychopathisch veranlagt sind, hinterlassen auch heute noch eine geringere Nachkommenschaft als der Durchschnitt. Nach Goring waren in England die Gewohnheitsverbrecher zwar nicht weniger häufig als die übrige Bevölkerung verheiratet (63% gegen 62%); sie hatten aber nur 3,5 Nachkommen gegenüber einem Durchschnitt von 5,7. Außerdem starben von ihren Säuglingen 31,5% gegenüber 15,6% bei der Allgemeinheit. Andererseits ermöglicht heute die im Vergleich zu früheren Zeiten viel mildere Handhabung der Rechtspflege die Erhaltung unsozialer Anlagen immerhin in höherem Maße als früher.

Jene seelischen Anomalien, die sich in sexuellen Perversionen äußern, haben natürlich zu allen Zeiten eine starke Selbstausmerzung zur Folge gehabt. Ganz besonders aber ist das wohl in der Gegenwart der Fall, wo zumal die Homosexuellen durch eine große Werbetätigkeit von Ihresgleichen aufgeklärt werden. Die dadurch bedingte Abhaltung derartiger Personen von der Ehe dürfte auch auf eine allgemeine Abnahme psychopathischer Anlagen hinwirken.

c) Die Auslese durch akute Infektionskrankheiten.

In vergangenen Jahrhunderten wurden alle Länder von Zeit zu Zeit von mörderischen Epidemien heimgesucht, welche in manchen Fällen den größten Teil der Bevölkerung dahinrafften. Es ist nun ganz selbstverständlich, daß diejenigen, welche eine solche Epidemie überleben, im Durchschnitt von tüchtigerer Konstitution sind als die, welche daran sterben. Von noch größerer Bedeutung für Sterben oder Überleben ist allerdings die spezifische Anfälligkeit bzw. Widerstandskraft gegen die gerade herrschende Epidemie. Gewisse Personen erkranken überhaupt nicht, weil ihre spezifischen Abwehrreaktionen schon die ersten eingedrungenen Krankheitserreger unschädlich zu machen vermögen; andere erkranken nur leicht, weil sie mit Hilfe ihrer spezifischen Abwehrmittel den Kampf von vornherein erfolgreich aufnehmen können; ein je nach der Art der Epidemie wechselnd großer Teil pflegt aber schwer oder gar tödlich zu erkranken. Die Abwehrreaktionen liegen ihrer Möglichkeit nach natürlich in der Erbmasse begründet, und infolgedessen findet bei jeder Epidemie eine Auslese nach den Abwehrmöglichkeiten statt. Man darf über dieser Auslese nach der spezifischen Disposition bzw. Immunität aber nicht die nach der allgemeinen Konstitution übersehen. Jede spezifische Reaktionsmöglichkeit ist ja überhaupt nur ein Teil der Gesamtkonstitution. Sodann aber beschränkt sich die Auslese durch Infektionskrankheiten durchaus nicht auf diese spezifischen Anlagen. Jede schwere Infektionskrankheit ist eine Belastungsprobe für die gesamte Konstitution. Schwächezustände an irgendwelchen Organen haben nicht selten zur Folge, daß eine Infektionskrankheit, die sonst hätte überwunden werden können, zum Tode führt. Bei der Lungenentzündung kommt es sehr wesentlich auf die Leistungsfähigkeit des Herzens an, ob der Kranke durchkommt oder nicht. Bei längerem Darniederliegen im Fieber, wie es viele Infektionskrankheiten (z. B. das Fleckfieber) mit sich bringen, ist der Ernährungszustand von entscheidender Bedeutung, und dieser ist durch die erbliche Veranlagung wesentlich mitbedingt. Die Cholera hat eine Auslese nach tüchtigen Verdauungsorganen zur Folge, da durch normalen Magensaft Cholerabazillen abgetötet werden können. Bei einmal ausgebrochener Cholera kommt es besonders auf die Beschaffenheit des Herzens und der Blutgefäße an, derart, daß Personen mit schlechtem Blutkreislauf von vornherein geringe Aussicht zu genesen haben. Eine ähnlich schwere Belastungsprobe bedeuten die Pocken, welche im Kindesalter so gut wie alle Befallenen und im erwachsenen Alter auch noch einen großen Teil dahinraffen. Bei vielen Völkern von einfacher Kultur bedeuten die Pocken die häufigste Todesursache überhaupt.

Seit der Einführung der Impfung spielen die Pocken keine Rolle mehr. Cholera und Typhus sind durch die Sanierung der Trinkwasserverhältnisse bei uns fast ganz beseitigt worden. Das Fleckfieber ist bei uns nicht mehr heimisch, weil die Körperläuse, welche es übertragen, keine regelmäßigen Begleiter des Menschen mehr sind. Die Pest kann in Ländern mit modernen Wohnungen kaum noch um sich greifen. Wenn trotzdem gelegentlich Fälle dieser gefährlichen Krankheiten bei uns eingeschleppt werden, so werden sie durch Absonderungsmaßnahmen schon in ihren ersten Anfängen an der

Ausbreitung verhindert. Es liegt daher nahe, daß die Konstitution unserer Bevölkerung, die jener scharfen Auslese, der sie früher ausgesetzt war, nicht mehr unterliegt, schwächer werden wird und zum guten Teil schon schwächer geworden ist. Soll man die Einschränkung der großen Epidemien nun bedauern? Gewiß nicht. Aus der Einsicht in die Auslesebedeutung der Infektionskrankheiten folgt selbstverständlich nicht, daß man den verheerenden Seuchen nun wieder Tor und Tür öffnen solle; es folgt aber daraus, daß diese Faktoren einer rohen natürlichen Auslese durch Einrichtungen bewußter humaner Auslese, d. h. durch rassenhygienische Maßnahmen, ersetzt werden müssen, wenn die Rassentüchtigkeit nicht weiter zurückgehen soll.

Alle schwereren Infektionskrankheiten, die von Mensch zu Mensch übertragen werden, bringen eine gewisse Gegenauslese in bezug auf die sozialen oder geselligen Anlagen des Menschen mit sich. Als die Vorfahren des Menschen noch einsam oder in kleinen Horden durch die Wälder streiften, können Epidemien natürlich noch keine besondere Rolle gespielt haben, da es an Gelegenheiten zur Übertragung fehlte. Die epidemischen Krankheiten dürften ihre große Bedeutung vielmehr erst mit der zunehmenden Vergesellschaftung des Menschen gewonnen haben. Das Zusammenleben in größeren Verbänden hatte für den Menschen aber offenbar einen so großen Erhaltungswert, daß die üble Begleiterscheinung der Vergesellschaftung, welche die Epidemien darstellen, trotz ihrer Furchtbarkeit in Kauf genommen werden konnte. Immerhin aber wirkten die epidemischen Krankheiten ohne Zweifel hemmend auf die Vergesellschaftung, indem die dichtesten Siedelungen natürlich am schwersten darunter litten, während die zur Einsamkeit neigenden Menschen eher davon verschont blieben. Auch heute noch sind ja sozialgesinnte Menschen, die sich im Dienste der Krankenpflege betätigen, mehr von Infektionskrankheiten bedroht als andere. Im wesentlichen aber kann die Hemmung, welche die Infektionskrankheiten für die Entwicklung der sozialen Anlagen des Menschen bedeuten, heute als überwunden gelten; und die Eindämmung der epidemischen Krankheiten hat daher wenigstens auch eine günstige Seite im Leben der Rasse, insofern als sie die erwähnte Gegenauslese sozialer Anlagen ausschaltet.

d) Die Auslese durch Tuberkulose.

Seitdem die akuten Infektionskrankheiten nicht mehr schonungslos die schwächlichen Konstitutionen ausmerzen, besorgt das bis zu einem gewissen Grade allerdings die Tuberkulose. Um die Jahrhundertwende hatten etwa 15% aller Todesfälle ihre entscheidende Ursache in der Tuberkulose, und gegenwärtig sind es eher noch mehr. Die Tuberkulose wirkt dauernd im Sinne der Austilgung schwacher Konstitutionen, insbesondere der asthenischen bzw. hypoplastischen Konstitution. Alle Anlagen, welche die allgemeine Widerstandskraft des Körpers beeinträchtigen, erhöhen auch die Anfälligkeit gegen die Tuberkulose und unterliegen daher auch einer nicht zu unterschätzenden Auslese durch diese allgemein verbreitete Krankheit.

Weinberg, der die Fruchtbarkeit der Tuberkulösen sorgfältig statistisch untersucht hat, hat gefunden, daß die von 1873 bis 1902 in Stuttgart an Tuberkulose gestorbenen Eheleute im Durchschnitt 3,16 Kinder hatten, während die Nichttuberkulösen mehr als 4 Kinder hatten. Außerdem fand sich bei den Kindern Tuberkulöser eine außerordentlich hohe Sterblichkeit. Von diesen überlebten nur 1,7 bis 1,8 pro Ehe das 20. Lebensjahr gegenüber 2,3 bis 2,6 bei Kindern Nichttuberkulöser. Die geringere Geburtenzahl war hauptsächlich durch die kürzere Dauer der Ehen Tuberkulöser infolge früheren Todes bedingt. Außerdem fand sich, daß die Tuberkulosesterblichkeit der Ledigen viel höher als die der Verheirateten war; die Tuberkulose und wahrscheinlich auch die sie begünstigenden Schwächezustände hindern die damit Behafteten also offenbar oft auch an der Eheschließung, so daß auch auf diesem Wege eine nicht zu unterschätzende Auslese stattfindet. Auch Lundborg hat bei seinen Forschungen eine unterdurchschnittliche Fruchtbarkeit in den tuberkulösen Familien gefunden.

Die Auslese durch Tuberkulose ist im letzten Jahrhundert wohl eher schärfer als in früheren gewesen. In Zeiten als die menschlichen Siedelungen noch sehr zerstreut waren, dürfte auch die Tuberkulose kaum sehr verbreitet gewesen sein. Solange die Menschen den größten Teil des Tages im Freien waren, konnte die Tuberkulose wohl nur schwer Boden fassen; denn gerade die Sonne ist ein sehr wirksames Vorbeugungs- und Heilmittel gegen die Tuberkulose. Diese hat ihre ungeheure Ausbreitung daher erst mit der Anhäufung der Menschen in Städten und engen Wohnungen gewonnen. Ganz besonders ist sie in den Wohnungen der Armen und Ungebildeten zu Hause. Darum wirkt sie auch ausmerzend auf alle jene körperlichen und seelischen Anlagen, welche wirtschaftliche Schwäche und Unwissenheit begünstigen. Eine eingehende Erörterung der Auslese in bezug auf diese Anlagen setzt aber die Kenntnis der sozialen Auslese voraus, von der noch zu handeln sein wird.

Wenn in einer Bevölkerung jahrhundertelang immer die für Tuberkulose besonders Anfälligen ausgetilgt werden, so ist zu erwarten, daß die Anfälligkeit der Bevölkerung gegen Tuberkulose allmählich abnimmt. Auf diese Weise dürfte es zu erklären sein, daß die Europäer, bei denen die Tuberkulose seit unvordenklicher Zeit zu Hause ist, heute widerstandsfähiger dagegen sind als etwa die Indianer und die Neger. Bei den Ureinwohnern Amerikas verläuft die Tuberkulose unverhältnismäßig oft in Form der „galoppierenden Schwindsucht“, welche schnell zum Tode führt; ähnliches wird auch von den Javanen und anderen mongoliden Stämmen berichtet. Auffallend unempfindlich sind die Juden gegen die Tuberkulose. In Tunis betrug die Tuberkulosesterblichkeit in den Jahren 1894–1900 nur 0,75 bei den Juden gegenüber 11,3 bei den Arabern und 5,3 bei den Europäern. In Wien starben 1901–1903 von 1000 Juden nur 1,8 an Tuberkulose, von 1000 Protestanten 3,3, von 1000 Katholiken 5,0. Und das ist nicht etwa nur auf die günstigere wirtschaftliche Lage der Juden zurückzuführen. Auch in Krakau hatten die Juden eine nur halb so hohe Tuberkulosesterblichkeit als die übrige Bevölkerung, obwohl sie dort eher unter ungünstigeren Verhältnissen leben. Entsprechendes hat man auch an den Juden Newyorks beobachtet. Die ungezwungenste Erklärung dieser Erscheinung ist vielmehr die, daß gerade die Juden infolge ihres städtischen Lebens schon seit vielen Jahrhunderten ganz besonders stark der Ansteckung mit Tuberkulose ausgesetzt gewesen sind, und daß bei ihnen eben dadurch eine gewisse Immunität dagegen herausgezüchtet worden ist.

Wenn man die Tuberkulosesterblichkeit der verschiedenen Länder Europas vergleicht, so zeigt sich, daß die Länder mit stärkerem mongoliden Einschlag im allgemeinen auch eine höhere Tuberkulosesterblichkeit als die mit vorwiegend nordischer und mediterraner Rasse haben. Stark von Tuberkulose heimgesucht wird Polen, Rumänien, die Balkanländer, Rußland, Finnland und Österreich, viel weniger dagegen England, Dänemark, Island, Holland, Norddeutschland, Spanien, Süditalien. Freilich sprechen dabei sicher die wirtschaftlichen und kulturellen Verhältnisse wesentlich mit, aber andererseits hängen diese wieder eng mit den Rassenanlagen zusammen, wie im ersten Teil gezeigt wurde. Auf jeden Fall aber hat die Tuberkulose auch wesentlichen Einfluß auf die Verschiebung der großen Rassen. Die Indianerbevölkerung Nordamerikas ist bei der Berührung mit den Europäern z. B. nicht so sehr durch Waffengewalt als durch Tuberkulose und Pocken zusammengeschmolzen, die in kurzer Zeit viele Millionen dahinrafften. Die Feuerländer sind an der Tuberkulose geradezu ausgestorben. In den Südstaaten Nordamerikas betrug i. J. 1900 die Tuberkulosesterblichkeit der Neger 4,3 auf 1000, die der Weißen 1,7.

Es ist wohl geltend gemacht worden, daß die günstige Auslesewirkung der Tuberkulose durch Schädigung der Erbmasse infolge der Krankheit mehr als ausgeglichen wurde und daß daher die Gesamtwirkung der Tuberkulose auf die Rasse doch unbedingt ungünstig sei. Eine idiokinetische Wirkung der Tuberkulose ist zwar denkbar; nachgewiesen ist aber nichts davon. Jedenfalls dürfen wir damit nicht als mit einer gegebenen Tatsache rechnen. Die Auslesewirkung der Tuberkulose aber liegt auf der Hand. Im übrigen darf aber das Interesse der Rasse selbstverständlich nicht einfach dadurch gewahrt werden, daß man die Tuberkulose weiter wüten läßt. Der Rassenhygieniker bekämpft ja die krankhaften Erbanlagen nur darum, weil sie die damit behafteten Menschen krank machen. Es wäre also widersinnig, wenn man dauernd zahlreiche Menschen wollte dahinsiechen lassen, nur damit die Erbanlagen der Bevölkerung verbessert würden.

e) Die Auslese durch Syphilis und Gonorrhoe.

Einer besonderen Betrachtung bedürfen die sogenannten Geschlechtskrankheiten, die Syphilis und die Gonorrhoe (oder der Tripper). Über die ungeheure Verbreitung dieser Krankheiten haben wir eigentlich erst in den letzten Jahren ein einigermaßen zuverlässiges Bild gewonnen. Auf Grund einer Rundfrage, welche i. J. 1913 in deutschen Großstädten angestellt wurde und welche in Hamburg unter allen 800 Ärzten nur von zweien nicht beantwortet wurde, läßt sich berechnen, daß etwa 40% aller Männer, welche in Hamburg das 50. Lebensjahr erreichen, wegen Syphilis ärztlich behandelt werden. Dabei sind die, welche sich von Kurpfuschern behandeln ließen, und die, welche ganz unbehandelt blieben, noch nicht einmal erfaßt. In anderen Großstädten konnte die Erhebung nicht mit gleicher Vollständigkeit durchgeführt werden, doch ergab sich im ganzen ein ähnliches Bild. In Berlin litten 4,2% aller Männer, die in den Jahren 1905–1914 im Alter von mehr als 30 Jahren starben, an jener syphilitischen Zerstörung des Gehirns, die man Paralyse nennt. Da wir Grund zu der Annahme haben, daß etwa 7% aller Syphilitiker der Paralyse verfallen, so würde das bedeuten, daß etwa 60% aller Männer in Berlin sich mit Syphilis infizieren. Diese Zahl entspricht etwa der, die man nach dem Ergebnis der Rundfrage in Hamburg für Berlin erwarten dürfte. In den kleinen Städten und auf dem Lande ist die Verseuchung natürlich geringer. Für das ganze Reich wird man die Syphilishäufigkeit wohl auf 10% schätzen dürfen. Im weiblichen Geschlecht ist die Häufigkeit der Syphilis weniger groß; von den weiblichen Mitgliedern der Berliner Gewerkschaftskrankenkasse wurden nur etwa 2/3 so viele wegen Syphilis behandelt als von den männlichen. Insgesamt werden in Deutschland vielleicht nur halb so viele weibliche als männliche Personen syphilitisch sein.

Die Gonorrhoe ist nach den Erfahrungen der Ärzte und den Aufzeichnungen der Krankenkassen mehrfach so häufig als die Syphilis. Die meisten Männer in der Großstadt machen also mehrmals Gonorrhoe durch. Ein gewisser Bruchteil auch der großstädtischen Männer, der überhaupt den außerehelichen Geschlechtsverkehr vermeidet, bleibt selbstverständlich auch von Gonorrhoe frei. Insgesamt dürften im Reichsdurchschnitt vielleicht 40–50% aller Männer während ihres Lebens mindestens einmal an Gonorrhoe erkranken und vielleicht 20–25% aller Frauen.

Die Auslesewirkung der Syphilis kommt nur zum kleinen Teil durch die Verkürzung der Lebensdauer, welche im Durchschnitt schätzungsweise immerhin 6–8 Jahre betragen dürfte, zustande. Stärker fällt der Umstand ins Gewicht, daß die Syphilis in der Regel mindestens einen Aufschub der Eheschließung um mehrere Jahre bedingt und daß viele Syphilitiker ganz ehelos bleiben. Wenn die Syphilis in die Ehe eingeschleppt wird, so endet eine Schwangerschaft sehr oft mit Fehlgeburt; in anderen Fällen werden syphilitisch infizierte Kinder geboren, von denen die meisten dann noch in den ersten Lebensjahren sterben. Andererseits kommen aber auch viele Fälle vor, wo die Kinder ehemaliger Syphilitiker keinerlei krankhafte Zeichen aufweisen. Wenn die Syphilis in den ersten Wochen nach der Ansteckung sachgemäß behandelt wird, so kann sie heute zwar mit ziemlicher Sicherheit endgültig geheilt werden. Bisher ließ sich aber nur ein kleiner Teil der Syphilitiker ausreichend behandeln. Insgesamt darf man jedenfalls annehmen, daß die Nachkommenschaft der Syphilitiker im Durchschnitt quantitativ nicht zur Erhaltung der Familie ausreicht.

Im Gegensatz zu der Syphilis wirkt die Gonorrhoe nur selten lebensverkürzend. In den meisten Fällen tritt auch nach verhältnismäßig kurzer Zeit vollständige Heilung ein, wenigstens beim Manne. Trotzdem aber ist die Auslesebedeutung der Gonorrhoe eher noch größer als die der Syphilis, weil die Gonorrhoe viel häufiger ist und weil sie verhältnismäßig recht oft Unfruchtbarkeit zur Folge hat. Mindestens die Hälfte aller kinderlosen Ehen ist auf Gonorrhoe zurückzuführen. Noch häufiger tritt nach der Eheschließung eines gonorrhoischen Mannes zunächst eine Empfängnis ein, zugleich aber auch die Ansteckung der Frau und im Anschluß an die erste Geburt ein Aufsteigen der Trippererreger in die inneren Geschlechtsorgane der Frau. Die „Einkindsterilität“ ist geradezu typisch für Gonorrhoe. Im Deutschen Reich gibt es etwa 10 Millionen Ehen, von denen etwa eine Million kinderlos sind; also bleibt wohl mindestens eine halbe Million Ehen in jeder Generation wegen Gonorrhoe kinderlos; und der Ausfall infolge Einkindsterilität dürfte eher noch größer sein, so daß in jeder Generation viele Millionen Kinder wegen Gonorrhoe der Eltern nicht geboren werden. Es fragt sich nur, inwieweit dadurch eine günstige Auslese und inwieweit eine Gegenauslese bewirkt wird.

Bei robustem Körperbau sind die geschlechtlichen Triebe im allgemeinen stärker als bei schwächlicher Konstitution, und entsprechend ist auch die Gefährdung größer. Der verhältnismäßig kleine Teil der großstädtischen Männer, welcher von der Ansteckung verschont bleibt, dürfte daher im Durchschnitt körperlich wohl etwas weniger kräftig sein, als der welcher der Gonorrhoe oder der Syphilis verfällt. Diese Krankheiten wirken daher gerade umgekehrt wie die Tuberkulose eher auf eine Züchtung der asthenischen und infantilistischen Konstitution hin. Auch in bezug auf seelische Anlagen kommt eine ungünstige Auslesewirkung immerhin in Betracht. Neurastheniker, die schon durch die gewöhnliche Arbeit des Tages stark ermüdet werden, sind verhältnismäßig wenig der Versuchung ausgesetzt, bedenklichen Verkehr zu suchen. Hypochondrische Ängstlichkeit bedingt natürlich einen gewissen Schutz vor Ansteckung. Andererseits werden freilich haltlose Naturen, die dem Sinneseindruck des Augenblicks hingegeben sind und bei denen die normalen „Hemmungen“ fehlen, vorzugsweise betroffen. Was die geschlechtlichen Triebe im besonderen angeht, so geht die Auslese durch Gonorrhoe und Syphilis unzweifelhaft auf deren Abschwächung hin. Es ist nicht unwahrscheinlich, daß das so häufige Fehlen eines Begattungstriebes bei Frauen, das schwerlich als ursprünglich normal anzusehen ist, gerade infolge der Auslese durch Gonorrhoe und Syphilis seine heutige Verbreitung erlangt hat. Andererseits werden Personen mit abnorm starkem Geschlechtstrieb natürlich ganz besonders davon betroffen und ausgemerzt. Ganz allgemein führen Leichtsinn und sittliche Haltlosigkeit offenbar sehr häufig zur Ausmerzung durch Syphilis und Gonorrhoe. So wie die Dinge heute liegen, sind die Geschlechtskrankheiten geradezu die wesentlichste Ursache für das Aussterben von allerhand Gesindel, das sich in den Großstädten ansammelt. Die Prostituierten, welche fast ausnahmslos durch Geschlechtskrankheiten unfruchtbar werden, sind zum ganz überwiegenden Teil psychopathisch veranlagt, während sie körperlich eher über dem Durchschnitt stehen dürften. Die Gesamtwirkung der durch die Geschlechtskrankheiten bedingten Auslese ist daher, wenigstens was die seelischen Anlagen betrifft, vielleicht gar nicht so ungünstig.

Noch vor verhältnismäßig kurzer Zeit waren allerdings gerade die geistigen Berufe, Akademiker, Offiziere, Kaufleute, wegen ihres hohen Heiratsalters in ganz besonders hohem Maße von Geschlechtskrankheiten betroffen. Davon wird noch im Zusammenhang mit der sozialen Auslese zu reden sein. Andererseits hat aber die zunehmende Aufklärung über die Gefahren der Geschlechtskrankheiten ganz offenbar schon gute Erfolge gerade unter der gebildeten Jugend gehabt. Die Erkenntnis der Gefahr in ihrem ganzen Umfange hält ohne Zweifel oft vor bedenklichen Abenteuern zurück. Auch die Anwendung von Schutzmitteln wird natürlich von einsichtigen jungen Leuten erfolgreicher durchgeführt als von beschränkten und leichtsinnigen. Und wenn ein einsichtiger junger Mann trotzdem das Unglück hat, sich eine Ansteckung zuzuziehen, so wird er die Krankheit nicht vernachlässigen, sondern zur rechten Zeit sachverständige Behandlung suchen, welche in vielen Fällen zu völliger Heilung führen wird. Infolgedessen wird auch die Bekämpfung der Geschlechtskrankheiten, vor allem die Aufklärung darüber, keine ungünstige Auslesewirkung haben, weil sie in erster Linie die Einsichtigen bewahrt.

Durch Auslesevorgänge erklärt sich auch die Wandlung im Charakter der Syphilis seit ihrem ersten Auftreten in Europa, das augenscheinlich im Anschluß an die Entdeckung Amerikas erfolgte. Die Syphilis pflegte damals schon bald nach der Ansteckung zu ausgedehnten Zerstörungen der Haut sowie auch innerer Organe und nicht selten rasch zum Tode zu führen. In der modernen Zeit dagegen nimmt die Syphilis in den ersten Jahren gewöhnlich einen schleichenden Verlauf; andererseits treten jetzt bei verhältnismäßig vielen Kranken lange Jahre nach der Ansteckung schwere Spätfolgen auf, die in früheren Jahrhunderten unbekannt waren. So entwickelt sich nach 10 bis 15 Jahren bei ca. 6–10% der Syphilitiker die unter dem Namen Paralyse bekannte Zerstörung des Gehirns, bei ca. 2 bis 3% die als Tabes bezeichnete Zerstörung des Rückenmarkes und nach 15 bis 25 Jahren bei ca. 20% eine schwere, oft tödliche Erkrankung der vom Herzen ausgehenden Hauptschlagader des Körpers. Man hat diesen Wandel des Krankheitsbildes wohl durch Vererbung einer erworbenen Immunität erklären wollen, wofür aber greifbare Anhaltspunkte völlig fehlen und was auch aus allgemein biologischen Gründen abzulehnen ist, da eine „Vererbung erworbener Eigenschaften" überhaupt nicht stattfindet, wie im ersten Bande gezeigt wurde. Es bleibt daher nur die Erklärung durch Auslesevorgänge übrig. Diejenigen Stämme des Syphiliserregers, welche bei Europäern in kurzer Zeit zum Tode führten, verfielen eben mitsamt ihren Trägern der Ausmerzung. So wurden nicht nur Rassen des Syphiliserregers, die schwere Früherscheinungen machten, allmählich seltener, sondern ebenso auch menschliche Anlagen, die eine besondere Empfindlichkeit gegen Syphilis bedingten. Dazu kam dann die Auslesewirkung der Behandlung. Jene Syphilisfälle, die sich in starken frühzeitigen Hauterscheinungen äußerten, wurden natürlich ganz besonders intensiv mit Quecksilber behandelt, und jene Rassen der Erreger, welche sich so zu äußern pflegten, wurden daher oft abgetötet oder doch stark in der Ausbreitung beschränkt. Die schleichenden Formen der Syphilis, welche zunächst nur geringe Erscheinungen machen, konnten sich infolgedessen viel unbehelligter ausbreiten, und wenn sie nach vielen Jahren zur Zerstörung des Gehirns oder der Hauptschlagader ihres Trägers führten, so hatten sie vorher doch jahrelang Zeit zur Ausbreitung gehabt. Es ist daher nicht unwahrscheinlich, daß der Charakter der Syphilis sich auch noch weiterhin in dieser Richtung ändern wird.

f) Die Auslesebedeutung der Säuglings- und Kindersterblichkeit.

Bei Naturvölkern geht in der Regel mehr als die Hälfte aller Geborenen im Säuglingsalter wieder zugrunde. Auch bei uns ist die Sterblichkeit im ersten Lebensjahr ja größer als die in irgendeinem anderen Jahr, und entsprechend ist auch die dadurch bedingte Auslese größer. In den ersten 3–4 Lebenstagen, wo das Neugeborene noch keine Nahrung zu sich nimmt, erfolgen Todesfälle fast nur auf Grund angeborener Fehler oder Schwächezustände, für die neben Schädigungen durch Syphilis und Alkoholismus der Eltern als Ursache vor allem ererbte krankhafte Veranlagung in Betracht kommt. Auch für die nächsten Tage gilt im wesentlichen noch dasselbe. Bis zum 10. Lebenstage sterben von allen Kindern etwa 2%. Von nun an treten

Ernährungsstörungen als Todesursache in den Vordergrund; aber auch diese sind durch die ererbten Anlagen sehr wesentlich mitbedingt. Es gibt Kinder, denen nicht einmal die Milch der eigenen Mutter gut bekommt und die nur mit ganz besonders hergestellten Nahrungsmitteln mühsam durchgebracht werden können. Von Kindern, die von vornherein künstlich ernährt werden, verfällt ein viel größerer Teil mehr oder weniger schweren Störungen, während es andererseits auch nicht wenige Säuglinge gibt, die sowohl an der Mutterbrust als auch bei verschiedenen Arten künstlicher Ernährung eine schier unverwüstliche Gesundheit bewahren. Es ist nur eine selbstverständliche Folge dieser Tatsachen, daß der Durchschnitt der erkrankenden Säuglinge dem der übrigen konstitutionell nicht gleichwertig ist.

Von den Kindern, welche im Kaiserin Auguste Viktoria-Haus in Berlin in den 10 Jahren von 1909 bis 1918 wegen chronischer Ernährungsstörungen behandelt und durchgebracht wurden, boten später fast zwei Drittel irgendwelche Zeichen von Minderwertigkeit, und diese wären ohne die sorgsame Behandlung zum großen Teil natürlich gestorben. Die hauptsächlichste Todesursache im Säuglingsalter bestand wenigstens bisher in akuten Ernährungsstörungen, zumal in dem sogenannten Brechdurchfall. Als Beleg, daß auch dabei Auslese am Werke ist, kann z. B. die Erfahrung des Auguste Viktoria-Hauses dienen, daß von den dort an akuten Ernährungsstörungen gestorbenen Säuglingen ein Drittel Zeichen schwerer konstitutioneller Minderwertigkeit aufwies. Eliasberg fand unter 80 Säuglingen, die an Sommerdurchfällen litten, sogar bei 70 Konstitutionsanomalien wie exsudative oder neuropathische Diathese.

Dieselben Anomalien der Konstitution, welche im späteren Leben Nervenleiden und andere Schwächezustände bedingen, äußern sich vielfach schon im Kindesalter unter dem Bilde von allerhand „Diathesen". Die meisten Kinder, welche im Säuglingsalter an Krämpfen leiden, weisen z. B. später Zeichen von Neuropathie oder Psychopathie auf.

Die Auslesewirkung der Säuglingssterblichkeit beschränkt sich übrigens durchaus nicht auf jene Anlagen, die schon im Säuglingsalter zum Ausdruck kommen. So wirkt die Säuglingssterblichkeit unter anderm auch züchtend auf die Stillfähigkeit, wie schon weiter oben erwähnt wurde. Da die Hauptursache des Nichtstillens und damit der Säuglingssterblichkeit weniger im Mangel körperlicher Stillfähigkeit als vielmehr in einem Mangel an Stillwillen und in wirtschaftlichen Verhältnissen begründet liegt, so hat die Säuglingssterblichkeit auch eine Auslesebedeutung in bezug auf die Einsicht der Mütter, ihr Pflichtgefühl und ihre Mutterliebe, lauter Eigenschaften, die durch die Erbanlagen wesentlich mitbedingt sind. Auch unter den künstlich ernährten Säuglingen findet eine Auslese nach den Anlagen der Eltern, insbesondere denen der Mutter statt, weil die sorgsameren und einsichtigeren

Mütter bessere Erfolge mit der künstlichen Ernährung haben als die leichtsinnigen und beschränkten.

Auch die großen Unterschiede, welche die Säuglingssterblichkeit je nach der wirtschaftlichen Lage aufweist, sind keineswegs ohne Auslesebedeutung, weil die erbliche Veranlagung der verschiedenen wirtschaftlichen Klassen im Durchschnitt nicht gleich, sondern stark verschieden ist, wie bei Besprechung der sozialen Auslese näher erörtert werden wird.

Die Unterschiede der Säuglingssterblichkeit nach der sozialen Lage mögen an einigen Zahlen veranschaulicht werden, die einer Untersuchung von H. Neumann vom Jahre 1908 entnommen sind, wobei die Wohnungsgröße als Maßstab der wirtschaftlichen Lage genommen ist. Besonders bemerkenswert ist daran, daß die Sterblichkeit der Flaschenkinder im ersten Monat in allen drei Gruppen fast genau gleich groß befunden wurde, während sie vom 2. bis 12. Monat in der ungünstigsten Gruppe viermal so groß war als in der günstigsten.

Es starben	Brustkinder im 1. Lebensjahr	Flaschenkinder im 1. Monat	Flaschenkinder im 2. bis 12. Monat
in Wohnungen von 1–2 Zimmern	4,9 %	6,5 %	16,4 %
in Wohnungen von 3 Zimmern	2,6 %	6,7 %	10,2 %
in Wohnungen von 4 und mehr Zimmern	2,6 %	6,2 %	4,1 %

Gewisse Kinderärzte und Sozialhygieniker verschließen vor der Einsicht in die Auslesebedeutung der Säuglingssterblichkeit hartnäckig die Augen, weil sie wähnen, daß daraus eine feindliche Einstellung gegen die Säuglingsfürsorge folgen müßte. Unsere führenden Rassenhygieniker, Ploetz, Schallmayer und Gruber haben indessen klipp und klar ausgesprochen, daß aus der Anerkennung der Auslesebedeutung der Säuglingssterblichkeit keineswegs folgt, daß man dieser einfach ihren Lauf lassen müsse. Viele Maßnahmen der Säuglingsfürsorge haben auch durchaus keinen ungünstigen Einfluß auf die Auslese. Besonders die Werbetätigkeit für das Selbststillen der Mütter dient geradezu auch der Auslese. Durch möglichste Ausbreitung des Selbststillens der Mütter werden jene äußeren Todesursachen, die wenig oder gar keine Auslesebedeutung haben, weitgehend eingeschränkt, so daß nun die Unterschiede der Konstitution um so reiner zur Auswirkung kommen können. In Gegenden, wo das Stillen überhaupt ungebräuchlich ist, ist ja die Auslese nach Stillfähigkeit der Mutter geradezu unterbunden. Auch die sonstige Fürsorge kann eine günstige Auslese zur Folge haben, vor allem weil die einsichtigeren und sorgsameren Mütter auch bei künstlicher Ernährung von den Ratschlägen des Arztes und der Fürsorgerin erfolgreicheren Gebrauch machen werden als die unbegabten und gleichgültigen. Selbstverständlich aber ist auch eine unzweckmäßige Fürsorge denkbar, z. B. eine solche, die viele Mühe und große Kosten für einige wenige minderwertige Kinder aufwendet, während mit dem gleichen Aufwand eine viel größere Zahl besser veranlagter Kinder gerettet werden könnte.

Auch jenseits des eigentlichen Säuglingsalters ist die natürliche Auslese selbstverständlich weiter wirksam. Manche der im ersten Bande besprochenen angeborenen erblichen Leiden führen erst im Kindesalter zum Tode, doch kommt ihnen wegen ihrer verhältnismäßigen Seltenheit keine besondere Bedeutung zu. Wichtiger ist, daß schwere chronische Verdauungsschwäche auch jenseits des Säuglingsalters nicht selten ist und daß die damit behafteten Kinder besonders leicht Infektionskrankheiten zum Opfer fallen. Die sogenannten Kinderkrankheiten, Masern, Scharlach, Diphtherie und Keuchhusten, bilden überhaupt die häufigste Todesursache im Kindesalter, aber nur mit einer gewissen Einschränkung, die eben in der Konstitution begründet liegt. Von den an Masern erkrankten Kindern pflegen nur 2–3% zu sterben, und auch bei Scharlach, Diphtherie und Keuchhusten bleibt die Letalität gewöhnlich unter 10%, obwohl sich die verschiedenen Epidemien je nach der Rasse des Erregers sehr verschieden verhalten können. Da die allermeisten Kinder durchzukommen pflegen, so ist die Infektion ja eigentlich gar nicht die entscheidende Todesursache; neben dem Alter und äußeren Umständen spielen vielmehr die Erbanlagen dabei eine nicht zu unterschätzende Rolle. An Masern sterben fast nur schwächliche und kränkliche Kinder. Von Scharlach sind nach Feer besonders Kinder mit lymphatischer Konstitution gefährdet. Auch die Diphtherie rafft vorzugsweise Kinder mit lymphatischer und exsudativer Diathese, mit Ernährungsstörungen und sonstigen Schwächezuständen dahin. Der Keuchhusten ist bei Kindern mit spasmophiler Diathese stets lebensgefährlich. Zusammenfassend kann man sagen, daß die Sterblichkeit im Kindesalter eher noch stärker durch erbliche Anlagen mitbedingt ist als im Säuglingsalter und daß sie folglich wie jene eine starke Auslesebedeutung hat.

g) Die Auslese durch Alkohol und andere Genußgifte.

Für das Zustandekommen der Trunksucht ist die erbliche Veranlagung wohl von nicht geringerer Bedeutung als die äußeren Umstände. „Wir dürfen annehmen, daß die große Mehrzahl der hoffnungslosen Fälle von Hause aus haltlose, minderwertige Persönlichkeiten waren", sagt Kraepelin. Aus diesem Umstande in Verbindung mit der Tatsache, daß vor dem Kriege bei 12–14% aller Todesfälle Alkoholmißbrauch mindestens eine mitwirkende Todesursache war, ergibt sich, daß der Alkohol auch erhebliche Auslesewirkungen haben muß. Die Sterblichkeit der Trinker ist bedeutend größer als die der übrigen Bevölkerung. In Preußen betrug die Lebenserwartung der 25jährigen in Alkoholgewerben Beschäftigten nur 26 Jahre gegenüber 32 Jahren bei der sonstigen männlichen Bevölkerung. In England betrug die Lebenserwartung der Gastwirte mit 25 Jahren noch 31 Jahre gegenüber einer allgemeinen Lebenserwartung von 36 Jahren. Ein 20jähriger Münchener lebte im Durchschnitt noch 42 Jahre, ein Münchener Brauer aber nur 22,4.

Entscheidend für die Auslese ist aber nicht das erreichte Lebensalter, sondern die Zahl der aufgezogenen Nachkommen, und da zeigt sich, daß die Kinderzahl der Trinker im allgemeinen nicht geringer ist als die der sonstigen Bevölkerung, sondern eher größer. So hat Laitinen an 5845 finnländischen Familien gefunden, daß die Trinker eine durchschnittliche Kinderzahl von 3,9 pro Ehe hatten, die Mäßigen 3,6 und die Enthaltsamen 2,4. Entsprechend fanden auch Pearson und seine Schüler bei Trinkern eine Kinderzahl von 4,6, bei Mäßigen von 3,4 und bei Enthaltsamen von 2,7. Lundborg fand bei seinen bekannten Untersuchungen an einer schwedischen Bauernbevölkerung, daß die Trinker eine Kinderzahl von 5,6 hatten, die übrigen Familien 4,9. Nun ist in Trinkerfamilien freilich auch die Kindersterblichkeit größer, aber nicht in dem Maße, daß dadurch der bleibende Nachwuchs der Trinker zahlenmäßig geringer als der durchschnittliche würde. Der Alkoholgenuß trübt offenbar die Voraussicht und das Verantwortungsgefühl, welche sonst so vielfach zur Geburtenbeschränkung treiben. So dürfte es kommen, daß der Alkohol insgesamt die Zahl der Geburten erhöht.

Freilich gibt es auch jugendliche Säufer, die schon früh infolge ihres Trunkes zugrundegehen oder die doch nicht zur Eheschließung kommen. In diesen Fällen handelt es sich wohl ganz überwiegend um krankhaft veranlagte Personen. Da der Alkoholismus zur Auslösung epileptischer und anderer psychopathischer Anlagen führen kann, so trägt er offenbar zur Ausmerzung derartiger Anlagen bei. Andererseits kommen Personen mit krankhafter Empfindlichkeit gegen Alkohol erfahrungsgemäß besonders leicht zu völliger Enthaltsamkeit. Aus den angeführten Zahlen folgt, daß die Abstinenten im Durchschnitt eine sehr geringe Kinderzahl haben und daß diese vielfach nicht einmal zur Erhaltung der Familie ausreicht. Wenn nun die höhere Kinderzahl der Nichtabstinenten etwa zum Teil auf Alkoholwirkung beruhen sollte, so könnte der Alkohol also auch in dieser

Hinsicht eine günstige Auslesewirkung haben. Möglich ist freilich auch, daß die Abstinenten hauptsächlich wegen ihrer größeren Neigung, die Folgen voraus zu erwägen, sowohl Alkohol wie Geburten vermeiden.

Diesen eher günstigen Auslesewirkungen des Alkohols stehen andererseits ungünstige gegenüber; und zwar dürften diese hauptsächlich auf dem Umwege über die Schädigung der Erbmasse, die im ersten Bande erörtert wurde, erfolgen. Die Angehörigen des Braugewerbes, welche durch den Alkohol in ihrer Gesundheit geschädigt werden, stellen wenigstens körperlich eine überdurchschnittliche Auslese dar; und auch sonst sind die eigentlichen Trinker häufiger von kräftigem als von schwächlichem Körperbau, was sich einfach daraus erklärt, daß schwächliche Personen eben weniger „vertragen" können und daher eher mäßig bleiben. Wir haben aber Grund zu der Annahme, daß eine Schädigung der Erbmasse bei robusten Menschen vielfach schon früher als eine Schädigung ihrer persönlichen Gesundheit erfolgt. Wenn also die Trinker zunächst auch eine größere Kinderzahl als die Mäßigen haben mögen, so ist es doch ganz gut möglich, daß ihre Nachkommenschaft in den weiteren Generationen infolge der durch die Erbschädigung bedingten Schwäche einer um so stärkeren Ausmerzung verfällt.

Auch in bezug auf geistige Anlagen hat eine Gegenauslese durch Alkohol wenigstens bis zur Zeit des großen Krieges insofern bei uns stattgefunden, als gerade die gebildeten und besitzenden Kreise, insbesondere die akademische Jugend, dem Alkoholmißbrauch besonders ausgesetzt waren. Diese Gegenauslese wird verstärkt durch den Umstand, daß unter dem Einfluß des Alkohols sich gelegentlich auch junge Leute, die sonst kaum dazu kommen würden, der Gefahr geschlechtlicher Ansteckung aussetzen. Das unmäßige Trinken hat ja gegenwärtig bei der gebildeten Jugend zwar stark abgenommen, in der Hauptsache aber offenbar nur unter dem Zwange der wirtschaftlichen Not, die gerade diese Kreise betroffen hat. Wie sich die Dinge weiterhin gestalten werden, bleibt daher abzuwarten.

Andere Genußgifte, wie das Nikotin, das Morphin und das Kokain, haben eine ähnliche Auslesewirkung wie der Alkohol. Einerseits werden auch durch diese Gifte vorzugsweise haltlose und krankhaft veranlagte Personen von der Fortpflanzung ausgeschaltet; andererseits aber werden auch davon die gebildeten Stände ganz besonders betroffen. Dem Morphinismus und Kokainismus sind besonders Ärzte, Apotheker, Heilgehilfen und Krankenschwestern ausgesetzt; und obwohl diese Übel für die Gesamtbevölkerung keine besondere Rolle spielen, ist die durch sie bedingte Auslese um so ungünstiger.

Man ist oft geneigt zu meinen, daß instinktgesunde Menschen den Mißbrauch von Alkohol und anderen Giften ganz von selbst vermeiden würden, da ja die normalen Instinkte auf Herbeiführung rasseförderlicher Zustände und Handlungen und auf Vermeidung schädlicher gerichtet sind. Vom vitalistischen Standpunkt wäre das in der Tat zu erwarten. Die selektionistische Auffassung der Organismen dagegen läßt uns das häufige Vorkommen erhaltungswidriger Äußerungen auch an und für sich erhaltungsgemäßer Instinkte durchaus verständlich erscheinen. Die Umwelt, in der die Instinkte der heutigen Menschen gezüchtet wurden, war eben eine andere als die, in der sie heute leben. In jener Umwelt kamen Morphin, Kokain und Nikotin praktisch nicht vor, und auch der Alkohol stand Naturvölkern und selbst den alten Germanen natürlich niemals in solcher Menge zur Verfügung, daß sich bei ihnen Alkoholismus in größerem Umfange hätte entwickeln können. Daß es der modernen Technik aber gelingt, in großem Umfange Stoffe herzustellen, welche besondere Lustempfindungen oder Ausschaltung der Unlust — wenn auch nur vorübergehend und auf Kosten der Gesundheit — bewirken können, ist nicht weiter verwunderlich.

Ein entsprechender Gedankengang gilt übrigens nicht nur für die Genußgifte, sondern auch für alle möglichen andern Sinnesreize des modernen städtischen Lebens, für Literaturerzeugnisse, Theaterdarbietungen, moderne Musik, sinnenreizende Moden usw. usw. Solche Dinge können auch von unverdorbenen Sinnen als „schön“ empfunden werden und doch die Menschen, welche in ihren Bann geraten, aus dem Lebensstrom der Rasse ausschalten. Die ererbten Rassenanlagen sind nicht mehr an die moderne Umwelt angepaßt, weil es eben eine ganz andere Umwelt war, in der sie gezüchtet wurden. Ohne besondere Schutzmaßnahmen verfallen daher vielfach gerade die tüchtigsten und schönsten Menschen der Ausschaltung von der Fortpflanzung. Auf diese Formel läßt sich alles Verhängnis der Rasse bringen.

h) Die Auslese durch den Krieg.

Die Erscheinung des Krieges als eines gruppenweisen Kampfes innerhalb derselben Art von Lebewesen ist im wesentlichen auf das Menschengeschlecht beschränkt. Außer beim Menschen kommen nur noch bei einigen geselligen Insekten wie Bienen und besonders Ameisen Gruppenkämpfe vor, die man mit einigem Recht als Kriege bezeichnen kann. Den meisten Menschen aber stecken kriegerische Instinkte tief im Blute. Schon daraus darf man schließen, daß der Krieg in vergangenen Zeiten oft der Erhaltung der Rasse förderlich war.

Auf der Stufe des Sammlers und Jägers befanden sich die Menschen so gut wie dauernd im Kriege. Sie lebten im allgemeinen in kleinen Horden, die in sich wohl meist von ziemlich einheitlicher Rasse waren. Der Sieg in den Kämpfen dieser Gruppen fiel in der Regel natürlich der lebenstüchtigeren

Gruppe zu, welche die Wohnstätten und Jagdgründe der unterlegenen für sich in Anspruch nahm und sich darauf ausbreitete. Soweit die Unterlegenen nicht einfach aufgefressen oder sonst ausgerottet wurden, wurden sie in Gegenden mit kümmerlichen Lebensbedingungen gedrängt, wie z. B. die afrikanischen Pygmäen von den Negern. Schon in den Kämpfen der primitiven Menschen aber gaben nicht nur körperliche Kraft und Gewandtheit, List und Mut den Ausschlag; sondern auch z. B. Gruppen, die infolge besonderer Begabung einzelner Mitglieder bessere Waffen erfanden, hatten einen großen Vorsprung vor andern; auch die Fähigkeit zur Übernahme zweckmäßiger Erfindungen von andern Gruppen war von unmittelbarem Vorteil im Kampf ums Dasein. Der Krieg wirkte daher im Sinne der Züchtung nicht nur körperlicher, sondern vor allem auch seelischer Tüchtigkeit.

Außer der Tüchtigkeit des Einzelnen war natürlich vor allem auch die Zahl der Männer entscheidend, welche eine Gruppe zum Kampfe stellen konnte. Diese aber hing wesentlich von jenen seelischen Anlagen ab, die das einträchtige Zusammenleben in Gruppen ermöglichten, d. h. von den geselligen Instinkten. Wo diese schwach waren, zersplitterten sich die Gruppen, und solche unterlagen natürlich oft gegenüber Gruppen, die besser zusammenhielten. Der Krieg hat also auch zur Züchtung der sozialen Anlagen des Menschen, der Instinkte gegenseitiger Hilfe, beigetragen.

Auf der Stufe einfacher bäuerlicher Kultur geht der Krieg in der Hauptsache um das Ackerland. Die siegreiche Gruppe hat die Möglichkeit, ihre bäuerlichen Siedelungen auszubreiten; und die Folge ist natürlich auch eine Ausbreitung ihrer Rasse. Die Besiegten dagegen werden auch auf dieser Stufe öfter einfach ausgerottet, wie das z. B. auch aus dem griechischen und römischen Altertum mehrfach berichtet wird. Neben die Ausrottung der Unterlegenen tritt aber mehr und mehr ihre Versklavung oder gar die bloße Unterwerfung und Beherrschung der Besiegten. Die Sieger wollen sich die Arbeitskraft der Besiegten nicht entgehen lassen, und sie benutzen sie daher als Sklaven besonders für den Landbau. Damit wird eine entscheidende Änderung der rassenbiologischen Wirkung des Krieges eingeleitet, insofern als nun auch die Unterlegenen die Möglichkeit der Fortpflanzung behalten. Die Fortpflanzung männlicher Sklaven ist zwar im allgemeinen gering; durch Sklavinnen aber werden die Rassenanlagen der Besiegten, wenn auch mit denen der Sieger vermischt, den kommenden Geschlechtern übermittelt. Bloß unterworfene oder tributpflichtige Stämme haben natürlich in noch höherem Maße Gelegenheit zur Erhaltung ihrer Rasse als eigentlich versklavte. So ist im Bereich der alten Kulturvölker auf die Dauer offenbar viel mehr vom Blute der Sklaven und Unterworfenen erhalten geblieben als von dem der Herren. In neuerer Zeit hat sich die Rasse der Neger eben infolge ihrer Versklavung über einen großen Teil Amerikas ausbreiten können. Der kriegerische Sieg braucht also durchaus nicht auch den biologischen Sieg zur Folge zu haben. Öfter ist vielmehr das Gegenteil der Fall.

Man unterscheidet bei der biologischen Betrachtung des Krieges zwischen einer Individualauslese und einer Kollektiv- oder Gruppenauslese, oder was dasselbe ist, einer Auslese innerhalb der einzelnen Gruppe und einer zwischen den verschiedenen Gruppen. Die Kriege zwischen primitiven Naturvölkern führen nicht nur zur Ausbreitung der tüchtigeren Gruppe, sondern auch innerhalb der Gruppe pflegen die kriegstüchtigsten Männer im Durchschnitt eine größere Zahl von Nachkommen zu hinterlassen als die weniger tüchtigen. Aber schon bei den alten Kulturvölkern verschlang der Krieg vielfach gerade die Besten. In den vielen Kriegen der alten Hellenen wurde die kulturtragende Herrenschicht so stark mitgenommen, daß darin eine der Hauptursachen des Unterganges der hellenischen Kultur gesehen werden muß. Ähnliches gilt auch vom römischen Reich. Bei allen Völkern, wo eine Herrenschicht über eine Schicht von Unfreien oder doch wirtschaftlich Abhängigen herrscht, werden die Blutsopfer des Krieges in erster Linie von der Herrenschicht getragen, welche in der Regel auch die kulturbegabtere ist. Während die Herrenschichten sich im Kriege aufreiben, können die Unfreien oder Abhängigen, auch wenn sie unter die Gewalt anderer Herren kommen, sich vermehren. So lagen die Dinge im wesentlichen auch in den germanischen Reichen, welche aus der Völkerwanderung hervorgingen. Auch während des ganzen Mittelalters, wurde der germanische Adel, welcher den dienenden Schichten körperlich und geistig unzweifelhaft überlegen war, durch Kriegsverluste immer wieder mitgenommen, ohne daß diese Verluste durch eine entsprechend größere Fruchtbarkeit wettgemacht worden wären.

Weniger ungünstig wurde die Auslesewirkung des Krieges, als seit dem ausgehenden Mittelalter die Lehensheere durch Söldnerheere ersetzt wurden. Diese rekrutierten sich zum größten Teil aus abenteuernden Gesellen, die einen geordneten Beruf nicht ausfüllen konnten oder mochten und die daher wenigstens ihrer seelischen Beschaffenheit nach keine günstige Auslese darstellten. Durch eine Verfügung Friedrich Wilhelms I. von Preußen wurde die Werbung im Lande sogar ausdrücklich auf Individuen beschränkt, die für bürgerliche Berufe nicht brauchbar waren; in der Hauptsache wurden Ausländer angeworben. Ebenso waren die Truppen der meisten andern Staaten jener Zeit Fremdenlegionen, die größtenteils aus hergelaufenem Gesindel bestanden. Auch die Heere Friedrichs II. bestanden zum größten Teil aus Leibeigenen und Ausländern. Die gewaltigen Menschenverluste des 7jährigen Krieges — das preußische Heer verlor allein in dessen letzten Jahren 200000 Mann — brachten daher ebenso wie die des 30jährigen Krieges keine so schwere Schädigung der Rassentüchtigkeit wie die mit

Ritterheeren geführten Kriege mit sich. Wohl waren die Verwüstungen, besonders des 30jährigen Krieges, ganz ungeheure, von einem Umfange, mit denen sich selbst die des Weltkrieges kaum messen können; soll doch damals nach vorsichtigen Schätzungen die Bevölkerung Deutschlands auf den dritten oder vierten Teil zusammengeschmolzen sein, nach weniger wahrscheinlichen Angaben sogar auf den zehnten. Aber dieser Bevölkerungsrückgang war in der Hauptsache durch Seuchen, Hunger und andere Not verursacht; und er dürfte daher im ganzen eher eine günstige Auslese zur Folge gehabt haben, da die widerstandsfähigsten und klügsten Familien das allgemeine Elend noch am ehesten überdauert haben dürften. Damit hängt es auch wohl zusammen, daß Deutschland nach dem 30jährigen Kriege eine unverkennbare Blütezeit auch in kultureller Hinsicht erleben konnte.

Ein für die Rassentüchtigkeit ungleich furchtbareres Gesicht hat die Auslese des Krieges mit dem Aufkommen der allgemeinen Wehrpflicht infolge der französischen Revolution mit ihrer„levée en masse“ bekommen. Nach Taine sollen in den Revolutionskriegen etwa 800000 Franzosen und in den anschließenden Napoleonischen Kriegen gar 1700000 gefallen sein. Diese Verluste übertreffen sogar jene, die Frankreich im Weltkriege erlitten hat, zumal wenn man bedenkt, daß damals die Bevölkerungszahl viel geringer war. Frankreich hat damals einen nie mehr ausgeglichenen Verlust seiner Rassentüchtigkeit erlitten.

Im amerikanischen Bürgerkriege fielen in mehreren Staaten etwa 40% der jungen Männer. In dem fünfjährigen Kriege, den Paraguay gegen Brasilien, Uruguay und Argentinien zu führen hatte, ging der weitaus größte Teil seiner männlichen Bevölkerung zugrunde. Am Ende des Krieges kamen nur noch 28000 männliche auf 106000 weibliche Personen, und die Bevölkerungszahl war von 11/3 auf weniger als ¼ Million gesunken.

Je näher wir der Gegenwart kommen, desto eindeutiger wird die Austilgung der tüchtigen Rassenelemente durch den Krieg. Mit immer größerer Zuverlässigkeit werden die körperlich und geistig Untüchtigen vom eigentlichen Felddienste ferngehalten. Diese bleiben nicht nur vom feindlichen Feuer verschont, sondern sie haben infolge des Todes eines großen Teiles der Tüchtigen sogar in erhöhtem Maße Gelegenheit, zu heiraten und Kinder zu erzeugen. Auch unter den Feldsoldaten sind die tüchtigsten und opfermutigsten den größten Gefahren ausgesetzt. Die Offiziere, welche geistig dem Durchschnitt der Mannschaften bedeutend überlegen sind, müssen bei Angriffen immer wieder vorangehen und haben demgemäß viel größere Verluste. Auch soweit die Offiziere nicht durch persönliche Leistungen ihre Befähigung erwiesen haben, stammen sie doch fast ausschließlich aus Familien, die schon in früheren Generationen eine geachtete Stellung erworben haben. Im deutsch-französischen Kriege von

1870/71, der uns heute allerdings fast harmlos vorkommt, fielen auf deutscher Seite von den Mannschaften 3%, von den Offizieren 8%.

In früheren Kriegen hat die Sterblichkeit an Krankheiten, die meist auch auf die Zivilbevölkerung übergriffen, die ungünstige Auslese durch die feindlichen Waffen immerhin bis zu einem gewissen Grade ausgeglichen. Noch im Krimkriege (1854–56) war die Sterblichkeit an Krankheiten viermal so groß als die blutigen Verluste. Im deutsch-französischen Kriege (1870/71) kehrte sich dann das Verhältnis zum ersten Male um; und im Weltkriege von 1914–18 betrug die Krankheitssterblichkeit nur etwa den zehnten Teil der durch Waffenwirkung verursachten.

Im Weltkriege sind im ganzen etwa 10 Millionen Mann gefallen, auf deutscher Seite etwa 2 Millionen, auf französischer 1,4. Da die beiderseitigen Volkszahlen 1913 67,4 und 39,7 Millionen betrugen, sind die Verluste der Franzosen also verhältnismäßig noch schwerer gewesen. Die Verluste der übrigen am Kriege beteiligten Staaten waren mit Ausnahme von Österreich und Serbien im Verhältnis zur Volkszahl weniger schwer. Im deutschen Heere haben über 10 Millionen Mann am Kriege teilgenommen; davon sind 19% gefallen (einschließlich der Vermißten). Da in diese Gesamtzahl auch die Truppen in der Heimat und das Besatzungsheer einbegriffen sind, so darf man die Verluste der eigentlichen Feldtruppen wohl auf mindestens 25% annehmen. Von den aktiven Offizieren sind sogar 39,2% gefallen, von den jüngeren mehr als die Hälfte. Ähnliche Blutsopfer haben auch die gebildeten bürgerlichen Kreise gebracht. Von den Studenten und Gymnasiasten, welche hinauszogen, dürfte etwa die Hälfte im Felde geblieben sein, von denen, die schon 1914 ins Feld zogen, mehr als die Hälfte. Es ist wohl nicht zuviel gesagt, daß von dem begabtesten Zehntel der jungen Männer Deutschlands die Mehrzahl dahin ist.

Die militärärztliche Untersuchung sonderte schon bei der Musterung alle Schwachen und Kranken aus. Besonders die Astheniker sowie Leute mit Fehlern des Gesichts und Gehörs und anderen Mängeln blieben in der Heimat oder wurden höchstens im Etappendienst verwendet. Auch die Verbrecher ließ man daheim. Im Verlaufe des Krieges wurden Hunderttausende von Soldaten, von denen sich herausstellte, daß sie infolge körperlicher oder seelischer Anfälligkeit das Leben im Felde nicht ertragen konnten, wieder heimgeschickt. Das gilt insbesondere von jenen psychopathisch veranlagten Individuen, die infolge der Eindrücke des Krieges an sogenannten Kriegsneurosen erkrankten, besonders Zitter- und Zappelzuständen, die auf dem Boden der Orgoristie (vgl. 1. Bd. S. 234) erwachsen. Sehr groß war auch die Zahl jener, die mit bewußter Absicht Gelegenheit suchten und fanden, sich dem feindlichen Feuer oder dem Felddienste überhaupt zu entziehen.

Während auf primitiver Kulturstufe der Kampf der Horden zur Züchtung sozialer Anlagen führt, hat die Auslese des modernen Krieges den gegenteiligen Erfolg, indem gerade die, welche das lebendigste Gefühl für die Volksgemeinschaft haben, sich vorzugsweise opfern. In der ersten Zeit des Krieges geschah die Opferung gerade der gebildeten Jugend zum Teil auch ohne Not, nicht nur infolge der Verblendung einzelner Führer, sondern auch infolge des Drängens dieser Jugend selber. Der Fall des bayerischen Regimentes Liszt ist nur einer von vielen. Auch für den weiteren Verlauf des Krieges, wo man diese Jugend als Führer dringend gebraucht hätte, war diese Aufopferung verhängnisvoll. Überhaupt war schon im Laufe des Krieges die Abnahme der Rassentüchtigkeit des deutschen Heeres infolge der furchtbaren Gegenauslese nur zu deutlich.

Das Bild der Kriegsauslese wäre einseitig, wenn nicht auch jener Umstände, welche die entsetzliche Gegenauslese etwas zu mildern geeignet waren, gedacht würde. Die für wichtige Betriebe in der Heimat vom Kriegsdienste zeitweilig oder dauernd Befreiten standen zwar in einem schlechten Rufe; aber sie waren ohne Zweifel doch von überdurchschnittlicher Wirtschaftstüchtigkeit und Intelligenz. Unter den aktiven Offizieren waren die Generalstabsoffiziere, welche eine geistige Auslese darstellen, weniger gefährdet als die andern. Auch alle die, welche im Heere als Techniker, Ärzte, Apotheker, Inspektoren verwendet wurden und welche sicher überdurchschnittlich begabt waren, hatten verhältnismäßig geringe Verluste. Auch ganze Truppengattungen wie die schwere Artillerie, die ein hervorragendes Menschenmaterial enthielt, hatten unterdurchschnittliche Verluste. Diese Ausnahmen ändern aber natürlich nichts an dem Urteil über die biologische Gesamtwirkung des Krieges.

Die verhängnisvolle Auslese innerhalb der kämpfenden Gruppen wird auch nicht etwa durch eine günstige Gruppenauslese wettgemacht. In den Gruppenkämpfen moderner Staaten tritt die Gewinnung neuen Siedelungslandes als Ziel des Krieges gegenüber der Gewinnung anderweitiger wirtschaftlicher Vorteile und politischer Macht in den Hintergrund. Der moderne Krieg dient daher weniger dem Willen zum Leben als dem Willen zur Macht. Das französische Volk hat im Weltkriege unter ungeheuren Opfern seines Lebenswillens schließlich seinen Willen zur Macht durchgesetzt. Daß ihm der Sieg aber biologisch zum Segen gereichen wird, ist wohl mehr als zweifelhaft.

Die Annahme, daß auch der moderne Krieg eine günstige Gruppenauslese zur Folge habe, müßte weiter die Voraussetzung machen, daß die kämpfenden Parteien von wesentlich verschiedener Rassentüchtigkeit wären und daß der Sieg der tüchtigeren zufalle. Im Weltkriege stand das deutsche Volk seinen Gegnern an Kriegstüchtigkeit gewiß nicht nach. Hätte es nur mit Frankreich und Rußland zu tun gehabt, so wäre die siegreiche Entscheidung auch gegen die doppelte Übermacht nicht zweifelhaft gewesen. Auch an wirtschaftlicher und technischer Tüchtigkeit war das deutsche Volk den Feinden nicht unterlegen. Die entscheidende Ursache der Niederlage war vielmehr deren vielfache Überlegenheit an Menschen und Material.

Auch wenn man die anthropologischen Rassenunterschiede ins Auge faßt, so bestand kein durchgreifender Rassenunterschied zwischen beiden Parteien. Auf beiden Seiten finden sich dieselben Rassenbestandteile, und auch in ihrer Zusammenmischung ist kein wesentlicher Unterschied zu erkennen, wenn man die Parteien insgesamt ins Auge faßt. Selbst wenn also der Sieg eine biologische Vermehrung der Sieger zur Folge haben sollte, was immerhin mindestens zweifelhaft ist, so würde dadurch eine wesentliche Verschiebung der anthropologischen Rassen Europas nicht eintreten.

Andererseits haben freilich die Kriegsverluste die verschiedenen anthropologischen Rassen nicht gleichmäßig betroffen. Die schwersten Opfer hat auf beiden Seiten die nordische Rasse zu tragen gehabt. Von den Ländern des ehemaligen österreichischen Kaiserreichs haben die deutschsprachigen viel stärkere Verluste als die slavischen gehabt, und jene haben zugleich auch mehr nordisches Blut als diese. Von den Ländern des Deutschen Reiches haben die weniger nordisch bestimmten allerdings nur wenig geringere Verluste gehabt als der Reichsdurchschnitt. Während im Reichsdurchschnitt auf 100 Einwohner 2,7 Tote (ohne die dauernd Vermißten) kamen, blieben die Verluste des bayerischen Kontingents mit 2,4 Toten nur um 10% und die des sächsischen Kontingents mit 2,5 nur um 7% dahinter zurück. In dem verhältnismäßig stark nordisch bestimmten Württemberg dagegen haben die Verluste den Reichsdurchschnitt um 10% übertroffen, ebenso anscheinend in einigen nordwestdeutschen Gebieten, über die freilich genaue Zahlen noch fehlen. Die Verluste der Marine, welche in diesen Zahlen nicht enthalten sind, haben ganz überwiegend die nordischen Küstenstriche betroffen. Insgesamt sind aber die Unterschiede der Verluste nach Rassen innerhalb desselben Landes viel bedeutender gewesen als die zwischen den verschiedenen Ländern.

Unter den Offizieren aller Armeen war die nordische Rasse erheblich stärker vertreten als unter den Mannschaften; das zeigte schon die unmittelbare Anschauung unverkennbar deutlich; und die Offiziere haben etwa doppelt so hohe Verluste gehabt. Daß das gebildete Bürgertum, welches den größten Teil der Reserveoffiziere stellte, einen überdurchschnittlichen Anteil nordischer Rasse enthält, wird weiter unten noch erörtert werden. Dazu kommt noch, daß die nordische Rasse verhältnismäßig kriegerisch veranlagt ist und daß ihre Angehörigen sich daher auf beiden Seiten ganz besonders stark der Gefahr ausgesetzt haben. Unterdurchschnittlich gering sind offenbar die Verluste der Juden gewesen, was z. T. auf geringere körperliche Kriegstauglichkeit, ihre Fernhaltung vom Offizierkorps, ihre unzweifelhafte

Eignung für viele wichtige Betriebe in der Heimat, vor allem aber auf ihre im Durchschnitt wenig kriegerische Veranlagung zurückzuführen sein dürfte. Während sonst auf 100 Einwohner im Deutschen Reich 2,7 Gefallene (ohne die dauernd Vermißten) kamen, waren es bei den Juden nach Q. Armin nur etwa 1%. Vom Zentralverein deutscher Staatsbürger jüdischen Glaubens wird angegeben, daß über 11000 Juden für das deutsche Vaterland gefallen sind. Das würde etwa 1,6% der jüdischen Bevölkerung machen. Auch nach dieser Quelle sind die Verluste der Juden also jedenfalls hinter dem Reichsdurchschnitt um über 40% und noch sehr viel weiter natürlich hinter denen jener Kreise des deutschen Volkes, die mit den deutschen Juden etwa in gleicher sozialer Lage befindlich sind, zurückgeblieben. Die heute ganz unverkennbare Abneigung der meisten Juden gegen das Kriegshandwerk ist offenbar zum guten Teil eine Folge der Ausleseverhältnisse während ihrer fast zweitausendjährigen Unterdrückung. Auch die Juden waren einst ein kriegstüchtiges Volk, das sich mit bewaffneter Hand das „Land der Verheißung" eroberte, und zwar sogar im siegreichen Kampfe gegen die nordischen Philister, nach denen das Land Palästina heißt. Als der Judenstaat dann stärkeren Nachbarn politisch unterlag, wurden natürlich vorab die kampfesmutigsten Familien ausgetilgt. Das Heldengeschlecht der Makkabäer, das in todesmutigem Unabhängigkeitsdrang sich gegen die Unterdrücker erhob, wurde aufgerieben. Die unterwürfigen Bevölkerungsteile dagegen blieben erhalten. Und später während der Ghettozeit fielen natürlich in der Regel auch immer vor allem die aufrechtesten Juden, die das lebendigste Gefühl für ihre persönliche und die Ehre ihres Volkes hatten, den vielen Pogromen zum Opfer, während die ängstlichen und unterwürfigen Naturen sich erhielten. Einer ganz entsprechenden Auslese ist heute das deutsche Volk ausgesetzt. Die unabhängigsten und opfermutigsten seiner Söhne haben zum großen Teil schon während des großen Heldenkampfes um die deutsche Unabhängigkeit ihr Leben gelassen, und in den Kämpfen der Nachkriegszeit (z. B. in Oberschlesien) werden die Blutsopfer fast ausschließlich von gebildeten bürgerlichen Familien getragen, in denen das Gefühl für die Ehre des deutschen Volkes noch am lebendigsten ist.

Seit die Kriege nicht mehr zu unmittelbarer Ausrottung der Besiegten, sondern nur zu ihrer wirtschaftlichen Ausbeutung führen, ist seelische Kriegstüchtigkeit für eine Rasse schwerlich noch von Vorteil. Das relative Zurückgehen der nordischen Rasse in den letzten zwei Jahrtausenden ist z. T. wohl geradezu als Folge ihrer Kriegstüchtigkeit anzusehen. Die Juden andererseits sind seit der Zerstörung Jerusalems nicht mehr in der Lage gewesen, ihr Volkstum kriegerisch zu verteidigen; und doch haben sie sich gerade seit jener Zeit gewaltig ausgebreitet. Auch die Chinesen verdanken das Gedeihen ihrer Rasse nicht kriegerischer Stärke; sie haben im Verlaufe ihrer mehrtausendjährigen Geschichte fast alle Kriege verloren und mehrere

Unterwerfungen ohne dauernden Schaden ertragen. Ähnliches gilt auch von den Polen. Das kann uns ein gewisser Trost in der gegenwärtigen Lage des deutschen Volkes sein. Die Betrachtung des Lebens der Völker erinnert geradezu an die christliche Lehre, daß eher ein Seil aus Kamelshaaren durch ein Nadelöhr gehe, als daß ein Reicher und Mächtiger ins Himmelreich komme und des dauernden Lebens teilhaftig werde. Gruber hat einmal i. J. 1913 gesagt, daß vielleicht nur „ein furchtbares nationales Unglück, wenn wir's überleben, uns zur Vernunft bringen könnte, wie schon einmal eines das deutsche Volk man kann sagen gerettet hat, wie der dreißigjährige Krieg uns aus dem Sumpf der Zivilisation und des Reichtums herausgerissen hat, in dem wir auch heute wieder unterzugehen in Gefahr sind. Wenn jener Krieg nicht gekommen wäre, hätte uns der Reichtum zweifellos schon damals ins Verderben gestürzt, und nur dadurch, daß uns der Brotkorb höher gehängt worden ist, ist es damals möglich gewesen, uns wieder empor zu bringen, uns wieder zum Besinnen zu bringen auf das, was für das gesunde Leben eines Volkes wirklich notwendig ist". Es ist nicht leicht, inmitten des allgemeinen Elends die Wahrheit dieser seherischen Worte auszuhalten; wenn wir sie aber aushalten, so ist sie wohl geeignet, uns vor einer allzu trostlosen Einschätzung der gegenwärtigen Lage unseres Volkes zu bewahren. Es ist sogar nicht einmal sicher, ob der Weltkrieg bei siegreichem Ausgange biologisch für das deutsche Volk nicht noch verhängnisvoller als bei dem tatsächlichen unglücklichen Ausgange geworden wäre. Einer Rasse pflegt nämlich biologisch nichts so schlecht zu bekommen als Herrenstellung und Wohlstand, wovon noch ausführlich zu reden sein wird.

Vielleicht werden die Franzosen mit den Deutschen ähnliche Erfahrungen machen wie die alten Ägypter mit den Juden, wovon im zweiten Buche Moses berichtet wird: „Siehe, des Volks der Kinder Israel ist viel und mehr denn wir. Wohlan, wir wollen sie mit List dämpfen, daß ihrer nicht so viel werden. Denn wo sich ein Krieg erhöbe"....... „Und man setzte Frohnvögte über sie, die sie mit schweren Diensten drücken sollten." „Und die Ägypter zwangen die Kinder Israel zum Dienst mit Unbarmherzigkeit." „Und sie hielten die Kinder Israel wie einen Greuel." „Aber je mehr sie das Volk drückten, je mehr sich es mehrete und ausbreitete."

Auf jeden Fall aber hat die Rassentüchtigkeit Europas in den Jahren des Weltkrieges stärker gelitten als in irgendeiner andern gleich langen Spanne seiner Geschichte, wie die Amerikaner Popenoe und Johnson in ihrem Buche über angewandte Rassenhygiene treffend bemerken.

Die rassenbiologische Betrachtung des Krieges wäre unvollständig ohne die des Bürgerkrieges. Entgegen der landläufigen Meinung sind bei Bürgerkriegen die kämpfenden Parteien rassenmäßig meist stärker verschieden als bei Staatenkriegen. Das ist eine Folge der sozialen Auslese, von der noch ausführlich zu handeln sein wird. Von den Bürgerkriegen gilt in noch ausgesprochenerem Maße als von den Kriegen der Staaten, daß sie weniger aus dem Willen zum Leben als vielmehr aus dem Willen zur Macht entspringen. Wirklich dem Leben dienen die Bürgerkriege noch seltener als jene. Gewöhnlich wirken sie fast nur zerstörend auf das Leben der Rasse. Im alten Griechenland wurde die kulturtragende Herrenschicht durch eine Reihe von Bürgerkriegen schwer mitgenommen, was wesentlich zum Niedergang der hellenischen Kultur beigetragen hat. Auch das römische Reich verlor durch wiederholte und blutige Bürgerkriege einen großen Teil seines besten Blutes. Frankreich hat durch die Vertreibung der Hugenotten viele seiner begabtesten Rassenelemente verloren, und die französische Revolution hat in der gleichen Richtung gewirkt. Die russische Revolution der Gegenwart hat offenbar nicht nur die gebildeten und besitzenden Stände zugrundegerichtet, sondern auch bereits einen großen Teil der besitzlosen städtischen Bevölkerung. Soweit man voraussehen kann, wird wohl nur der russische Bauernstand das Chaos zum größeren Teil überleben. Auch die deutsche Revolution hat offenbar eine ganz überwiegend ungünstige Auslesewirkung. Infolge der einseitigen Durchsetzung der Interessen der Handarbeiter ist den geistigen Arbeitern ein furchtbar harter Daseinskampf aufgezwungen worden. Dieser wird zwar innerhalb des Kreises der gebildeten Familien eine günstige Auslese zur Folge haben, indem es nur besonders zähen und tüchtigen gelingen wird, die Zeiten der Not zu überdauern. Wenn man aber die deutsche Volksgemeinschaft insgesamt ins Auge faßt, so kann kein Zweifel sein, daß die Folgen der Revolution auf ein Aussterben der gebildeten Familien, die die hauptsächlichsten Träger der deutschen Kultur sind, hinwirken.

Es gibt nur eine Überlegung, welche uns vom Standpunkte der Rasse die Folgen des Weltkrieges und der Revolution zwar nicht in tröstlicherem Lichte, aber doch weniger unerhört erscheinen läßt: die höher begabten und geistig führenden Familien waren nämlich auch vor dem Kriege schon im Aussterben begriffen. Der Weltkrieg hat daher die Tüchtigkeit der Rasse nicht schlimmer verwüstet als einige Jahrzehnte moderner abendländischer Zivilisation. Und aus dieser Einsicht ergibt sich eine ungeheure Verpflichtung.

---

2. Die soziale Auslese.

a) Erbliche Veranlagung und soziale Gliederung.

Unter sozialer Auslese verstehen wir die Tatsache, daß Menschen von verschiedener körperlicher und geistiger Beschaffenheit sich über die verschiedenen sozialen Gruppen einer Bevölkerung nicht gleichmäßig, sondern verschieden verteilen. Ob die soziale Auslese auch eine biologische, d. h. Unterschiede der Fortpflanzung zur Folge habe, davon sehen wir dabei zunächst ganz ab.

Ein einfaches Beispiel sozialer Auslese ist die Berufsauslese. Es ist eine alltägliche Erfahrung, daß die Angehörigen der verschiedenen Berufe sich im Durchschnitt auch körperlich und geistig zu unterscheiden pflegen. So haben die Müller, Bäcker, Metzger, Bierbrauer im Durchschnitt eine größere Körperlänge und einen größeren Brustumfang als die Schneider, Schuster, Korbflechter, Bürstenbinder. Die Unterschiede in der körperlichen Erscheinung und Leistungsfähigkeit sind nur zum Teil eine Folge des Berufes; zum großen Teil kommen sie auch dadurch zustande, daß der Beruf in gewisser Weise auch eine Folge der körperlichen und geistigen Beschaffenheit ist. Ein schwächlicher junger Mensch wird nicht Grobschmied oder Zimmermann werden, sondern vielleicht Schneider oder Schuster. Ein unmusikalischer Mensch wird natürlich nicht Musiker werden, sondern einen Beruf ergreifen, bei dem das Musikgehör keine Rolle spielt. Auch durch die Lehrmeister und Arbeitgeber erfolgt selbstverständlich eine Auslese, indem untauglich erscheinende junge Leute zurückgewiesen, besonders geeignet erscheinende bevorzugt werden. Für viele Berufe bestehen festgelegte Mindestanforderungen an die körperliche und geistige Eignung, z. B. für Berufssoldaten oder für Beamte. Wenn ein Beruf ergriffen wird, für den eine geringe Eignung besteht, so tritt oft noch nachträglich ein Berufswechsel ein, bis öfter erst nach mehrfachem Berufswechsel eine bessere Anpassung erreicht ist. Für Individuen, die zu einer geordneten Berufstätigkeit überhaupt wenig geeignet sind, ist häufiger Berufswechsel bezeichnend; sie werden dann oft Gelegenheitsarbeiter und landen nicht selten in der Schicht der Bettler, Landstreicher, Prostituierten und Verbrecher, die daher ebenfalls eine soziale Auslese darstellt.

Die Anpassung an einen Beruf erfolgt also nur zum Teil durch direkte Anpassung, welche in diesem Falle darin besteht, daß durch die Vorbildung und die Übung die Leistungsfähigkeit im Berufe erhöht wird; zum andern Teil ist die Berufsanpassung eine indirekte, welche durch soziale Auslese zustande kommt. Der Athlet verdankt die Stärke seiner Muskeln sicher zum Teil der dauernden Übung; ebenso sicher aber ist es, daß sich dem Athletenberuf von vornherein nur besonders muskelstarke Menschen zuwenden. Jeder Beruf hat daher nicht nur einen durchschnittlichen Paratypus, sondern auch einen durchschnittlichen Idiotypus.

Wie schwere körperliche Berufe große körperliche Leistungsfähigkeit voraussetzen, so ist zu erfolgreicher geistiger Arbeit eine entsprechende geistige Leistungsfähigkeit nötig. Die Vorbildung und Übung ist bei den geistigen Berufen zwar noch viel wichtiger als bei den körperlichen, und es wird daher auch ungleich mehr Zeit und Mühe darauf verwandt; aber durch die Ausbildung allein kann die Eignung für geistige Berufe nicht geschaffen werden. Trotz der besten Erziehung können sich schwachbegabte Söhne gebildeter Familien in den geistigen Berufen in der Regel nicht halten. Im ganzen spielt die soziale Auslese für die geistigen Berufe eine noch viel größere Rolle als für die körperlichen. Der Durchschnitt derer, welche geistige Berufe erwählen und welche sich darin behaupten, verfügt über erheblich größere Geisteskräfte als der Durchschnitt der in körperlichen Berufen Tätigen. Auch innerhalb der geistigen Berufe ist die Art der Begabung eine sehr verschiedene. Der Philologe hat im Durchschnitt eine andere Begabung als der Naturwissenschaftler, der Historiker eine andere als der Mathematiker, der Philosoph eine andere als der Techniker, der Jurist eine andere als der Arzt.

Die überdurchschnittliche geistige Begabung der Angehörigen geistiger Berufe äußert sich körperlich meßbar in der beträchtlicheren Kopfgröße, die auf ein größeres Gehirn schließen läßt. Auch auf körperlichem Gebiet ist ja ein wohlausgebildetes Organ im allgemeinen leistungsfähiger als ein weniger entwickeltes. Freilich ist es durchaus nicht nötig, daß ein besonders großes Organ auch in jedem Falle besonders leistungsfähig ist. Menschen mit großem Brustumfang sind nicht unter allen Umständen körperlich leistungsfähiger als solche mit kleinerem Brustumfang. In einzelnen Fällen kann trotz großen Brustumfanges die Leistungsfähigkeit gering sein (z. B. bei Fettsucht). Gleichwohl aber sind Menschen mit größerem Brustumfang im Durchschnitt leistungsfähiger als solche mit kleinerem; und unterhalb eines gewissen Maßes ist größere körperliche Leistungsfähigkeit mit Sicherheit auszuschließen. Ganz entsprechend liegen die Dinge hinsichtlich des Gehirns. Die Tatsache, daß die Angehörigen geistiger Berufe im Durchschnitt eine größere Kopfgröße und damit zusammenhängend ein größeres Gehirngewicht haben als die körperlicher Berufe, sagt also in bezug auf die Unterschiede der geistigen Leistungsfähigkeit etwa dasselbe aus wie der verschiedene durchschnittliche Brustumfang der Zimmerleute und der Schneider in bezug auf die Unterschiede der körperlichen; nicht mehr und nicht weniger. Matiegka hat bei Beamten und Ärzten ein durchschnittliches Hirngewicht von 1500 gr gefunden, bei Handwerkern 1450, bei Tagelöhnern 1410 gr. An 26 Schädeln berühmter Männer, die in einem Pariser Museum aufbewahrt werden, hat Le Bon einen Inhalt von 1732 ccm festgestellt, was einem Gehirngewicht von etwa 1560 gr entsprechen würde. Die einfachste näherungsweise Bestimmung der Kopfgröße erfolgt durch Messen des größten Umfanges. Nach den umfangreichen Untersuchungen Bayerthals kommen bei einem Kopfumfang von weniger als 52 cm bedeutende geistige Leistungen kaum noch vor und unter 50½ cm keine normale Intelligenz mehr. Geniale Begabung ist bei einem Umfang von weniger als 56 cm auszuschließen. Der bekannte Psychiater Ziehen setzt die Grenze, unterhalb deren Schwachsinn zu vermuten ist, sogar auf 52 cm. Röse fand an sehr großem Schülermaterial in Dresden, daß die Köpfe der Schüler im Durchschnitt um so kleiner sind, je schlechter ihre Zeugnisse sind. In den Gymnasien hatten die Abiturienten mit den besten Zeugnissen im Durchschnitt auch die größten Köpfe, obwohl sie jünger waren als der Durchschnitt. Auch der Anatom und Anthropologe Pfitzner in Straßburg kam auf Grund seiner sozialanthropologischen Studien zu dem Schlusse: „Die höhere Intelligenz schlechthin dokumentiert sich in der durchschnittlich höheren Statur und in einer über diese Zunahme hinausgehenden Größenzunahme des Hirnteils des Kopfes."

Die Auslese für die verschiedenen Berufe erfolgt nicht nur nach den Anlagen der einzelnen Individuen, sondern zum Teil auch nach denen der Familien im Laufe der Generationen. Sehr oft bleibt der Sohn im Berufe des Vaters; und da die körperlichen und geistigen Anlagen erblich bedingt sind, so ergibt sich auch auf diesem Wege eine Berufsauslese. Schon die Kinder in den verschiedenen Berufsgruppen unterscheiden sich daher durchschnittlich in ihren Anlagen.

Die verschiedenen Berufe unterscheiden sich bekanntlich nicht allein durch die Art der Tätigkeit, sondern auch nach der wirtschaftlichen Lage und dem sozialen Ansehen, in dem sie stehen. Die Unterschiede der Berufstätigkeit, der Wirtschaftslage und des gesellschaftlichen Ansehens bilden die Grundlage der Standesunterschiede. Man unterscheidet „höhere" und „niedere" Stände und versteht unter höheren solche, die besonders angesehen sind. Im letzten Jahrhundert erfreute sich vor allem die Bildung großen Ansehens. Man sah vielfach in dem Unterschied zwischen Gebildeten und Ungebildeten einen entscheidenden Wertunterschied der Menschen. Mit den Unterschieden der Bildung gehen vielfach solche des Wohlstandes Hand in Hand, einesteils weil die Aneignung höherer Bildung einen gewissen Wohlstand der Familie vorauszusetzen pflegt, andernteils weil größerer Wohlstand, soweit er überhaupt durch Arbeit erworben wird, im allgemeinen nicht durch körperliche, sondern nur durch geistige Arbeit erworben werden kann. Auch wo die geistige Arbeit nicht in erster Linie auf Erwerb gerichtet ist, wurde sie wenigstens früher im allgemeinen höher bezahlt als die körperliche. So kommt es, daß als höhere Stände bald mehr die Besitzenden und bald mehr die Gebildeten zusammengefaßt werden, als niedere Stände besonders die der besitzlosen Handarbeiter.

Auch die Gruppierung nach Ständen wird natürlich zum großen Teil durch soziale Auslese bedingt. Die allermeisten Menschen pflegen lebhaft nach sozialem Aufstieg zu drängen, auch diejenigen, welche theoretisch an die Gleichheit aller Menschen glauben. Es ist das natürliche Geltungsbedürfnis, welches zum Aufstieg in einen Stand von höherem Ansehen treibt. Dazu kommt das natürliche Verlangen nach Mehrung des Besitzes. Das Verlangen nach gesellschaftlicher Geltung ist sehr häufig noch stärker als das nach Vermehrung des Besitzes. Das höhere Einkommen der höheren Stände diente wenigstens früher zum sehr großen, meist zum größten Teile nur der Befriedigung des gesellschaftlichen Geltungsbedürfnisses. Manche angesehenen Berufe wie der des Offiziers oder des Akademikers wurden oft geradezu unter Verzicht auf ein auskömmliches Einkommen erwählt. Auch die Bildung wird im allgemeinen hauptsächlich um des gesellschaftlichen Ansehens willen erstrebt, als ein Mittel, die Zugehörigkeit zu den höheren Ständen darzutun. Man meint, daß die oberen Stände etwas Besseres seien oder doch, daß sie ein besseres Leben hätten.

Von den Unterschieden zwischen der Kopf- und Gehirngröße der oberen und der niederen Stände gilt ganz Entsprechendes wie von denen zwischen geistigen und körperlichen Berufen. Beides hängt ja aufs engste zusammen. Niceforo hat bei zwölfjährigen Knaben in Lausanne gefunden, daß die Kinder wohlhabender Eltern einen durchschnittlichen Kopfumfang von 53½ cm, die besitzloser Eltern von 52½ cm hatten. An sehr umfangreichem Material hat Röse in Dresden ganz entsprechende Unterschiede zwischen den Kopfmaßen der Bürgerschüler und der Volksschüler festgestellt. Ebenso hat Pfitzner in Straßburg gleichsinnige Standesunterschiede an Leichen Erwachsener gefunden. Pfitzner hat auch darauf hingewiesen, daß in Hutläden von billigen Hüten nur niedere und mittlere Größen, von teueren nur die höheren und höchsten vorhanden sind. Wenn der Volksmund in Bayern die „oberen Zehntausend“ als die „Großkopfeten“ bezeichnet, so ist das also nicht ohne ernste Unterlage. Die weiter oben genannten Zahlen Matiegkas sind zugleich auch für die verschiedene Kopfgröße der verschiedenen Stände ein Beleg. Selbst der so vorsichtige Anthropologe Martin sagt, daß „die durch die Vererbung gegebenen größeren Gehirngewichte auch höhere geistige Leistungen bedingen und ihre Träger damit in höhere geistige Klassen aufsteigen lassen“.

Der soziale Aufstieg vollzieht sich im allgemeinen im Laufe von Generationen, derart daß jemand, der innerhalb seines Standes zu wirtschaftlichem Wohlstand gelangt ist, seinen Kindern höhere Bildung zu verschaffen und ihnen ein möglichst großes Erbe zu hinterlassen bestrebt ist, wie es den Anforderungen eines höheren Standes entspricht. Dieses

Bestreben, die Kinder auf eine höhere soziale Stufe zu bringen, ist im allgemeinen eher noch stärker als das nach eigenem sozialen Aufstieg. Die Kinder wenigstens sollen es besser haben, als man selber es gehabt hat. Auch hierbei ist die Erblichkeit der geistigen Begabung natürlich von wesentlichster Bedeutung; und wenn der Sohn nicht über ebenso tüchtige Anlagen wie der Vater verfügt, so gelingt der Aufstieg in einen höheren Stand meist nicht, sondern er hat Mühe, sich nur im Stande des Vaters zu behaupten. So ist es eine ganz natürliche Folge der sozialen Auslese, daß die höheren Stände den niedern an geistiger Begabung durchschnittlich überlegen sind.

Die Ständebildung erfolgt zum größten Teil einfach infolge des Spieles der genannten Kräfte und ohne absichtliche Maßnahmen der Gesellschaft. Andererseits aber ist sie auch zu den verschiedensten Zeiten und in den verschiedensten Ländern bewußt gefördert oder gehemmt worden. Durch besondere Auszeichnung bewährter Familien und ihre Ausstattung mit Vorrechten erfolgte die Bildung von Adelsschichten. In manchen Ländern wie besonders in Indien wurde die Ständebildung bis zur Aufstellung streng abgeschlossener Kasten getrieben. Obwohl auf sozialer Auslese beruhend, hemmt eine streng durchgeführte Sonderung der Stände natürlich die weitere soziale Auslese. Im Interesse der „freien Bahn für jeden Tüchtigen", d. h. der sozialen Auslese, pflegt eine strenge Sonderung der Stände daher heftig bekämpft zu werden. Man will nur jene soziale Auslese bestehen lassen, welche auf Grund der individuellen Tüchtigkeit des Einzelnen zustandekommt. Insbesondere von ererbtem Besitz soll die soziale Einordnung des Einzelnen nicht abhängig sein. Allen Individuen sollen vielmehr dieselben Ausbildungs- und Aufstiegsmöglichkeiten offenstehen. Es ist aber ein Trugschluß anzunehmen, daß durch Aufhebung der Standesunterschiede die soziale Auslese durchaus gefördert werde. Vielmehr wird dadurch jener wichtige Teil der sozialen Auslese, welcher auf Grund erblicher Tüchtigkeit der Familien im Laufe von Generationen erfolgt, gerade stark beeinträchtigt. Eine möglichst weitgehende Übereinstimmung zwischen erblicher Befähigung und sozialer Stellung — ob sie erstrebenswert sei, ist eine Frage für sich! — wird weder bei Bestehen starrer Kasten noch bei ausschließlich individueller Auslese erreicht, sondern bei Bestehen von Ständen, welche zwar genügend fest sind, um eine Auslese nach den ererbten Anlagen der Familien im Laufe der Generationen zu ermöglichen, aber andererseits nicht so starr, daß ein Überschreiten der Standesgrenzen dadurch sehr erschwert würde. Bei rein individueller Auslese bleibt dem Zufall und der Ämterschiebung ein verhältnismäßig großer Spielraum. Wenn die soziale Auslese dagegen langsam im Laufe der Generationen erfolgt, so gleichen sich Zufallswirkungen und Ungerechtigkeiten mehr oder weniger aus.

Das erste Sieb der sozialen Auslese, welches der angehende Staatsbürger zu passieren hat, und eines der wirksamsten überhaupt, ist die Schule. Besonders die höheren Schulen sind ein wesentliches Mittel der sozialen Auslese. Alle die verschiedenen Prüfungen und Berechtigungsscheine dienen mehr oder weniger bewußt der sozialen Auslese. Mehr als die Hälfte von denen, die in die höhere Schule eintreten, erreichen ihr Endziel nicht. Diejenigen aber, welche die höhere Schule mit ihrem ganzen Bildungsaufwand zu überwinden vermögen, stellen eine Auslese nach geistiger Begabung dar. Die soziale Auslese im späteren Berufsleben erfolgt freilich zum großen Teil nach andern Anlagen als die in der Schule. Aber auch jene berühmten Musterschüler, welche im späteren Leben versagen, bilden immerhin eine Auslese nach leichter Auffassung, gutem Gedächtnis und manchen andern geistigen Anlagen.

Die allgemeine Volksschule dient der sozialen Auslese in viel geringerem Maße. Wenn die Begabtesten zunächst denselben Unterricht erhalten wie die Unbegabten, so bedeutet das eine Hemmung der sozialen Auslese. Im Interesse einer stärkeren sozialen Auslese hat man mancherorts sogenannte „Begabtenschulen" eingerichtet, in welche Kinder aufgenommen werden, die sich in der Volksschule besonders auszeichnen. Diese Einrichtung fördert zwar die soziale Individualauslese, wirkt aber wie jede Art von „Einheitsschule" der sozialen Familienauslese, die sich im Laufe der Generationen vollzieht, eher entgegen.

Auf den Hochschulen pflegt im allgemeinen keine intensive soziale Auslese stattzufinden. Ein kleiner Bruchteil der Studenten verbummelt zwar endgültig; die allermeisten bestehen schließlich aber doch die Prüfungen, welche so milde gehandhabt zu werden pflegen, daß nur wenigen dadurch die angestrebte Laufbahn versperrt wird. Die Auslese durch die Hochschule geschieht daher hauptsächlich nach dem Vermögensstande der Eltern; d. h. sie ist eine Familienauslese. In Zukunft werden sogar voraussichtlich nur besonders wohlhabende Eltern ihre Söhne studieren lassen können.

An den Prüfungsergebnissen der Schulen muß sich natürlich auch die verschiedene Verteilung der erblichen Anlagen in den verschiedenen Ständen verfolgen lassen. Das hat besonders schlagend der Bremer Schulinspektor Hartnacke dargetan. In Bremen gibt es neben völlig unentgeltlichen Volksschulen, die auch noch Lehrmittelfreiheit gewähren, auch solche, die ein Schulgeld erheben. Daraus ergibt sich eine Auslese der Kinder nach der wirtschaftlichen Lage der Eltern. In den unentgeltlichen Schulen mußten nun im allgemeinen etwa dreimal soviele Schüler sitzen bleiben als in den entgeltlichen. Für den Übertritt in höhere Schulen waren nach dem Zeugnis der Lehrer in den unentgeltlichen nur 2,9%, in den entgeltlichen dagegen 11,5% geeignet. Hartnacke bemerkt dazu: „Man muß sich durchaus frei machen von der Vorstellung, als ob die Genies und Talente im Volke in Massen vorkämen. So erklecklich die Zahl absolut genommen ist, so gering ist sie relativ.“ Ganz Entsprechendes haben die Aufnahmeprüfungen für die Berliner Begabtenschulen gezeigt. Von den geeignet befundenen Kindern stammten 44% aus dem kleinen Mittelstande. (Kinder aus dem oberen Mittelstande kamen nicht in Betracht, da diese nicht die Volksschule besuchten.) 25% der begabten Kinder stammten aus dem an Zahl den Mittelstand übertreffenden Stande der gelernten Arbeiter und nur 17% aus dem der ungelernten Handarbeiter, obwohl dieser an Zahl alle anderen übertrifft und auch die meisten Kinder hat. (Die Väter der übrigen 14% waren entweder tot oder unbekannt.)

Auch aus den Untersuchungen von Peters, über welche im ersten Bande berichtet worden ist, folgt im Grunde dasselbe. Da sich die Schulbegabung unmittelbar als erblich bedingt erwiesen hat, so müssen natürlich auch die Kinder von Eltern, welche nach ihrer Begabung in verschiedene soziale Gruppen gelangt sind, ein verschiedenes Durchschnittsmaß der Begabung zeigen. Andererseits kann man die soeben mitgeteilten Tatsachen als weitere Belege für die erbliche Bedingtheit der Begabung ansehen.

Recht bemerkenswert ist auch die Erfahrung des Rechtslehrers Professor Krückmann: „Seit Jahren sehe ich bei den Referendar- und Doktorprüfungen die Personalakten der Prüflinge nach, und immer wieder ergibt sich, daß die besten Köpfe von Eltern stammen, die selber schon höhere Stellungen im Leben zu erringen wußten.“ Diese Feststellung ist um so bedeutsamer, als aus niederen Ständen im allgemeinen nur auffallend befähigte junge Leute zu studieren pflegen, während aus den gebildeten Kreisen auch alle minder begabten womöglich studieren wollen.

Von Leuten, denen die Tatsachen der Erblichkeit und der Auslese gegen ihre Wünsche gehen, pflegt immer wieder auf Fälle hingewiesen zu werden, in denen Söhne hochgestellter Männer unbegabt oder gar schwachsinnig waren. Wenn man den Blick aber nicht auf Ausnahmefälle, sondern auf den Durchschnitt richtet, so ergibt sich ein ganz anderes Bild. Wie es kommen kann, daß hochbegabte Männer unbegabte Söhne haben können, wurde schon im ersten Bande gezeigt. Außerdem ist daran zu erinnern, daß die gebildeten Stände mit ihrem hohen Heiratsalter ganz besonders den Gefahren der Syphilis und des Alkoholismus ausgesetzt sind; daraus erklärt sich meines Erachtens ein großer Teil der gedachten Fälle, die keineswegs die Regel darstellen.

Nach de Candolle stammten von den auswärtigen Mitgliedern der Pariser Akademie der Wissenschaften 41% aus den höchsten Gesellschaftskreisen, 52% aus dem oberen Mittelstande und nur 7% aus Familien von Handwerkern, Bauern u. ä., obwohl diese Gruppe mindestens 2/3 bis ¾ der Bevölkerung ausmachte. Von 60 der bedeutendsten französischen Forscher stammten 21 aus der ersten, 25 aus der zweiten, 14 aus der dritten Gruppe. Dabei muß man noch bedenken, daß die dritte Gruppe keineswegs einheitlich ist. Die Kinder von Handwerkern schneiden noch sehr viel besser als die von ungelernten Arbeitern ab; und im Bauernstande sind noch sehr verschiedene Arten und Grade der Veranlagung vorhanden, weil dieser von allen Ständen bisher am wenigsten von der sozialen Auslese ausgesiebt worden ist.

Es ist durchaus die Regel, daß die Nachkommen von Familien der höheren Stände wieder Berufe wählen, welche ein überdurchschnittliches Maß von Begabung erfordern, und daß sie sich auch darin bewähren. Besonders schlagend zeigt sich das an der Geschichte eines großen Verwandtschaftskreises, der in Amerika erforscht worden ist und der sich auf einen gemeinsamen Stammvater namens *Jonathan Edwards* zurückführen läßt. Von dessen 1394 Nachkommen bis zum Jahre 1900 promovierten 295 an einer Hochschule; davon wurden 65 Hochschulprofessoren, 13 Rektoren von Hochschulen; 60 waren Ärzte, über 100 Geistliche, 75 Offiziere, 60 bekannte Schriftsteller, über 100 Juristen, 30 Richter, 80 höhere Beamte und eine ganze Reihe bedeutender Politiker, Staatsmänner und Unternehmer. In diesem Zusammenhange sei noch einmal auf den Stammbaum *Bardili* (S. 271 des 1. Bandes) hingewiesen.[*]

Auch Unterschiede der Schönheit bzw. der Häßlichkeit sind von erheblicher Bedeutung für die soziale Auslese. Hübsche Mädchen haben viel größere Aussichten, in einen höheren Stand zu heiraten als häßliche. Aber auch der junge Mann kommt leichter voran, wenn er ein angenehmes Äußere hat. Dazu kommt noch, daß eine ausgesprochene Korrelation zwischen körperlicher Schönheit und geistiger Begabung besteht, wie z. B. Miß Gilmore auf dem Wege vorsichtiger Statistik festgestellt hat. So erklärt es sich, daß die Angehörigen der oberen Stände im Durchschnitt auch schöner sind als die der unteren.

Selbstverständlich ist die Sonderung der Stände nach den Erbanlagen keine scharfe. Immer wieder muß betont werden, daß es sich nur um Durchschnittsunterschiede handelt. Die soziale Auslese geht ebenso wie die biologische mit erheblicher Streuung vor sich. Wie die natürliche Zuchtwahl durch wahllose Ausschaltung bzw. wahllose Erhaltung vermindert wird, gilt Entsprechendes auch von der sozialen Auslese; d. h. bei dem sozialen Aufstieg und Abstieg spielen auch allerlei Zufälle mit. Aber ebenso falsch wie es ist, daß der Tüchtige sich immer durchsetze, ist es andererseits, in der sozialen Gliederung nur ein Ergebnis des Zufalls zu sehen. Zufälligkeiten können die soziale Auslese zwar beeinträchtigen, aber nicht aufheben. Ähnlich wie man der biologischen Auslese durch Erhaltung der Schwachen entgegenwirkt, so wird auch die soziale Auslese vielfach durch absichtliche Maßnahmen beeinträchtigt, z. B. durch die Forderung gleicher Bezahlung für alle Arbeit oder durch die Beförderung der Beamten nach dem Dienstalter an Stelle der Leistung.

Eine häufige Ursache wahllosen Aufstieges, d. h. eines solchen, der nicht von der Veranlagung abhängt, ist z. B. die Gonorrhoe. Aus der Ehe gonorrhoischer Eltern geht sehr häufig nur ein Kind hervor, das dann sein Erbe mit keinem andern zu teilen braucht und auf dessen Ausbildung viel größere Mittel verwandt werden können, als wenn mehrere Geschwister vorhanden wären. Ein einziger Sohn kann ein Unternehmen mit einem viel größeren Anfangskapital beginnen. Eine einzige Tochter wird als reiche Erbin geschätzt und kann viel eher in einen höheren Stand hineinheiraten.

Wie bei der biologischen Auslese, so gibt es auch bei der sozialen eine Gegenauslese oder Kontraselektion. Auch hier setzt der Begriff freilich ein Werturteil voraus. An und für sich ist auch im wirtschaftlichen Aufstieg der Schieber und Wucherer eine soziale Auslese wirksam, denn diese wissen immerhin ihren Vorteil gut zu wahren. Und wenn in revolutionären Zeiten leitende Stellen absichtlich nur mit Leuten, die vorher weder höhere Bildung noch eine höhere Stellung errungen hatten, besetzt zu werden pflegen, so handelt es sich immerhin um eine Auslese von Menschen, welche den revolutionären Massen besonders überzeugende Versprechungen zu machen verstehen. Eine Gegenauslese stellen sie aber dar, wenn man das dauernde Gedeihen der Bevölkerung im Auge hat.

P. J. Moebius hat nicht ohne Grund darauf hingewiesen, daß viele Menschen, welche im wirtschaftlichen und sozialen Wettbewerb besonders erfolgreich sind, eine seelische Veranlagung aufweisen, welche der von Verbrechern ziemlich wesensverwandt ist. „Fehlt der Leichtsinn und sind die übrigen Geistesgaben gut entwickelt, so entstehen trotz Herzlosigkeit und Gewalttätigkeit nicht Sträflinge, sondern hohe Beamte, Staatsmänner, Feldherrn, wohl auch Gelehrte." Man begegnet in der Tat auch im wissenschaftlichen Leben nicht selten Menschen, die durch geschickte Ausbeutung der Entdeckungen anderer und durch rücksichtslose Beiseiteschiebung ihrer bescheideneren Kollegen zu großen Erfolgen und Ehren gelangen. Auch darin kann man eine soziale Gegenauslese sehen. Man könnte zwar meinen, daß es im Daseinskampfe der Völker gerade erhaltungsgemäß sei, wenn derartige Leute an die führenden Stellen kommen. Hat doch Gobineau, der französische Diplomat, nicht ohne Grund gesagt: „Die den großen Völkermassen nützlichen Tugenden müssen einen ganz besonderen Charakter von Kollektivegoismus haben, welcher sie dem, was man beim Einzelnen Tugend nennt, nicht ähnlich macht." Demgegenüber aber ist doch daran zu erinnern, daß die Befriedigung des Willens zur Macht den Völkern nicht zu dauerndem Gedeihen zu gereichen pflegt, sondern eher umgekehrt, wie bei Betrachtung der Kriegsauslese gezeigt wurde. Daher kann man auch bei der Durchsetzung der rücksichtslosen Streber wohl von sozialer Gegenauslese reden. Aber es handelt sich bei dem Begriff der Gegenauslese letztlich eben nicht um eine naturwissenschaftliche Feststellung, sondern um ein Werturteil.

Eine soziale Auslese findet natürlich auch in bezug auf krankhafte Anlagen statt. Farbenblinde z. B. taugen nicht für die Berufe des Malers, des Färbers, des Chemikers und finden sich demgemäß darin nur selten; vom Dienst bei der Eisenbahn und in der Marine werden sie durch besondere Untersuchungen ferngehalten. Entsprechendes gilt auch von der Kurzsichtigkeit. In andern Berufen, die nur scharfes Sehen in die Nähe erfordern, wo die Kurzsichtigen nicht benachteiligt, sondern in gewisser Weise sogar leistungsfähiger sind, häufen sie sich an, wie unter Schriftsetzern, Lithographen, Musikern. Psychopathisch veranlagte junge Leute aus dem Handarbeiterstande wählen mit Vorliebe den Beruf des Setzers, der keine schwerere körperliche Arbeit erfordert und daher oft als etwas Besseres angesehen wird. Aus ähnlichen Gründen finden sich unverhältnismäßig viele Psychopathen unter Musikern und anderen Künstlern, Schriftstellern und Politikern, und nach dem, was wir im ersten Bande über den Zusammenhang von Begabung und Psychopathie gehört haben, ist es nicht unwahrscheinlich, daß viele von diesen ihre Erfolge im Beruf zum Teil ihrer psychopathischen, insbesondere orgoristischen Veranlagung verdanken.

Auch über die verschiedenen Stände sind krankhafte Anlagen verschieden verteilt. In den niederen Ständen finden sich häufiger Schwachsinn, Epilepsie, erbliche Hautleiden und allerhand Mißbildungen. In den oberen Ständen dagegen sind unzweifelhaft gewisse Arten von Psychopathie wie Neurasthenie und Orgoristie stärker verbreitet. Man ist zwar immer geneigt, die größere Häufigkeit der „Nervosität“ in den höheren Ständen auf die geistige Arbeit zurückzuführen, und das ist bis zu einem gewissen Grade natürlich auch richtig. Die psychopathische Veranlagung aber wird dadurch nicht geschaffen, sondern nur in ihren Äußerungen verstärkt. Die größere Häufigkeit psychopathischer Anlagen in den oberen Ständen zeigt sich schon in früher Jugend, wo von Überarbeitung noch keine Rede sein kann. Der Schularzt Schlesinger in Straßburg fand schon in der untersten Klasse der höheren Schulen bei 10,0% der Kinder psychopathische Veranlagung gegenüber 1,6% bei gleichaltrigen Volksschülern. In den späteren Klassen nimmt die Häufigkeit der Psychopathie in beiden Gruppen nur unwesentlich zu und zwar in den höheren Schulen weniger als in den Volksschulen (auf 10,2 bzw. 3,3%), ein Zeichen, daß sie nicht etwa durch die Überbürdung in den höheren Schulen verursacht wird. Wir dürfen vielmehr annehmen, daß die größere Häufigkeit der Psychopathie in den oberen Ständen ein Ergebnis sozialer Auslese ist, indem die höhere Regsamkeit, die Lebhaftigkeit und das starke Geltungsbedürfnis, welches wir bei vielen Psychopathen beobachten, sie zum Aufstieg in höhere Stände treibt und befähigt.

Eine zweite krankhafte Anlage, die sich in den oberen Ständen ausgesprochen häufiger findet, ist die Kurzsichtigkeit. Wir haben oben (S. 148 des 1. Bandes) erfahren, daß es keinerlei stichhaltige Beweise für die landläufige Ansicht, welche die Kurzsichtigkeit als Folge der Naharbeit hinstellt, gibt. Der Breslauer Augenarzt Cohn, welcher diese Ansicht vertreten hat, hat selber in der untersten Klasse der Gymnasien schon 12,5% Kurzsichtige gefunden gegenüber 3,5% in den Volksschulen. Die Unterschiede entsprechen also völlig denen bei der Psychopathie und sie können in diesem frühen Alter ebensowenig wie jene auf Unterschiede in der Arbeitsweise zurückgeführt werden. Eine Vererbung „erworbener" Kurzsichtigkeit, an die der Laie hier zu denken pflegt, kommt aus biologischen Gründen nicht in Betracht. Schlesinger hat denn auch bei seinen ausgedehnten Untersuchungen gefunden, daß die Zahl der Schüler mit normalen Augen im Laufe von 6 Schuljahren weder in den höheren noch in den Volksschulen abnahm, daß vielmehr die Kurzsichtigkeit nur bei den von vornherein dazu veranlagten zunahm. Auch aus den Zahlen des Schularztes Gastpar in Stuttgart vom Jahre 1916/17, welche offenbar zuverlässiger sind als die Zahlen Cohns vom Jahre 1867, geht hervor, daß die Zunahme der Kurzsichtigkeit im Laufe der Schulzeit in den höheren Schulen relativ nicht größer war als in den Volksschulen. Somit liegt es nahe, auch in der größeren Häufigkeit der Kurzsichtigkeit in den oberen Ständen mit Steiger eine Folge sozialer Auslese zu sehen. Steiger ist in der Tat der Meinung, daß „unzweifelhaft das Interesse für die Fragen einer höheren Kulturstufe bei kurzsichtigen Leuten auffallend häufig sich vorfindet". Es wäre durchaus möglich, daß gewisse Erbanlagen sich einerseits in einer abnormen Nachgiebigkeit des Augapfels, die zur Kurzsichtigkeit führt, und andererseits in einer abnormen Reizempfindlichkeit und geistigen Regsamkeit äußert, die den sozialen Aufstieg begünstigt. Statistische Untersuchungen über eine Korrelation zwischen Kurzsichtigkeit und Psychopathie fehlen bisher leider.

Auch bei der Zuckerkrankheit und der Gicht, welche ebenfalls in den höheren Ständen häufiger als in den niederen vorkommen, muß man an ähnliche Zusammenhänge immerhin wenigstens denken. Manche Kliniker nehmen ja eine „arthritische Konstitution" an, die sich nicht nur in einer Empfindlichkeit des Stoffwechsels, sondern auch in einer Labilität des Seelenlebens äußern soll.

Andererseits muß man auch daran denken, daß die größere Häufigkeit der genannten krankhaften Anlagen der oberen Stände zum Teil eine Folge idiokinetischer Einwirkungen des städtischen Lebens, dem die gebildeten Familien im Durchschnitt schon länger als die ungebildeten ausgesetzt sind, sein könnte; und weiter kommt die viel geringere Säuglingssterblichkeit in den oberen Ständen in Betracht, so daß sich krankhafte Erbanlagen eher haben halten können. Dem widerspricht es nicht, daß die durchschnittliche körperliche und geistige Tüchtigkeit in den oberen Ständen trotzdem größer ist als in den unteren; denn auch körperliche Tüchtigkeit ist ja im allgemeinen dem sozialen Aufstieg förderlich, während körperliche Untüchtigkeit, wenn ihr nicht zufällig durch besondere geistige Begabung das Gleichgewicht gehalten wird, zum sozialen Abstieg zu führen pflegt.

In jener sozialen Schicht, welche die Bettler und Landstreicher, die Prostituierten und Zuhälter und die Gewohnheitsverbrecher umfaßt, finden sich nicht nur seelische, sondern auch körperliche Schwächezustände in gehäuftem Maße. Es ist durchaus verfehlt, diese Schicht mit der der Handarbeiter als „Proletariat" zusammenzuwerfen. Diese Elemente stellen vielmehr das Gegenteil von ordentlichen Arbeitern dar, da sie ihrer ganzen Veranlagung nach die Kraft und Ausdauer zu geregelter Arbeit überhaupt nicht zu besitzen pflegen.

Auf die erbliche Bedingtheit des Verbrechens hat zuerst Lombroso nachdrücklich hingewiesen. Im einzelnen können die verschiedensten Arten von Geistesstörungen und seelischen Anomalien zu gemeinschädlichem und gesellschaftsfeindlichem Verhalten führen, z. B. Schizophrenie, Epilepsie, Schwachsinn und schwerere Orgoristie. Die Epileptiker sind in hohem Maße an Gewalttätigkeiten beteiligt; die Orgoristen stellen einen großen Teil der Schwindler und Betrüger, was mit ihrer Unfähigkeit, zwischen Wunsch und Wirklichkeit zu unterscheiden, zusammenhängt; zu kaltherzigen Grausamkeiten sind besonders Schizophrene fähig, bei denen das Gefühlsleben weitgehend verödet ist; Schwachsinnige kommen leicht zu allerhand Verbrechen, da sie die Folgen ihres Tuns nicht genügend voraussehen können; Anomalien des Trieblebens führen daher besonders leicht zu Verbrechen, wenn sie mit Schwachsinn verbunden sind. Ein großer Teil aller Verbrechen wird von Alkoholikern begangen; und zum Zustandekommen des Alkoholismus können mancherlei krankhafte Seelenverfassungen beitragen. Das sogenannte „moralische Irresein" wurde schon im ersten Bande (S. 238) besprochen.

Zweifellos ist die Umwelt von wesentlicher Bedeutung bei der Entwicklung vieler Verbrecher; aber ebenso zweifellos ist es, daß die erbliche Veranlagung von wesentlicher Bedeutung ist für die Gestaltung der Umwelt, in welcher er lebt. In jenem Bodensatz der Bevölkerung, der die Verbrecher, Landstreicher und Prostituierten angehören, besteht höchstens ein kleiner Bruchteil aus Menschen mit normaler Erbverfassung der Seele. Der Ausdruck „Verwahrlosung", welcher in bezug auf diese gern gebraucht wird, ist insofern irreführend, als dadurch das Gewicht zu sehr auf die Umwelt gelegt wird.

Gruhle ist auf Grund einer sorgfältigen Untersuchung der Zöglinge der badischen Zwangserziehungsanstalt Flehingen zu dem Ergebnis gekommen, daß bei 41% die entscheidende Ursache der Verwahrlosung in der erblichen Veranlagung lag und nur bei 18% in Umwelteinflüssen, während bei den übrigen 41% sowohl die Umwelt als auch die erbliche Veranlagung ungünstig waren. Irma Heymann hat in ähnlicher Weise bei 49 Prostituierten gefunden, daß nur eine einzige ohne wesentliche Mitwirkung krankhafter Veranlagung zur Prostitution gekommen war.

Da die soziale Auslese sich nicht nur auf einzelne Individuen, sondern vor allem auch auf ganze Familien erstreckt, so ist es nicht verwunderlich, daß große Geschlechter durch viele Generationen im Bodensatz der Bevölkerung verfolgt werden können. Schon i. J. 1877 hat Dugdale einen großen Verwandtschaftskreis beschrieben, welcher auf eine gemeinsame Stammutter namens Ada Juke zurückgeführt werden konnte. Durch Estabrook ist das Geschlecht bis auf die Gegenwart verfolgt worden.

Bisher hat die Ada Juke 2820 Nachkommen, von denen die große Mehrzahl in irgendeiner Beziehung minderwertig ist. Aus dem Geschlecht stammt eine große Zahl von Verbrechern, darunter mehrere Mörder. Von den weiblichen Personen verfiel über die Hälfte der Prostitution. Die allermeisten Mitglieder dieses Geschlechts konnten nicht selbst ihren Lebensunterhalt verdienen, sondern fielen der Armenpflege zur Last. Estabrook schätzt, daß dem Staate durch dieses Geschlecht 2½ Millionen Dollars an direkten Ausgaben erwachsen sind. 600 Schwachsinnige aus diesem Geschlecht leben noch, davon nur 3 in Anstalten, wo sie keine Gelegenheit zur Fortpflanzung haben. Dieses Geschlecht stellt ein schlagendes Gegenbeispiel gegenüber dem oben erwähnten großen Geschlecht der Edwards dar, in dem kein einziger Verbrecher beobachtet wurde.

Ähnliche Familien wie die der Jukes sind eine ganze Reihe beschrieben worden, so die „Familie Zero“ durch den deutschen Irrenarzt Jörger, die „Nam Family“ und das „Hill Folk“ durch das von dem amerikanischen Rassenhygieniker Davenport geleitete Institut für Rassenbiologie.

Wenn man Verwandtschaftskreise wie den der Jukes betrachtet, so kommt man zu dem Schluß, daß es keineswegs angeht, die in späteren Generationen beobachteten Minderwertigkeiten alle oder auch nur zum größten Teil auf das verhängnisvolle Erbe eines einzigen Stammelternpaares zurückzuführen. Man muß vielmehr annehmen, daß die Minderwertigen in der Regel auch Minderwertige heiraten, weil sie keine normalen Ehegatten bekommen. In jener Bevölkerungsschicht, welche die Landstreicher und die mit ihnen auf gleicher sozialer Stufe stehenden Elemente umfaßt, ist eben kaum Gelegenheit zur Ehe mit einer geistig auf der Höhe stehenden Person gegeben. Die genannten Verwandtschaftskreise bilden daher nicht nur

Belege für die Erblichkeit geistiger Minderwertigkeit, als welche sie gewöhnlich angeführt zu werden pflegen, sondern mindestens ebensosehr für die Bedeutung der sozialen Auslese.

Aus dieser Anhäufung geistiger und körperlicher Minderwertigkeiten im Bodensatz der Bevölkerung erklärt sich zum Teil auch die Erscheinung der sogenannten Entartungszeichen. Nicht nur bei Geisteskranken, sondern auch bei Verbrechern und ähnlichen Gruppen finden sich körperliche Anomalien häufiger als sonst in der Bevölkerung. „Niemand wird sich dem überwältigenden Eindrucke entziehen können, den der gleichzeitige Anblick einer größeren Anzahl von Zuchthausgefangenen darbietet" sagt Kraepelin. Im einzelnen hat man Verbildungen des Schädels, der Kiefer, der Ohren, der Geschlechtsorgane, Eigentümlichkeiten der Behaarung, Sprachstörungen, Linkshändigkeit, Bettnässen und manches Andere als Entartungszeichen beschrieben. Von wenigen Ausnahmen abgesehen, kommen diese freilich alle gelegentlich auch bei geistig hochstehenden Menschen vor. Es dürfte verhältnismäßig selten sein, daß ein Entartungszeichen durch dieselbe Erbeinheit bedingt ist, wie die geistige Minderwertigkeit ihres Trägers; zum größeren Teil erklärt sich das Zusammentreffen durch soziale Auslese. Auch körperliche Mißbildungen und Schwächezustände tragen zur Verarmung bei und damit zur Versuchung zu Verbrechen. Wie Schönheit sozialen Aufstieg begünstigt, so kann Häßlichkeit zu sozialem Abstieg führen. So kommt es, daß ein abstoßendes Äußere, d. h. eben eine Häufung von Entartungszeichen sich am häufigsten in den verkommensten Schichten der Bevölkerung findet. Das Zusammenbestehen mehrerer krankhafter Erbanlagen an einem Individuum kann übrigens auch durch gleichzeitige idiokinetische Schädigung mehrerer Anlagen in der Erbmasse der Eltern zustandekommen.

b) Rasse und soziale Gliederung.

Es wurde bisher absichtlich von dem Umstande abgesehen, daß auch die Anlagen der großen anthropologischen Rassen einer sozialen Auslese unterliegen. Nach dem, was im ersten Bande über die seelischen Unterschiede der Rassen ausgeführt wurde, ist das aber selbstverständlich. In der Tat sind jene Erbanlagen, die wir als Rassenanlagen im engeren Sinne anzusehen gewöhnt sind, nicht nur nach geographischen Gegenden und nicht nur nach sprachlichen Gruppen verschieden, sondern auch nach sozialen Gruppen.

Wo Angehörige verschiedener Sprachnationen in einem Lande zusammenleben, finden sich die Angehörigen jener Nationen, die den stärkeren Einschlag nordischen Blutes enthalten, in der Regel in den oberen Ständen. In außereuropäischen Ländern, wo sich Europäer aufhalten, finden sie sich fast ausschließlich in der sozialen Oberschicht, so in Mittel- und Südamerika, auch im südlichen Nordamerika, in Indien, Südafrika usw. In geringerem Grade gilt Ähnliches von den Unterschieden zwischen der nordwestlichen Hälfte Europas einerseits und der südöstlichen andererseits. Wo sich Nordwesteuropäer in Süd- oder Osteuropa aufhalten, tun sie es hauptsächlich als Kaufleute, Unternehmer, Ingenieure, oder in der Ausübung anderer höherer Berufe. Süd- und Osteuropäer dagegen kommen viel weniger zur Ausübung höherer Berufe nach Nordwesteuropa, sondern hauptsächlich als Ziegel-, Land- und Bergarbeiter. Auch in der Gesellschaft der Völker bilden die wohlhabenderen und gebildeteren gewissermaßen eine soziale obere Schicht; und da zeigt sich, daß in der ersten Reihe hauptsächlich Völker mit einem starken Einschlag nordischer Rasse stehen.

Wenn wir in einer so stark gemischten Bevölkerung wie der mitteleuropäischen die soziale Verteilung der Rassenanlagen verfolgen wollen, so müssen wir vor allem im Gedächtnis behalten, daß der Typus einer Rasse in der Vermischung sich nicht als Einheit vererbt; wir müssen also die einzelnen Erbanlagen jede für sich verfolgen. Auch dann aber zeigt sich, daß in den oberen Ständen die Merkmale der nordischen Rasse häufiger sind als in den unteren, wenn wir von den Juden zunächst einmal absehen.

Die größere Körperlänge der oberen Stände, für welche Niceforo, Röse und andere unwiderlegliche Belege beigebracht haben, beruht sicher nicht nur auf reichlicherer Ernährung im Jugendalter, sondern zum Teil auch auf einem größeren Anteil nordischer Rasse. Die Körperlänge der Schüler höherer Schulen ist im Durchschnitt um mehrere Zentimeter größer als die gleichaltriger Volksschüler (nach Graupner, Rietz u. a.); dabei sind diese aber nicht etwa schmäler, sondern im Vergleich zur Länge dicker und schwerer, während Unterschiede der Ernährung sich viel eher im Gewicht als in der Länge äußern. Auch in den Unterschieden der Kopfgröße in den verschiedenen Ständen kommen sicher z. T. Unterschiede der anthropologischen Rasse zum Ausdruck, insofern als die nordische Rasse eine erheblichere Kopfgröße als andere, wenn auch vielleicht nicht alle, Rassen Europas hat. Die Erbanlagen, welche die Kopfform beeinflussen, scheinen dagegen nur in geringerem Maße der sozialen Auslese zu unterliegen. Wenn Röse fand, daß die adeligen Schüler einerseits, die begabteren andererseits eine länglichere Kopfform hatten als die übrigen, so kann das einfach mit der größeren Körperlänge dieser Gruppen zusammenhängen, da Körperlänge und Länge des Kopfes zum Teil von denselben Einflüssen abhängig sind. Der Umstand, daß Röse bei Schülern höherer Lehranstalten im allgemeinen keine länglichere Kopfform fand als bei den Volksschülern, obwohl sie größer sind, würde eher dafür sprechen, daß jene ihrer Erbanlage nach etwas mehr zu Breitköpfigkeit neigen. Die Professoren der Universität Erlangen und der technischen Hochschule in Dresden und Karlsruhe, welche Röse und Ammon untersucht haben, waren allerdings erheblich langköpfiger als die dortige Bevölkerung. Das braucht aber nicht für eine direkte Beziehung der Kopfform zur Begabung und zur sozialen Lage zu sprechen, da die Professoren zum größten Teil nicht aus der näheren Umgebung ihrer Hochschule zu stammen pflegen; immerhin sprechen diese Befunde aber dafür, daß die deutschen Professoren verhältnismäßig häufig aus langköpfigen, an nordischem Blut reicheren Gegenden stammen. Die Befunde von de Lapouge über die soziale Verteilung der Kopfform sprechen zwar in gleichem Sinne, sind aber nicht beweisend, weil er nicht Gruppen gleichen Lebensalters und gleicher Größe verglichen hat.

Was die Gesichtsform betrifft, so beruht die geringere Jochbogenbreite, welche Niceforo in den oberen Ständen fand, ganz offenbar auf einem größeren Anteil nordischer Rasse. Dasselbe gilt von dem geringeren Vorspringen der Kiefer in den oberen Ständen. Bertillon fand bei Angehörigen freier Berufe einen um 4° größeren Gesichtswinkel, d. h. ein steileres Profil des Gesichtes. Sehr ausgesprochen sind die sozialen Unterschiede in der Nasenform. Die schmale, verhältnismäßig lange Nase mit hohem Rücken findet sich viel häufiger in den oberen Ständen, während sich in den unteren Ständen kurze breite Stumpfnasen mit flachem Rücken viel häufiger finden.

Die größere Häufigkeit hellerer Farben der Haut, der Haare und der Augen in den oberen Ständen ist ebenfalls deutlich; auch hier natürlich abgesehen von den Juden.

Der schwedische Rassenbiologe Lundborg fand z. B. im Jahre 1918, daß unter 820 Seminaristinnen 3,9% braune Augen hatten, unter 1076 weiblichen Landstreichern, Prostituierten und Sträflingen dagegen 8,9%, also mehr als doppelt so viele. 2225 männliche Landstreicher, Verwahrloste und Sträflinge hatten in 7,3% braune Augen gegenüber einem an 45000 Soldaten festgestellten Landesdurchschnitt von 4,5%. Unter Tuberkulösen, die ja vorzugsweise aus den niederen Ständen stammen, fand er 7,4% braunäugige im männlichen und 9,0% im weiblichen Geschlecht.

Kein unbefangener Beobachter zweifelt daran, daß man eine Reihe von Angehörigen der oberen Stände auch bei gleicher Tracht von einer solchen der unteren auf einen Blick am Typus unterscheiden kann. Auch hier handelt es sich freilich nur um Durchschnittsunterschiede. Es gibt Leute in hohen Stellen mit „proletarischem“ Typus und Handarbeiter mit „aristokratischem“ Typus. Wenn man aus 1000 Angehörigen der „oberen Zehntausend“ die 10 gewöhnlichsten Typen und aus 1000 Gelegenheitsarbeitern die 10 vornehmsten Typen heraussuchen würde, so würde ein uneingeweihter Beurteiler die beiden Reihen sicher falsch einordnen. Die Ausnahme bestätigt also auch in diesem Falle die Regel. Die Künstler des Simplizissimus zeichneten auch vor dem Kriege die Angehörigen der „oberen Zehntausend“

regelmäßig mit ausgesprochen nordischem Typus, während sie das „Proletariat" mit Typen primitiver Rassen bedachten; und die Leser empfanden ohne Weiteres, daß darin etwas Typisches zum Ausdruck kam, obwohl sie natürlich zu mehr als 99% von Rassenunterschieden keine Ahnung hatten.

Wie im Körperlichen so unterscheiden sich auch im Seelischen die oberen Stände von den unteren in derselben Richtung wie die nordische Rasse von den meisten übrigen, besonders von den negriden und den primitiven Urrassen. Für die seelische Ausstattung der untersten Gesellschaftsschichten ist ein eigentümlicher Mangel an Voraussicht und Stetigkeit des Willens kennzeichnend. Sauer verdientes Geld wird meist leichtsinnig wieder ausgegeben; Vorräte, die für längere Zeit reichen sollten, werden gewöhnlich bald aufgezehrt. Infolge dieser Seelenverfassung, die durch Erziehung nicht entscheidend geändert werden kann, werden die so Veranlagten immer wieder ein Objekt der Ausbeutung, sei es durch Kapitalisten oder durch Demagogen. Weil ihnen die kritische Voraussicht fehlt, handeln sie ihrem wahren Vorteil oft in erschreckender Weise entgegen. Hingegeben dem Augenblick, bestechlich durch Flitterkram und leere Worte ähnelt ihr Verhalten dem südlicher primitiver Rassen.

Die soziale Verteilung der verschiedenen Rassenelemente in Europa geht zum Teil auf frühe Zeiten zurück. Die Germanen der Völkerwanderung waren noch ziemlich einheitlich von nordischer Rasse. Der Adel, welcher aus den militärischen Führern hervorgegangen war, dürfte sich raßlich kaum von den Gemeinfreien unterschieden haben. Außerdem gab es Unfreie und Hörige, die aus Kriegsgefangenen und Unterworfenen bestanden. Diese waren im Nordwesten natürlich auch überwiegend von nordischer Rasse, während sie in anderen Gegenden mehr von fremder oder doch gemischter Rasse waren. Aber auch in jenen Gegenden des heutigen deutschen Sprachgebietes, wo die germanischen Eroberer von vornherein nur gering an Zahl waren und wo die Hauptmasse der heutigen Bevölkerung offenbar aus der vorgermanischen Bevölkerung hervorgegangen ist, enthält die Bevölkerung auch aus der Kelten- und Slavenzeit, und vielleicht auch aus noch früheren, einen nicht unbeträchtlichen Einschlag nordischer Rasse.

Der germanische Uradel ist im wesentlichen schon im Mittelalter ausgestorben. Der Adel der Ritterzeit ist als Dienstadel entstanden, indem sowohl freie als auch unfreie Volksgenossen in den militärischen Dienst der Landesherren traten. Später kam dann der Briefadel dazu, indem Männer, welche sich als Beamte, Diplomaten, Kaufleute oder Unternehmer ausgezeichnet hatten, in den erblichen Adelstand erhoben wurden. Auch hierbei hat offenbar eine soziale Auslese nach nordischen Rassenanlagen stattgefunden, wie man aus dem Durchschnittstypus des Adels schließen darf.

Nachdem nun einmal der nordische Typus der der Vornehmen war, dürfte auch geschlechtliche Auslese zu weiterer Anreicherung des nordischen Typus in den oberen Ständen beigetragen haben. Man kann es nicht selten beobachten, daß Mädchen von nordischem Äußeren in einen höheren Stand heiraten. Es ist auch unverkennbar, daß viele Juden den nordischen Typus bei der Ehewahl bevorzugen. Außer durch Ehewahl kann wahrscheinlich eine nordische Erscheinung auch sonst dem sozialen Aufstieg förderlich sein, weil Menschen von „germanischem" Äußeren öfter bei Anstellungen und anderen Beziehungen bevorzugt werden. Daher mag die größere Häufigkeit nordischer Merkmale in den oberen Ständen zum Teil auch ohne Zusammenhang mit der geistigen Begabung zustandegekommen sein.

Die soziale Auslese nach Rassenanlagen läßt sich zahlenmäßig am schlagendsten an der sozialen Stellung der Juden belegen, weil in diesem Falle die Konfession eine verhältnismäßig klare Abgrenzung ermöglicht oder doch wenigstens früher ermöglichte. In die Berufsverteilung der Juden gewährt folgende Aufstellung (nach Segall) einen gewissen Einblick:

Im Jahre 1907 waren im Deutschen Reich beschäftigt:		
	von den erwerbstätigen Juden	von den erwerbstätigen Nichtjuden
in der Landwirtschaft	1,0 %	28,9 %
in Industrie und Gewerbe	22,6 %	42,9 %
im Handel und Verkehr	55,2 %	13,4 %
als Beamte und in freien Berufen	6,6 %	5,5 %
als Selbständige ohne Beruf (Rentner u. ä.)	14,2 %	8,4 %
als häusliche Dienstboten	0,3 %	1,3 %

Die Juden finden sich fast nur in Berufen mit vorwiegend geistiger Tätigkeit, insbesondere in solchen, bei denen der Erfolg von der Beeinflussung anderer Menschen abhängt; sie sind daher insbesondere im Kleidergeschäft, im Kunsthandel, im Theater und Kino, im Warenhauswesen, in der Börse, unter Journalisten, Schauspielern, Musikern, Rechtsanwälten, Ärzten ganz unverhältnismäßig stark vertreten, was in Anbetracht ihrer psychologischen Veranlagung ohne weiteres verständlich ist (vgl. S. 294 des ersten Bandes).

Während die Juden im Jahre 1907 von der Gesamtbevölkerung nur 1% ausmachten, betrug ihr Anteil bei den Ärzten 6%, bei den Rechtsanwälten 15%. Unter den deutschen Hochschullehrern gab es im Jahre 1909/10 bei den Juristen 14,2% geborene Juden (einschließlich der später getauften), bei den Philosophen 12,0%, bei den Medizinern 16,8%. Die Zahl der Hochschullehrer von ganz oder teilweise jüdischer Abstammung übertrifft die der geborenen Juden sicher noch bedeutend. Diese Zahlen werfen zugleich auch Licht auf die mit der Berufsauslese zusammenhängende Standesauslese; und es ist klar, daß die Juden ihr so überaus günstiges Abschneiden in der sozialen Auslese nicht ihrer Konfession, sondern ihren Rassenanlagen verdanken.

Auf die Verteilung der Juden nach wirtschaftlichen Klassen wirft folgende Aufstellung Licht:

		waren Arbeiter oder Gehilfen	in leitender Stellung
Von den im Jahre 1907 in der Industrie beschäftigten	Juden	31,5 %	46,0 %
	Nichtjuden	77,1 %	16,2 %
Von den im Verkehrsgewerbe beschäftigten			
	Juden	24,5 %	58,8 %
	Nichtjuden	39,9 %	39,0 %
Von den im Handel beschäftigten			
	Juden	28,0 %	40,3 %
	Nichtjuden	74,8 %	8,6 %

Noch schlagender geht die unverhältnismäßig günstige Wirtschaftslage der Juden aus der Steuerstatistik hervor. In Berlin machten die Juden i. J. 1910 noch nicht 5% der Bevölkerung aus, hatten aber über 30% der Steuern zu zahlen. Auf einen Juden entfielen in Berlin i. J. 1905/6 357 Mk. Steuer, auf einen Evangelischen 133 Mk. In Frankfurt a. M. machten die Juden i. J. 1902 14,5% der Steuerpflichtigen aus, hatten aber 41,3% der Steuern zu zahlen. In Baden bildeten die Juden 1908 1,3% der Bevölkerung, zahlten aber 8,4% der Vermögens- und 9,0% der Einkommensteuer.

Die soziale Auslese zugunsten der Juden würde natürlich noch stärker hervortreten, wenn man die getauften Juden und die Mischlinge aus der nichtjüdischen Bevölkerung aussondern könnte. Auch ist zu bedenken, daß die festgestellten Unterschiede um so bedeutungsvoller sind, als dem sozialen Aufstieg der Juden bis vor kurzem mancherlei Hemmnisse bereitet wurden. Von gewissen angesehenen Berufen, wie dem des Offiziers, des Richters, des höheren Beamten, wurden die Juden nach Möglichkeit ferngehalten; trotzdem waren im Jahre 1907 unter den höheren Beamten schon 1,9% Juden, unter den Richtern sogar 4,3% Juden gegenüber einem Anteil von 1% an der Gesamtbevölkerung. Auch im Adel ist jüdisches Blut offenbar viel stärker als sonst in der Bevölkerung vertreten. Im ganzen aber entsprach das gesellschaftliche Ansehen der Juden bis vor kurzem ihrer günstigen wirtschaftlichen Lage nicht.

Es bleibt abzuwarten, wie sich die soziale Stellung der Juden, welche durch die Revolution im ganzen noch bedeutend zu ihren Gunsten verschoben worden sein dürfte, weiterhin gestalten wird. In den revolutionären Bewegungen der Gegenwart lag die Führung fast überall hauptsächlich in den Händen von Juden, und viele Zeichen sprechen dafür, daß an die Stelle der bisherigen vorwiegend nordischen Führerschicht in Europa mehr und mehr eine jüdische treten wird.

Auch an der Klasse der Verbrecher sind die verschiedenen Rassen in verschiedenem Maße beteiligt. In Nordamerika haben die Neger eine bedeutend größere Kriminalität als die weiße Bevölkerung. Unter den Einwanderern aus den südlichen und östlichen Teilen Europas hat man eine erheblich größere Häufigkeit von Verbrechern als unter denen aus den nordwestlichen Ländern Europas festgestellt. Schon Lombroso hat darauf hingewiesen, daß in Europa Mord und Totschlag bei den germanischen Völkern am seltensten, bei den romanischen am häufigsten vorkommt, und daß in Italien diese Verbrechen in den Landesteilen mit überwiegend mediterranem Typus, also im Süden und auf den Inseln, bedeutend häufiger sind als in den übrigen, die vorwiegend alpinen Typus mit nordischem Einschlag haben.

In Deutschland ist die Häufigkeit von Verbrechen in den nordwestlichen Teilen, welche eine vorwiegend nordische Bevölkerung haben, bedeutend geringer als in den östlichen und südlichen Teilen, welche erheblichere Einschläge anderer Rassen haben.

In den Jahren 1882/91 kamen auf 100000 strafmündige Personen nach dem Wohnort der Täter zur Zeit der Tat folgende Zahlen von Verbrechen und Vergehen gegen Reichsgesetze in verschiedenen Landesteilen:

Hannover, Oldenburg	711	Oberschlesien	1711
Hessen-Nassau, Großh. Hessen	729	Posen	1612
Rheinprovinz	746	Ost- und Westpreußen	1570
Württemberg und Baden	811	Bayern (ohne die Pfalz)	1170
Pommern, Schleswig-Holstein, Mecklenburg	822	Schlesien (ohne Oberschlesien)	1060

Die übrigen Gebiete standen in der Mitte, und auf den Reichsdurchschnitt kamen etwas über 1000 Vergehen auf 100000 Einwohner.

Natürlich kommt auch den Unterschieden der Wirtschaftslage und der Bildung ein bedeutender ursächlicher Einfluß zu; aber man darf andererseits nicht vergessen, daß auch diese Unterschiede durch die Rassenanlage wesentlich mitbedingt sind.

1892–1901 kamen im Deutschen Reich auf 100000 strafmündige Zivilpersonen 1207 Verfehlungen im Durchschnitt, bei den Juden nur 1030 gegenüber 1122 bei den Evangelischen und 1361 bei den Katholiken. Die Juden schneiden besonders günstig ab bei einfacher Körperverletzung (49 Fälle auf 100000 Personen gegen 71 bei den Christen), gefährlicher Körperverletzung (54 gegen 161), einfachem Diebstahl (80 gegen 231), schwerem Diebstahl (11 gegen 33), recht ungünstig dagegen bei der Beleidigung (200 gegen 143), Betrug (113 gegen 61), Urkundenfälschung (25 gegen 13). Auch beim Zustandekommen dieser Unterschiede spielt die soziale Lage und insbesondere die Berufstätigkeit natürlich eine große Rolle. Andererseits aber wirken die seelischen Rassenunterschiede, welche im ersten Teil erörtert wurden, offenbar in derselben Richtung. Ob dabei die geringere Widerstandskraft gegenüber Versuchungen zu Gewalttätigkeiten oder zu Betrügereien moralisch schwerer zu beurteilen sei, kann hier völlig dahingestellt bleiben.

Auf jeden Fall bestehen enge Beziehungen zwischen Rasse und Verbrechen. Selbst die alte Lehre Lombrosos, daß der „geborene Verbrecher" einer besonderen primitiven Urrasse des Menschengeschlechts angehöre, scheint mir nicht ohne ein Körnchen von Wahrheit zu sein. Im Typus der Verbrecher findet man recht oft Züge, die an den Neandertalmenschen oder sonstige primitive Rassen erinnern durch vorspringende massige Kiefer, fliehende Stirn u. a. Wenn eine Rasse durch eine andere verdrängt wird, so pflegt ja im allgemeinen doch etwas von ihrer Erbmasse in Mischung erhalten zu bleiben, und es ist daher ganz gut möglich, daß auch von den frühdiluvialen Rassen Europas noch Erbanlagen in der europäischen Bevölkerung zerstreut vorhanden sind und daß ihre Träger mit den Forderungen des sozialen Lebens besonders leicht in Widerstreit geraten. Auch ist zu bedenken, daß es einen biologischen Wesensunterschied zwischen den Rassenanlagen und den sonstigen erblichen Anlagen einschließlich der krankhaften eigentlich nicht gibt (vgl. S. 285 des ersten Teils).

---

3. Die Zusammenhänge zwischen sozialer und biologischer Auslese.

a) Die sozialen Unterschiede der Fortpflanzung.

Wenn von Auslese beim Menschen die Rede ist, so wird die soziale Auslese gewöhnlich mit der biologischen verwechselt. In den Ländern abendländischer Kultur spielt ja der Tod durch Verhungern, Erfrieren und Ähnliches, wenn man von Zeiten des Krieges und der Revolution absieht, kaum eine Rolle. Die Anstrengungen der allermeisten Menschen gelten daher weniger der unmittelbaren Erhaltung des Lebens als vielmehr der Erringung eines als „besser" oder „höher" angesehenen Lebens. Gewöhnlich wird dabei ohne weiteres vorausgesetzt, daß der Sieg im Kampfe um eine höhere wirtschaftliche oder soziale Stellung zugleich auch den Sieg im Kampfe ums Dasein bedeute. In Wahrheit ist meist das Gegenteil der Fall. Wir haben weiter oben gesehen, daß die biologische Auslese sich letzten Endes ausschließlich nach der Zahl der zur Fortpflanzung kommenden Nachkommen bemißt. Mag ein Mensch daher eine noch so glänzende wirtschaftliche oder gesellschaftliche Laufbahn haben, wenn er keine Kinder hinterläßt, so ist er in der biologischen Auslese unterlegen. Nun liegen die Verhältnisse im Bereiche der abendländischen Kultur in der Tat so, daß die oberen Stände überall eine unterdurchschnittliche Zahl von Nachkommen haben; ja in den höher gebildeten Ständen reicht die Zahl der Kinder nicht einmal mehr zur einfachen Erhaltung der Familien aus. Der soziale Aufstieg führt daher unter den Verhältnissen der modernen Kultur zum Aussterben der Familien.

Das ist durchaus nicht immer so gewesen. Bei Naturvölkern haben die bewährten Krieger und besonders die Häuptlinge, die Möglichkeit, die meisten Frauen zu nehmen und die meisten Kinder zu erzeugen. So war es auch noch bei den Germanen der Völkerwanderung. In Zeiten der Hungersnot gingen vorzugsweise die Besitzlosen und die Unfreien zugrunde, insbesondere deren Kinder. Bis in die letzten Jahrhunderte konnte der wohlhabende Bauer eher heiraten, als der besitzlose Arbeiter, der erst an die Gründung einer Familie denken konnte, wenn er in eine entsprechende Stelle einrückte, was bei den meisten spät, bei manchen nie geschah. Ganz ähnlich lagen die Verhältnisse im Handwerk, wo die Gesellen in der Regel nicht heiraten konnten. Die besitzenden Bauern und die Handwerksmeister dagegen machten von der Möglichkeit der Kindererzeugung ungehemmten Gebrauch. Außerdem hatten Gutsherren, Großbauern und andere sozial günstig gestellten Männer in Zeiten, als die Geschlechtskrankheiten auf dem Lande noch keine Rolle spielten und die sozialen Zustände es ermöglichten, oft eine ganze Anzahl unehelicher Kinder. Das galt für manche Gegenden bis vor wenigen Jahrzehnten. Vor allem aber durch die erwähnte Gestaltung der ehelichen Fortpflanzungsverhältnisse war die positive soziale Auslese mit positiver biologischer verknüpft.

Heute ist es umgekehrt. Das Heiratsalter in den besitzenden und gebildeten Klassen ist viel höher als in den besitzlosen und ungebildeten, Ehelosigkeit in ihnen viel häufiger, die Kinderzahl in den Ehen viel geringer. Auch heute ist also zwar die soziale Auslese mit biologischer verknüpft, aber so, daß die positive soziale Auslese zur negativen biologischen führt. Dazu kommt noch, daß negative biologische Auslese zur positiven sozialen führen kann. Schon weiter oben wurde erwähnt, daß z. B. Kinderarmut infolge Gonorrhoe der Eltern zum sozialen Aufstieg der Kinder führen kann, weil bei wenigen Kindern jedes eine sorgfältigere Erziehung und ein größeres Erbteil bekommen kann als bei vielen. Und was nun das Verhängnisvollste ist: der Umstand, daß Kleinheit der Familie zum sozialen Aufstieg führen kann, wird zum Beweggrund, die Familie klein zu halten. Das Unterliegen in der biologischen Auslese wird im Interesse des Sieges in der sozialen in Kauf genommen, ja mehr noch, es wird als Mittel dazu benützt, zumal von solchen, die den Zusammenhang zwischen Kleinheit der Familie und sozialem Aufstieg erkennen, ohne daß ihnen freilich die letzten Folgen, das Aussterben der Familie und die Entartung der Bevölkerung klar zu sein pflegen. So wird die soziale Auslese unter den modernen Lebensverhältnissen die Ursache einer biologischen Gegenauslese größten Stiles.

Um die Unterschiede der Fortpflanzung richtig beurteilen zu können, ist es nötig, zu wissen, wie viele Kinder im Durchschnitt gerade eben noch zur Erhaltung der Familie ausreichen. Von vornherein ist klar, daß zwei Kinder dazu nicht genügen, obwohl das die landläufige Meinung ist. Da ein Teil der Nachkommen vor Erreichung des Fortpflanzungsalters stirbt und ein weiterer kinderlos bleibt, müssen mehr als zwei Kinder vorhanden sein, wenn auch nur zwei wieder zur Fortpflanzung kommen sollen.

Fahlbeck hat im Jahre 1903 das Erhaltungsminimum auf gegen 4 Kinder pro Ehe angegeben, Graßl im Jahre 1914 auf 3,3. Das Erhaltungsminimum ist nicht zu allen Zeiten gleich, sondern abhängig von dem Bruchteil der Geborenen, der vor Erreichung des fortpflanzungsfähigen Alters stirbt. In den letzten Jahren vor dem Kriege lebten von 1000 geborenen weiblichen Personen während des gebärfähigen Alters im Durchschnitt etwa 750. Wenn 1000 Frauen und die dazugehörigen 1000 Männer ihre Zahl ersetzen wollten, so mußten sie also etwa 2700 Kinder bekommen (x: 2000 = 2000: 1500). Auf 1000 gebärfähige weibliche Personen von 15 bis 45 Jahren mußten dann also jährlich 2700: 30 = 90 Geburten kommen, oder auf eine erwachsene weibliche Person im ganzen 2,7 Geburten. Wenn die Kriegsverluste nicht ersetzt zu werden brauchten, so würde diese Zahl auch heute noch gelten.

Wenn der Ersatz der Familien nur durch eheliche Geburten erfolgen soll, so müssen auf eine Ehefrau natürlich etwas mehr Geburten kommen. Vor dem Kriege blieb etwa jede achte weibliche Person dauernd ehelos; die Erhaltung würde also erst bei 3,1 Geburten auf eine Ehefrau im Durchschnitt gewährleistet sein (x: 2,7 = 8: 7). In der nächsten Zeit wird etwa jede vierte Frau ehelos bleiben. Wenn die Bevölkerung ihre Zahl erhalten soll, so müßten also mindestens 3,6 Geburten auf eine Ehefrau kommen (x: 2,7 = 4: 3). Auf 1000 Ehefrauen im gebärfähigen Alter wären vor dem Kriege etwa 160 Geburten jährlich zur Erhaltung gerade ausreichend gewesen, gegenwärtig etwa 185. Auf 1000 Einwohner betrug das Erhaltungsminimum vor dem Kriege etwa 20 Geburten jährlich und gegenwärtig etwa 21.

Die zur Erhaltung gerade ausreichende Zahl von Geburten beträgt für die deutsche Bevölkerung also ungefähr:

	auf 1000 Einw. jährlich	auf 1000 weibl. Personen von 15–45 Jahren	auf 1 weibl. Person von im Leben	auf 1 Ehefrau im Leben	auf 1000 Ehefrauen von 15–45 Jahren
vor dem Kriege	20	90	2,7	3,1	160
nach dem Kriege	21	90	2,7	3,6	185

An der Hand dieser Zahlen können wir die statistischen Angaben in den folgenden Abschnitten einigermaßen quantitativ beurteilen. Wenn in einer Bevölkerungsgruppe die entsprechenden Zahlen z. B. doppelt so hoch sind, so bedeutet das eine Verdoppelung der betreffenden Bevölkerungsgruppe innerhalb einer Generation; wo sie hinter den angegebenen Zahlen mehr oder weniger zurückbleiben, bedeutet es ein schnelleres oder langsameres Aussterben.

Die Abhängigkeit der Nachkommenzahl von der sozialen Stellung geht aus einer Erhebung über die Beamten des deutschen Post- und Telegraphenwesens vom Jahre 1912 schlagend hervor. Im Alter von 55 bis 60 Jahren betrug die durchschnittliche Kinderzahl

bei den höheren Beamten 2,2

bei den mittleren Beamten 2,6

bei den unteren Beamten 3,9.

Dabei sind die Ledigen nicht eingerechnet. Nur die unteren Beamten (Briefträger, Bahnwärter u. a.) hatten also eine über das Erhaltungsminimum hinausgehende Kinderzahl; von den höheren Beamten dagegen nur etwa ein Fünftel, während die übrigen vier Fünftel mehr oder weniger weit dahinter zurückblieben. Bei den jüngeren Beamten, deren Fortpflanzung im Jahre 1912 noch nicht abgeschlossen war, liegen die Verhältnisse zweifellos noch schlimmer. Dabei stellen die höheren Beamten und in geringerem Grade auch die mittleren eine soziale Auslese nach geistiger Begabung, Pflichttreue und auch körperlicher Tüchtigkeit dar.

Nach dem statistischen Jahrbuch für Frankreich stellte sich im Jahre 1906 die Kinderzahl abgeschlossener Ehen in verschiedenen Berufen folgendermaßen:

Textilarbeiter	3,4
Erdarbeiter	3,0
Metallarbeiter	2,8
Monteure	2,3
Bankiers	2,2
Rechtsanwälte	2,0
Ärzte und Apotheker	1,9

Je höher die Bildung und soziale Stellung und, wie man schließen darf, je höher die geistige Begabung ist, desto geringer ist also die Zahl der Nachkommen. Bei uns liegen die Verhältnisse sicher nicht wesentlich anders. Zwar war die absolute Geburtenzahl bei uns vor dem Kriege erheblich höher als in Frankreich; die Unterschiede zwischen den verschiedenen sozialen Schichten waren aber dafür um so größer, und gegenwärtig ist natürlich die Fortpflanzung der gebildeten Familien erst recht ungenügend. Bei Fortbestehen der bisherigen Ausleseverhältnisse ist daher ein ziemlich rascher Rückgang der Begabung unserer Bevölkerung eine unentrinnbare Folge.

Am schlimmsten steht es um die Erhaltung der hervorragend begabten Familien in der abendländischen Kultur.

J. Bertillon stellte i. J. 1911 die Kinderzahl von 445 der berühmtesten Franzosen fest und fand 1,3 Kinder pro Ehe. Die 575 Kinder reichen natürlich nicht entfernt aus, um die 890 Eltern an Zahl zu ersetzen; 117

waren überhaupt kinderlos, und nur 24 hatten mehr als 2 Kinder. Catell fand i. J. 1914 an 1000 Ehen amerikanischer Gelehrter eine Kinderzahl von 1,5. Webb fand bei englischen Intellektuellen eine durchschnittliche Kinderzahl von 1,5, während die Kinderzahl der Handarbeiter um dieselbe Zeit etwa 5 betrug. Im Archiv für Rassen- und Gesellschaftsbiologie berichtet i. J. 1920 ein älterer deutscher Akademiker über seine 26 näheren Jugendfreunde, die in den siebziger Jahren ihre Hochschulstudien betrieben. Alle seien überdurchschnittlich, die meisten hoch begabt, und die meisten seien zu Wohlstand und Ansehen, mehrere zu Berühmtheit gelangt. Die Kinderzahl pro Ehe betrug 1,8.

Jedenfalls reichte auch in Deutschland in dieser Generation der Nachwuchs der Höherbegabten schon lange nicht mehr zum Ersatz der Familien aus, und um die junge Generation steht es zweifellos noch schlimmer.

Als einer der Ersten hat der holländische Soziologe Steinmetz auf die große Kulturgefahr hingewiesen, welche in der Tatsache des unzureichenden Nachwuchses der Begabten liegt. Die von ihm beigebrachten Zahlen sind indessen vermutlich noch zu günstig, da er von 800 Fragebogen nur 300 zurückbekam und da die Kinderarmen weniger gern geantwortet haben dürften.

Den Unterschieden der Fortpflanzung nach der gesellschaftlichen Stellung entsprechen im allgemeinen die nach der wirtschaftlichen Lage; doch darf man nicht ohne weiteres aus den einen auf die ändern schließen. So haben die höheren Beamten gesellschaftlich eine sehr angesehene Stellung, ohne daß sie in der Regel besonders wohlhabend zu sein pflegen; und wenn die Besoldung der höheren Beamten im neuen Deutschland der der unteren stark angenähert worden ist, so hat das natürlich nicht etwa auch eine Annäherung in der Nachkommenzahl an diese zur Folge. Auch die Offiziersfamilien, welche im kaiserlichen Deutschland das höchste Ansehen genossen, verfügten zum größten Teil nicht über größeren Besitz und nur über ein sehr bescheidenes Diensteinkommen, während die gesellschaftlichen Anforderungen, die an sie gestellt wurden, sehr hohe waren. Die Offiziersfamilien, welche an körperlicher und geistiger Tüchtigkeit den Durchschnitt weit überragen, hatten schon vor dem Kriege eine eher noch geringere Kinderzahl als die der höheren Beamten, und auch sie gingen daher ziemlich schnell dem Aussterben entgegen, noch schneller natürlich jetzt. Andererseits sind aber auch die deutschen Juden, welche sich vor dem Kriege mehr durch Wohlstand als durch soziales Ansehen auszeichneten, in einer ganz ähnlichen Lage.

Wie Theilhaber gezeigt hat, reichte die Fortpflanzung der Berliner Juden i. J. 1910 nur hin, um zwei Drittel der elterlichen Generation zu ersetzen, und wenn man die ärmeren Judenfamilien ausscheiden könnte, so würde das

Aussterben der wohlhabenderen natürlich noch viel schlagender zutage treten.

In England stellte eine Kommission, die 1913 zum Studium der Geburtenfrage eingesetzt wurde, fest, daß auf 1000 verheiratete Männer unter 55 Jahren folgende Geburtenzahlen kamen:

in der Oberschicht und im oberen Mittelstande	119
im unteren Mittelstande	132
bei den gelernten Arbeitern	153
bei den ungelernten Arbeitern	213.

Vergleicht man diese Zahlen mit der oben berechneten Tabelle (S. 72), so sieht man, daß das Erhaltungsminimum nur bei den ungelernten Arbeitern überschritten wird, bei diesen allerdings bedeutend. Bei uns liegen die Verhältnisse in dieser Beziehung sicher ganz ähnlich wie in England. In verhältnismäßig wenigen Generationen wird also jener körperliche und seelische Typus, den heute die ungelernten Arbeiter aufweisen, den Typus der ganzen Bevölkerung darstellen.

Auch in der ländlichen Bevölkerung sind die Unterschiede der Fortpflanzung zwischen den verschiedenen sozialen Schichten ganz entsprechend.

Nach Berger kamen i. J. 1907 in Preußen auf 1000 verheiratete Männer in der Landwirtschaft folgende Geburtenzahlen:

bei Selbständigen und Verwaltern	155
bei Landarbeitern	238.

Der Züricher Statistiker Feld hat in sorgfältiger Weise alle Ehen untersucht, die in Zürich in den Jahren 1905–1911 durch den Tod gelöst wurden, die mindestens 15 Jahre gedauert hatten und in denen die Frau im Alter von weniger als 25 Jahren geheiratet hatte:

Von 100 Züricher Ehen hatten	weniger als 3 Kinder	mehr als 3 Kinder
bei den Fabrikanten, Großkaufleuten, Akademikern	58,6	41,4
bei den Beamten, Lehrern, Privatangestellten	47,8	52,2

bei den kleineren Geschäftsleuten u. Handwerksmeistern	42,7	57,3
bei den gelernten Arbeitern und Unterbeamten	38,3	61,7
bei den ungelernten Arbeitern	38,1	61,9.

In Wirklichkeit schneiden die oberen Stände zweifellos noch viel ungünstiger ab, als es nach dieser Aufstellung scheint. Man muß nämlich bedenken, daß Ehen, in denen die Frau bei der Heirat weniger als 25 Jahre alt war und die hier allein berücksichtigt sind, in den oberen Ständen erheblich seltener als in den unteren sind und daß völlige Ehelosigkeit in den oberen Ständen häufiger ist. Ferner ist zu bedenken, daß es sich in der Untersuchung Felds um Ehen handelt, die alle noch im 19. Jahrhundert geschlossen wurden, und daß gegenwärtig die Fortpflanzung der oberen Stände zweifellos noch geringer ist. In dieser Aufstellung kommen also nur jene Unterschiede der Fortpflanzung zum Ausdruck, die um die Jahrhundertwende zwischen etwa gleich lange dauernden Ehen in den verschiedenen Ständen bestanden. Das aber ist nur ein kleiner Teil des Gesamtunterschiedes ihrer Fortpflanzung. Jedenfalls ist es durchaus zutreffend, wenn Feld sagt: „Je höher wir in der sozialen Rangordnung emporsteigen, um so geringer ist die Fruchtbarkeit, die wir antreffen. Die Schichten, die ökonomisch am ehesten in der Lage wären, eine größere Nachkommenschaft aufzuziehen, haben die wenigsten Kinder." Auch bei Betrachtung des Schicksals der einzelnen Familien wird man an die Lehre Christi erinnert, daß der, welcher sein individuelles Leben lieb hat, das dauernde verlieren wird und umgekehrt. Jene Lehre war natürlich nicht biologisch gemeint, aber auch biologisch ist es tatsächlich die Regel, daß der, welcher seinen individuellen Machtwillen durchzusetzen in der Lage ist, dem dauernden Leben der Rasse verloren zu gehen pflegt. Und die Folgen dieses Umstandes sind leider ganz und gar nicht erfreulich.

Es gibt noch eine Menge statistischer Belege dafür. Die meisten beziehen sich allerdings mehr auf mittelbare Zusammenhänge, da der direkte Zusammenhang zwischen sozialer Stellung und Kinderzahl nur schwer zu fassen ist. So hat z. B. Mombert gezeigt, daß die Fruchtbarkeit im umgekehrten Verhältnis zur Wohnungsgröße steht, Bertillon, Clémentel u. a. haben gezeigt, daß die Fruchtbarkeit armer Stadtteile größer ist als die wohlhabender und daß sie am kleinsten in den reichsten ist. Hierbei spielt freilich auch der Umstand mit, daß kinderlose und kinderarme Leute sich eher das Wohnen in vornehmen Wohnungen leisten können als kinderreiche und daß die Überfüllung der Wohnungen zum Teil erst eine Folge der größeren Kinderzahl ist. Gerade darum aber kann das Verlangen nach einer geräumigen und behaglichen Wohnung die Beweggründe für die

Kleinhaltung der Familie verstärken und eben darum die bessere Wohnung zu einer direkten Ursache der Kinderarmut werden.

Im Deutschen Reich fanden vor dem Kriege jährlich nicht ganz 2 Millionen Geburten statt (1912 etwa 1,92; 1914 etwa 1,9 Mill.). Wenn keinerlei Hemmungen der Fortpflanzung bestanden hätten, so würde jedes weibliche Wesen zwischen 16 und 45 Jahren etwa alle 1½ Jahre ein Kind bekommen haben, was bei dem damaligen Bevölkerungsaufbau jährlich etwa 14 Millionen Geburten ausgemacht hätte. Wie ist nun der Unterschied zwischen dieser höchstmöglichen und der wirklichen Zahl zustandegekommen? Zunächst blieb etwa jede achte weibliche Person dauernd ehelos und damit in den meisten Fällen auch kinderlos, was einen Ausfall von etwa 2–2,5 Kindern pro Frau oder von 1,5–2 Millionen pro Jahr und Reich bedeutet. Von wesentlich größerer Bedeutung war der Umstand, daß das mittlere Heiratsalter mit 25 Jahren um etwa 10 Jahre später lag als die erste Empfängnismöglichkeit, was einen Ausfall von 6–7 Kindern pro Frau oder von 4–5 Millionen pro Jahr und Reich bedeutete. Die dritte große Ursache des Geburtenausfalles sind Gonorrhoe und Syphilis. Ich schätze, daß dadurch etwa ein Fünftel der Ehen in ihrer Fruchtbarkeit eingeschränkt wurden oder daß 2–2,5 Kinder pro Frau oder etwa 1 Million pro Jahr und Reich ausfielen. Durch sonstige Ursachen krankhafter Natur fiel vielleicht noch 1–1,5 Kind pro Weib oder etwa 1 Million Kinder pro Jahr und Reich aus. Durch vorzeitigen Tod des Mannes oder Entfremdung der Gatten kam vielleicht ein ebenso großer Ausfall zustande. Für die letzte und praktisch wichtigste Ursache des Geburtenausfalls, die absichtliche Verhütung, würde dann noch etwa ein Ausfall von 3–4 Kindern pro Frauenleben oder von 2–3 Millionen pro Jahr und Reich anzunehmen sein.

	pro Frauenleben	pro Jahr u. Reich vor dem Kriege	
Höchstmögliche Geburtenzahl	ca. 20	ca. 14	Mill.
Tatsächliche Geburtenzahl	ca. 3,5	ca. 1,9	„
Geburtenausfall im Ganzen	ca. 16,5	ca. 12	Mill.
Geburtenausfall durch dauernde Ehelosigkeit	2–2,5	1,5–2	Mill.
„ Verzögerung der Eheschließung	6–7	4–5	„

„ Gonorrhoe und Syphilis	2–2,5	1,5–2	„
„ sonstige nicht absichtliche Ursachen	2–3	1,5–2,5	„
„ Verhütung in der Ehe	3–4	2–3	„

Im Einzelfall liegen natürlich oft mehrere Ursachen zugleich vor, deren jede für sich schon zum Geburtenausfall genügen würde. Wenn z. B. nicht schon so viele Ehen infolge Gonorrhoe oder Syphilis unfruchtbar wären, so würde auch in diesen vielfach absichtliche Verhütung eintreten. Nur wo das nicht der Fall sein würde, kann man den Geburtenausfall in jenen Ehen ausschließlich auf die Krankheit beziehen. Wenn es diese Krankheiten garnicht gegeben hätte, so würden doch nicht 1,5–2 Millionen Kinder mehr geboren worden sein, sondern vielleicht nur ¾ Million. Wenn anderseits alle anderen Ursachen des Geburtenausfalls keine Rolle gespielt hätten, so würde der durch Gonorrhoe und Syphilis entsprechend stärker in die Erscheinung getreten sein. In der Aufstellung ist bei der Abschätzung des Einflusses der Geschlechtskrankheiten angenommen, daß Ehelosigkeit und Heiratsalter schon den tatsächlichen Verhältnissen entsprechend gegeben waren, der Ausfall durch Verhütung dagegen noch nicht. So versteht sich diese Zahl. Gonorrhoe und Syphilis untergraben also die Möglichkeit von vielleicht 2 Millionen Geburten, aber nur die Wirklichkeit von ¾ Million.

Selbstverständlich handelt es sich nur um ungefähre Schätzungen. Statistiker, welche auf die „Genauigkeit" der 3. Stelle rechts vom Komma ebenso großen Wert legen wie auf die der 3. Stelle links vom Komma, werden sagen, daß diese Aufstellung wertlos sei. Ich glaube aber, daß sie von den Ursachen des Geburtenausfalls eine deutlichere Vorstellung gibt als manche auf drei Dezimalen „genaue" Berechnung.

Da die Auslese die weitaus wichtigste Ursache der ferneren Gestaltung der Erbbeschaffenheit einer Bevölkerung ist, haben die verschiedenen Gruppen von Ursachen des Geburtenausfalls für uns vor allem nach ihrer Auslesebedeutung Interesse.

Völlige Ehelosigkeit ist oft eine Folge körperlicher oder geistiger Mängel. Alte Jungfern sind im Durchschnitt häßlicher und auch häufiger kränklich oder psychopathisch als Ehefrauen desselben Alters, weil sie eben einen Rückstand von der geschlechtlichen Auslese darstellen. Von den Junggesellen gilt Ähnliches in etwas geringerem Grade, weil viele von ihnen aus Bequemlichkeit oder wegen erworbener Krankheit ehelos bleiben. Andererseits ist z. B. die Ehelosigkeit bei katholischen Geistlichen zum Teil geradezu eine Folge ihrer höheren Begabung, indem hauptsächlich besonders begabte junge Leute den geistlichen Beruf ergreifen. Besonders in der neuesten Zeit führt gerade geistige und körperliche Tüchtigkeit in zunehmendem Maße zur Ehelosigkeit; so werden die meisten Mädchen, welche einen Beruf ausüben, der hohe Anforderungen stellt, eben wegen ihrer Tüchtigkeit der Ehe entzogen. In der gleichen Richtung wirkt der Umstand, daß Ehelosigkeit in den oberen Ständen häufiger ist als in den unteren.

Vor dem Kriege blieb etwa ein Achtel aller Mädchen dauernd ledig, in den oberen Ständen aber erheblich mehr. In den nächsten Jahren kommt dazu die Wirkung der Kriegsverluste. Wenn man diese in Beziehung zu der Zahl der heiratsfähigen Männer setzt, so ergibt sich, daß etwa ein weiteres Achtel aller Mädchen infolge der Kriegsverluste keinen Mann finden wird. Da nun die oberen Stände viel schwerere Kriegsverluste als die unteren erlitten haben und da infolge des unglücklichen Kriegsausganges und der Revolution die Berufsaussichten der gebildeten jungen Männer sich überaus ungünstig gestaltet haben, so wird in den kommenden Jahren mindestens ein Drittel oder vielleicht sogar die Hälfte der Töchter der gebildeten Familien keinen Mann finden. Die Auslese durch Ehelosigkeit, welche in früherer Zeit ganz überwiegend günstig war, hat daher gegenwärtig zum großen Teil den Charakter der Gegenauslese.

Ganz Entsprechendes gilt von der Verzögerung der Eheschließung. Auch diese ist vielfach durch körperliche oder seelische Mängel bedingt. Aber andererseits führen auch besondere Vorzüge, insbesondere höhere Begabung, sehr oft zur Spätehe, zumal in der Gegenwart. Für die gebildeten Stände, besonders für die höheren Beamten und Offiziere ist die Spätehe ganz charakteristisch.

Von den höheren Post- und Telegraphenbeamten waren i. J. 1912 im Alter von 35–40 Jahren noch 25% ledig gegenüber 13,1% bei der Gesamtbevölkerung. Nach der deutschen Berufsstatistik von 1907 waren im Alter von 30–40 Jahren noch ledig Offiziere 49,3%, höhere Beamte 45,4%, Hochschullehrer 41,4%, Ärzte 35,7% gegenüber 17,9% in der männlichen Gesamtbevölkerung. In England betrug 1884–85 das durchschnittliche Heiratsalter der

Bergarbeiter	24,0,	ihrer	Frauen	22,5
Textilarbeiter	24,4,	„	„	23,4
Schuster und Schneider	24,9,	„	„	24,3
Handlungsgehilfen	26,3,	„	„	24,4
Gebildeten und Selbständigen	31,2,	„	„	26,4

Diese Unterschiede entsprechen ziemlich genau dem Beispiel, an welchem oben die Auslesebedeutung der Fortpflanzungsunterschiede dargelegt wurde (vgl. S. 6). Rubin und Westergaard fanden für die Jahre 1878–82 in Dänemark folgende Beziehungen zwischen Heiratsalter und Kinderzahl:

Heiratsalter des Mannes	unter 25 J.	25–29 J.	30–34 J.	35–44 J.	über 45 J.
Kinderzahl pro Ehe	3,5	3,2	3,0	2,3	1,1

Eine noch stärkere Abhängigkeit besteht natürlich von dem Heiratsalter der Frau, wie z. B. folgende Aufstellung des Statistikers Boeckh zeigt:

Heiratsalter der Frau	unter 20 J.	20–25 J.	25–30 J.	30–35 J.	über 35 J.
Kinderzahl pro Ehe	5,5	4,5	4,1	2,9	1,3

Eine spät heiratende Bevölkerungsgruppe ist in mehrfacher Beziehung gegenüber einer früh heiratenden biologisch im Nachteil. Erstens steht bei Spätehe bis zum Ende der Fortpflanzungsfähigkeit eine geringere Zeit zur Verfügung. Zweitens bleibt eine Gruppe mit langsamerer Generationenfolge auch bei gleicher Kinderzahl hinter einer Gruppe mit schnellerer Generationenfolge in der Vermehrung mehr oder weniger stark zurück (vgl. S. 6). Verstärkt wird die unheilvolle Wirkung der Spätehe noch dadurch, daß während der langen Jahre vor der Eheschließung vielfach Geschlechtskrankheiten erworben zu werden pflegen, die ihrerseits die Fruchtbarkeit herabsetzen. Auch haben Alkohol, Tabak und andere idiokinetische Einflüsse viel länger Zeit zur Schädigung der Erbmasse vor der Kindererzeugung. Auch wenn die Frauen spät heiratender Männer selber in jugendlichem Alter stehen, so nehmen sie doch häufig an deren Krankheit und Unfruchtbarkeit teil. Die Folgen für die Familien gerade der gebildeten Stände liegen auf der Hand. Die Spätehe wirkt daher in verhängnisvoller Weise bei der Austilgung der höheren Begabungen mit.

Noch ungleich furchtbarer ist die Gegenauslese infolge absichtlicher Geburtenverhütung, welche die praktisch entscheidende Hauptursache des Geburtenausfalles darstellt. Sie geschieht hauptsächlich durch empfängnisverhütende Maßnahmen beim geschlechtlichen Verkehr, weniger durch Verzicht auf geschlechtlichem Verkehr und durch absichtliche Herbeiführung von Fehlgeburt.

Immerhin hat der bekannte Gynäkologe Döderlein die Zahl der künstlichen Fehlgeburten in Deutschland auf 2–400000 Fälle jährlich geschätzt, also auf mindestens 10–20% aller Befruchtungen.

Sehr wichtig ist es, sich über die Beweggründe der Geburtenverhütung klar zu werden. Sehr häufig wird angegeben, daß diese hauptsächlich aus wirtschaftlicher Not geschehe, weil man eben viele Kinder nicht ernähren könne. Es ist in der Tat nicht zu bezweifeln, daß wirtschaftliche Not in vielen Fällen zur Geburtenverhütung treibt, besonders in der gegenwärtigen Lage der deutschen Bevölkerung. Dennoch kann keine Rede davon sein, daß eigentliche Not die hauptsächlichste Ursache der Geburtenverhütung sei. Dem widerspricht unbedingt die Tatsache, daß die Kinderzahl im Durchschnitt um so kleiner ist, je günstiger die wirtschaftliche Lage ist. Das hängt damit zusammen, daß der durch Geburtenverhütung erzielbare wirtschaftliche Vorteil um so größer ist, je günstiger die wirtschaftliche Lage ist. Ehepaare mit großem Einkommen pflegen sich für verpflichtet zu halten, für die Erziehung jedes Kindes große Summen aufzuwenden; das ist aber natürlich nur bei wenigen Kindern möglich. Leute mit größerem Besitze streben darnach, jedem Kinde einen möglichst großen Teil des Vermögens zu hinterlassen. Daher ist die Rücksicht auf die Erbteilung eines der wesentlichen Beweggründe für die Kleinhaltung der Familie. Die unbeabsichtigte Geburt eines dritten Kindes wird von vielen wohlhabenden Familien geradezu als ein Unglück empfunden.

Mindestens ebenso stark wie wirtschaftliche Rücksichten treiben gesellschaftliche zur Kleinhaltung der Familie; beides hängt übrigens eng zusammen. Die gesellschaftliche Geltung eines Menschen wird ja zum großen Teil nach dem Aufwand, welchen er machen kann, beurteilt; vor dem Kriege war das noch ausgesprochener der Fall als gegenwärtig. Wenn nur ein oder zwei Kinder vorhanden sind, so kann natürlich ein größerer gesellschaftlicher Aufwand getrieben, mehr zur Befriedigung des Geltungsbedürfnisses ausgegeben werden, als wenn mehrere Kinder vorhanden sind. Auch dabei ist die Rücksicht auf die Kinder noch entscheidender als die auf die eigene Person. Es gibt kaum einen peinlicheren Gedanken für unsere Gebildeten als den eines gesellschaftlichen Abstieges ihrer Nachkommenschaft. Eher findet man sich noch mit dem Aussterben der Familie ab. Allerdings kommt das Aussterben den Familien meist gar nicht zum Bewußtsein, da man bei der allgemeinen biologischen Unbildung unserer Gebildeten sich gar nicht klar darüber zu werden pflegt, wie schnell bei Zwei- und Einkindersystem die Familien dahinschwinden.

Gemessen an den Ansprüchen, welche die „Gesellschaft" an ihre Mitglieder stellt, bestand in der Tat für viele eine relative wirtschaftliche Not schon vor dem Kriege. In gewissen angesehenen Ständen gibt es neben Familien mit großem Privatvermögen auch viele solche, die auf ein bescheidenes Berufseinkommen angewiesen sind, die sich aber gleichwohl für verpflichtet halten, es an gesellschaftlichem Aufwand den reichen einigermaßen gleich zu tun. Das kann natürlich nur auf Kosten einer ausreichenden Kinderzahl geschehen. Auch wo keine größeren Unterschiede im Privatvermögen bestehen, können kinderreiche Familien sich lange nicht denselben gesellschaftlichen Aufwand leisten wie kinderarme. Wo es z. B. als unerläßlich gilt, für kleine Kinder mehrere Dienstboten zu halten, verzichtet man lieber auf die Kinder als auf die Dienstboten. Andererseits gilt freilich auch die Erhaltung der Familie als gesellschaftliche Pflicht; sobald aber ein „Stammhalter" vorhanden ist, pflegt man die Kindererzeugung einzustellen.

Dazu kommen die Rücksichten auf die Wohnungsverhältnisse. In vornehmen Häusern ist es eben nicht üblich, daß viele Kinder vorhanden sind. Vor dem Kriege wurde Kinderarmut oder selbst Kinderlosigkeit oft geradezu zur Bedingung des Vermietens gemacht. Wenn mehrere Kinder kamen und die vornehme Ruhe des Hauses störten, hatte man Kündigung zu gewärtigen. Das ist ja nun gegenwärtig nicht der Fall; statt dessen wirkt aber die Zwangseinmietung fremder Hausgenossen der Kindererzeugung in den gebildeten Familien entgegen.

Im ganzen stehen jedenfalls wirtschaftliche Rücksichten unter den Beweggründen der Geburtenverhütung an erster Stelle; das gilt für die unteren Stände in gleicher Weise wie für die oberen. Je weniger Kinder vorhanden sind, desto mehr kann für die Bedürfnisse und Neigungen der einzelnen Familienmitglieder ausgegeben werden. Aber auch unmittelbar scheuen die meisten Leute die Behinderung, welche in dem Vorhandensein einer größeren Kinderzahl liegt. Das Verlangen nach möglichst großer individueller Bewegungsfreiheit, die Scheu vor den Mühen und Sorgen der Aufzucht und Erziehung, da und dort auch die Furcht vor den Schmerzen und Gefahren der Geburt, wirken ebenfalls bei der Geburtenverhütung mit. Nachdem nun einmal die Geburtenverhütung in weitesten Kreisen bekannt ist und die weitgehende Beschränkung der Kinderzahl als allein menschenwürdig angesehen wird, fürchten viele Ehepaare und besonders Frauen auch den Spott der Nachbarn und Bekannten, wenn sie mehr Kinder als einige wenige bekommen; und dieser Spott läßt auch nicht auf sich warten. Die Angst, für dumm und gewöhnlich angesehen zu werden, ist auch in den breiten Massen ein wesentlicher Beweggrund zur Geburtenverhütung.

Die Auslesewirkung der Geburtenverhütung ist ganz überwiegend ungünstig. Dadurch in erster Linie ist das Zurückbleiben der wohlhabenden und gebildeten Familien in der Fortpflanzung bedingt, ein Zurückbleiben, das, wie wir gesehen haben, bis zum Aussterben geht. So werden die geistigen Anlagen, welche zur Erringung und Behauptung einer höheren Stellung führen, durch die Geburtenverhütung ausgetilgt. Da die Geburtenverhütung vielfach gerade aus Verantwortlichkeitsgefühl und aus Liebe zu den vorhandenen Kindern geschieht, werden dadurch auch ganz unmittelbar günstige seelische Anlagen ausgetilgt. Während die Menschen von vorausschauender und vorsorglicher Geistesart, die von so unersetzlicher

Bedeutung für die Kultur ist, im großen Durchschnitt keine zur Erhaltung ausreichende Kinderzahl mehr erzeugen, vermehren sich solche Familien, die leichtsinnig und ohne Verantwortungsgefühl in den Tag hinein leben, welche die für die einzelne Familie ungünstigen Folgen einer größeren Kinderzahl nicht durchschauen oder welche die Geburtenverhütung aus Dummheit oder Mangel an Selbstbeherrschung nicht fertig bringen.

So kommt es, daß die gebildeten Stände gegenüber den ungebildeten in der Kinderzahl noch ungünstiger abschneiden als die wohlhabenden gegenüber den vermögenslosen. Für Berlin hat Theilhaber i. J. 1913 festgestellt, daß die Lehrer „an der Spitze der Unterfruchtigkeit marschieren"; und die Lehrer sind im Durchschnitt ohne Zweifel höher begabt als die meisten andern Stände von ähnlicher wirtschaftlicher Lage. Auch unter den Arbeitern waren es die gebildeteren, insbesondere die Schriftsetzer und die Buchdrucker, welche die wenigsten Kinder hatten.

Eine nicht zu unterschätzende Ursache der ungenügenden Fortpflanzung gerade der hervorragendsten Forscher und Gelehrten ist die nicht unbegründete Furcht, durch eine größere Familie in ihrer wissenschaftlichen Arbeit behindert zu werden. Die Familie und die Rasse wird daher auf dem Altar der „Kultur" geopfert. Es ist tieftraurig, wie gerade die bedeutendsten Forscher sich vielfach im Dienste der Wissenschaft oder, was noch trauriger ist, in einer Arbeit, die ihrer Begabung nicht entspricht, aufreiben, ohne zur Gründung einer Familie zu kommen. Man lese z. B. die erschütternde Schilderung, welche Kraepelin in der Münchener Medizinischen Wochenschrift 1920 Nr. 3 von dem Leben dreier bahnbrechender psychiatrischer Forscher gegeben hat. Hier liegt natürlich auch eine schwere Schuld der Gesellschaft vor. In der starken Neigung zur Wissenschaft, auch wenn sie der Erhaltung schädlich wird, darf man dagegen nicht einfach einen Ausfluß von Entartung sehen; es handelt sich dabei vielmehr in der Regel um Erbanlagen, die an und für sich von höchstem Werte für das Leben der Rasse sein könnten, die aber im Banne lebensfeindlicher Anschauungen, also einer ungünstigen Umwelt, ausgetilgt werden. Hier liegt also echte Gegenauslese vor.

Ganz ähnlich liegt die Sache, wenn die moderne Dame, die in zahllosen Damenreden als eine Art höheren Wesens, das die Schönheit ins Leben bringt, und als die eigentliche Blume der Kultur gefeiert wird, diese hohe Kulturaufgabe zu verfehlen glaubt, wenn sie sich zur „Gebärmaschine" hergäbe. Die Einsicht in die biologische Bedingtheit aller Kultur liegt ja noch völlig außerhalb des Gesichtskreises der meisten unserer Gebildeten; und wenn einmal die Rede darauf kommt, so pflegt eine solche Ansicht als „materialistisch" oder „naturalistisch" empfunden zu werden. Die Vorstellungen darüber, was denn Kultur eigentlich sei, pflegen recht verschwommen zu sein. Jedenfalls rechnet man Kunst und Wissenschaft dazu, nicht aber die Aufzucht von Kindern. Trotz ihrer verhängnisvollen Wirkung auf die Rasse kann man in solchen Anschauungen aber nicht eine Folge von Entartung, d. h. von krankhafter Veranlagung sehen, sondern nur von äußerer Beeinflussung.

Selbstverständlich können gelegentlich auch ungünstige Seelenanlagen zur Geburtenverhütung führen. Ehepaare, welche gar keine Kinder haben wollen, sind in der Regel als entartet anzusehen. Scheu vor Verantwortung, mangelndes Muttergefühl, Selbstsucht, Gefühl eigener Unzulänglichkeit führen nicht selten zur Geburtenverhütung, und wo das der Fall ist, ist diese meist als günstig anzusehen. Aber dadurch können die verhängnisvollen Auslesewirkungen, welche die Geburtenverhütung insgesamt hat, nicht entfernt ausgeglichen werden.

b) Der Geburtenrückgang.

Wir haben bisher von den Ursachen des Geburtenausfalls gegenüber der physiologisch möglichen Höchstzahl gesprochen ohne Rücksicht darauf, ob dieser Ausfall heute größer oder geringer ist als früher: Demgegenüber beschäftigen sich die meisten Schriften über die Geburtenfrage hauptsächlich mit dem sogenannten Geburtenrückgang. Dieser ist zwar rassenhygienisch von geringerem Interesse; immerhin aber werfen die Unterschiede der Geburtenzahl zwischen heute und früher auch einiges Licht auf die Auslesewirkung des Geburtenausfalls.

Die meisten Betrachtungen über den Geburtenrückgang sind mehr oder weniger moralisch gehalten; man hat den Eindruck, daß viele Autoren nicht recht zwischen den Tatsachen und ihrer eigenen moralischen Stellungnahme unterscheiden konnten. Wir wollen demgegenüber hier die Ursachen des Geburtenrückganges möglichst unbeeinflußt von unserer wertenden Stellungnahme, sozusagen rein naturwissenschaftlich betrachten.

Die Zahl der Geburten auf 1000 Einwohner (Geburtenziffer) im Deutschen Reich hatte sich schon seit den siebziger Jahren des vorigen Jahrhunderts dauernd vermindert, und um die Jahrhundertwende setzte dann ein reißender Absturz ein. In Abständen von 10 zu 10 Jahren betrug die Geburtenziffer im Deutschen Reich:

1874	1884	1894	1904	1914
41,8	38,7	37,1	35,2	27,6

Während des Krieges sank die deutsche Geburtenziffer etwa auf die Hälfte des Standes von 1914; sie betrug i. J. 1917 14,4. Gegenwärtig ist sie wieder höher. Wegen der außergewöhnlichen Verhältnisse sind aber die Geburtenziffern seit 1914 mit denen vorher nicht vergleichbar. Auch i. J.

1914 bestand noch ein beträchtlicher Geburtenüberschuß, d. h. die Zahl der Geborenen übertraf die der Gestorbenen. Während des Krieges war natürlich das Gegenteil der Fall; und gegenwärtig dürften sich beide Zahlen etwa die Waage halten.

Es gibt eine ganze Menge von „Theorien" des Geburtenrückganges, eine Wohlstands-, eine Notstands-, eine Bildungs-, eine Entartungstheorie u. a. Alle diese Ansichten enthalten etwas Wahres; es wirken eben viele Ursachen zusammen. Jedenfalls aber kann ein Rückgang der Geburten nur durch Ursachen erklärt werden, die früher nicht oder doch nur in geringem Grade wirksam waren. Daher scheiden z. B. Ehelosigkeit und hohes Heiratsalter, die wir als Ursachen des Geburtenausfalls so bedeutend fanden, als Ursachen des Geburtenrückganges, wenigstens hinsichtlich der Gesamtbevölkerung, völlig aus. In der Zeit des Geburtenrückganges ist die Ehelosigkeit nicht häufiger, sondern seltener geworden, und das Heiratsalter ist nicht unbeträchtlich gesunken. Eher schon kommt Entartung, d. h. Entstehung und Ausbreitung krankhafter Erbanlagen in Betracht. Aber dadurch kann der Geburtenrückgang höchstens zu einem ganz kleinen Teil erklärt werden. Es kann keine Rede davon sein, daß die Masse der deutschen Frauen in wenigen Jahrzehnten gebäruntüchtig geworden sei.

Ein erheblich größerer Anteil ist der Ausbreitung der Geschlechtskrankheiten beizumessen. Syphilis und Gonorrhoe sind noch vor wenigen Jahrzehnten sicher nicht entfernt so verbreitet in der deutschen Bevölkerung gewesen, als im neuen Jahrhundert. Der Syphilis dürfte auch ein gewisser Einfluß auf die absichtliche Geburtenverhütung zuzuschreiben sein, insofern als damit behaftete Männer vielfach die Erzeugung von Kindern scheuen, zumal wenn schon ein krankes Kind geboren wurde.

Dem Alkoholismus glaube ich keine Bedeutung für den Geburtenrückgang zuschreiben zu dürfen. Unfruchtbarkeit infolge Alkoholmißbrauch ist dazu nicht häufig genug, und der leichte Rausch fördert eher die Kindererzeugung, weil er die Bedenken dagegen öfter zum Schweigen bringt und gelegentlich Verhütungsmaßregeln mißlingen läßt (vgl. S. 34). Der Alkoholismus hat während des Geburtenrückganges auch gar nicht so stark zugenommen, daß er als wesentliche Ursache dafür in Betracht käme.

Auch die Notstandstheorie kann wenigstens für jene Zeit, für die sie aufgestellt war, keine allgemeine Geltung beanspruchen. Der Volkswohlstand war zu Anfang des Jahrhunderts, als der jähe Geburtensturz einsetzte, so groß wie niemals vorher. Auch subjektiv fühlten sich vor dem Kriege sicher nicht mehr Menschen in Not als früher. Zutreffend war dies nur für einzelne Berufe, z. B. für die meisten akademischen. Da dieser Umstand aber nicht allgemeiner Not, sondern nur einer Zunahme der gebildeten Berufe über den volkswirtschaftlichen Bedarf hinaus zuzuschreiben ist, soll diese Frage bei Besprechung der Bildung erörtert werden.

Viel allgemeinere Geltung kommt der Wohlstandstheorie zu. Während die deutsche Bevölkerung um die Mitte des 19. Jahrhunderts noch verhältnismäßig arm war, gelangte sie in der zweiten Hälfte des Jahrhunderts durch die Ausnutzung vieler technischer Errungenschaften in Landwirtschaft und Industrie und das damit zusammenhängende Aufblühen des Außenhandels zu Wohlstand und zum Teil zu Reichtum. Dadurch wurden die materiellen Güter viel mehr in den Mittelpunkt des Lebens gerückt als früher. Die gesellschaftliche Geltung eines Menschen bestimmte sich mehr und mehr nach dem Aufwand, den er treiben konnte. Infolgedessen wurden auch immer systematischer alle Wege begangen, die zur Steigerung des für den Aufwand freibleibenden Einkommensteiles geeignet erscheinen, insbesondere die Geburtenverhütung.

Dabei ist der Wohlstand als solcher natürlich nicht „die" Ursache des Geburtenrückganges; in vergangenen Zeiten waren auch in sehr wohlhabenden Familien viele Kinder die Regel. Kekule v. Stradonitz hat z. B. folgende Kinderzahlen aus dem wegen seines Reichtums berühmten Geschlecht der Fugger berichtet. Graf Johann Jakob Fugger im 16. Jahrhundert hatte 19 Kinder; Graf Georg Fugger zu Anfang des 17. Jahrhunderts hatte 20 Kinder; Graf Albert Fugger gegen Ende des 17. Jahrhunderts 21, allerdings von 2 Frauen.

Wohlstand hat nur dann Geburtenrückgang zur Folge, wenn er eine Bevölkerung trifft, deren ganze Lebensanschauung ohnehin schon darauf hindrängt, und das war bei dem Individualismus des 19. Jahrhunderts der Fall. Schon lange vorbereitet in der Weltanschauung des Abendlandes, hatte der Individualismus, welcher im Einzelindividuum das Prinzip des Wertes sieht, vorher nur nicht seine letzten Konsequenzen gezogen, da er durch Reste organischer Weltanschauung, insbesondere durch religiöse Bindungen bis dahin in Schranken gehalten worden war.

Die Abwendung der Massen von der überlieferten Religion ist überhaupt eine der wichtigsten Ursachen des Geburtenrückganges. Um die Mitte des 19. Jahrhunderts wurzelte die deutsche Landbevölkerung noch ganz überwiegend im Kirchenglauben und auch von der städtischen Bevölkerung, die damals überhaupt noch wenig zahlreich war, ein großer Teil. Zu Anfang des 20. Jahrhunderts dagegen war die große Mehrzahl der städtischen Bevölkerung bereits dem Kirchenglauben abgewandt und auch von der Landbevölkerung ein beträchtlicher Teil. Die katholische Kirche, welche über eine viel festere Organisation als die evangelische verfügt, hat diesem Abfall verhältnismäßig viel größeren Widerstand zu leisten vermocht. Daher ist der Geburtenrückgang in den katholischen Gegenden bisher nur in viel geringerem Grade erfolgt.

In Preußen kamen auf eine Eheschließung:			
	1891–95	1913	
bei den Evangelischen	4,2	2,9	Geburten
bei den Katholiken	5,2	4,7	„
bei den Juden	3,3	2,2	„

Diese Unterschiede hängen z. T. allerdings mit dem geringeren Wohlstand der Katholiken zusammen; doch ist dieser z. T. seinerseits wieder eine Folge ihres größeren Kinderreichtums. Dazu kommt noch, daß bei geringerem Wohlstande auch die Bildung geringer zu sein pflegt. Auch Unterschiede der raßlichen Zusammensetzung der Bevölkerung wirken offenbar mit. Von größter Bedeutung ist aber der Umstand, daß die katholische Kirche sich ganz direkt um die Fortpflanzung der ihr angehörenden Familien kümmert und im Beichtstuhl dauernd darüber wacht, daß die Eheleute keine künstliche Geburtenverhütung treiben.

Mit 2,9 Kindern pro Ehe — gegenwärtig sind es jedenfalls noch weniger — kann sich die evangelische Bevölkerung nicht mehr ganz auf ihrem Bestande erhalten, noch weniger natürlich die jüdische mit 2,2. An und für sich ist der evangelische Kirchenglaube zwar gewiß nicht nachwuchsfeindlich. Die evangelischen Pastorenfamilien waren noch vor verhältnismäßig kurzer Zeit sehr kinderreich. Aber eine direkte Beeinflussung der Eheleute ist ohne Ohrenbeichte kaum möglich; und im übrigen haben sich die meisten äußeren Anhänger der evangelischen Kirche offenbar innerlich vom Kirchenglauben abgewandt. Wo aber die Bevölkerung innerlich der Religion entfremdet ist, da schützt natürlich auch die katholische Konfession nicht vor dem Aussterben, wie das Beispiel Frankreichs lehrt.

Eine wesentliche Ursache des Geburtenrückganges ist auch die Zunahme der Bildung, die mit der Zunahme des Wohlstandes in engem Zusammenhange steht. Einerseits hat der Fortschritt der Wissenschaften im 19. Jahrhundert den wirtschaftlichen Aufschwung sehr gefördert; andererseits wurde eine solche Ausbreitung der Bildung, wie sie tatsächlich stattgefunden hat, erst durch einen gewissen Wohlstand der Bevölkerung möglich. Die zunehmende Aufklärung der Bevölkerung brachte es mit sich, daß man immer mehr bestrebt war, alle Lebensverhältnisse möglichst zweckmäßig zu gestalten. Da aber durch den Verstand letzte Lebensziele nicht gesetzt werden können, so führte die Aufklärung in der praktischen Lebensanschauung nur dazu, daß der Individualismus seine letzten Konsequenzen zog und mehr und mehr alle organischen Bindungen ablehnte. In diesem Sinne wurde auch die Fortpflanzung „rationalisiert“. Die immer zunehmende Masse der Gebildeten erkannte die unter der Herrschaft der individualkapitalistischen Wirtschaftsweise durch Geburtenbeschränkung erreichbaren Vorteile natürlich eher als die Masse der Ungebildeten; und die natürliche Folge war die große Kinderarmut der Gebildeten, wie sie weiter oben geschildert wurde. Die Zunahme der Bildung wirkt also noch stärker auf den Geburtenrückgang hin als die Zunahme des Wohlstandes. Trotzdem aber wäre es falsch, der Bildung als solcher die Schuld zuzuschreiben. Nur unter der Voraussetzung der individualkapitalistischen Wirtschaftsweise und der individualistischen Weltanschauung wirkt die Bildung so. Auch in diesem Zusammenhange darf noch einmal auf das Beispiel der evangelischen Pastoren hingewiesen werden, die bis gegen Ende des 19. Jahrhunderts in evangelischen Gegenden geradezu die hauptsächlichsten Träger höherer Bildung waren und die doch keine geringere Kinderzahl als die übrige Bevölkerung hatten. Wenn eine Bevölkerung im Gedeihen der Rasse ein höheres Gut sehen würde als in der Bequemlichkeit der Individuen und wenn diese Anschauung wirklich zur inneren Überzeugung werden würde, so würde auch hohe Geistesbildung dem Leben der Rasse nicht widerstreiten, sondern ihm sogar dienlich sein. Letzten Endes ist also die Weltanschauung das Entscheidende.

Die Ausbreitung der Bildung hat auch noch auf einem andern Wege zum Geburtenrückgang beigetragen, nämlich durch die Überfüllung der gebildeten Berufe. Als im 19. Jahrhundert die alte ständische Gliederung mehr und mehr an Bedeutung verlor, wurde in gleichem Maße die Bildung zum Kennzeichen der oberen Stände. Sie wurde daher eines der hauptsächlichsten Ziele des menschlichen Geltungsbedürfnisses. Ein ungeheurer Zudrang zu den gebildeten Berufen setzte ein, und die unvermeidliche Folge war die wirtschaftliche Entwertung der geistigen Arbeit. Unter den gebildeten Berufen bestand schon seit Jahrzehnten eine wirkliche Notlage, die nun nach dem unglücklichen Kriege den bekannten katastrophalen Charakter angenommen hat. Aber auch schon vor dem Kriege mußten die Akademiker unverhältnismäßig lange auf Anstellung warten; ihr Heiratsalter wurde immer höher; der Zwang zur Beschränkung der Kinderzahl immer stärker. So ist das verhängnisvolle Aussterben der gebildeten Familien zum großen Teil nur eine natürliche Folge des ungehemmten Andranges zu den gebildeten Berufen. Dabei wurde diese Entwicklung ganz allgemein als Fortschritt angesehen. Man war stolz auf die Zunahme der Studentenzahl; selbst während des Krieges hat man noch neue Universitäten gegründet. Die Zulassungsbedingungen und die Examina wurden allmählich immer mehr erleichtert. Der Aufstieg in die gebildeten Kreise wurde als ein so hohes Gut angesehen, daß man ihn möglichst niemandem verwehren wollte. In Wirklichkeit überantwortete man nur zu viele junge Leute dadurch der Familienlosigkeit, der Syphilis, dem Alkoholismus und dem Gefühle der Verfehltheit ihres Daseins.

In eigentümlicher Verblendung glaubte man in dauerndem gesellschaftlichen Aufstieg zugleich einen dauernden Aufstieg der Kultur und der Rasse zu sehen. In Wirklichkeit ist das Gegenteil der Fall. Dauerndes gesellschaftliches Aufsteigen ist ohne Aussterben an der Spitze gar nicht möglich. Wir wollen uns einmal die soziale Gliederung in grober Annäherung als Pyramide mit breiter Basis und spitzem Gipfel dargestellt denken. Wenn nun die Resultante der sozialen Auslese für den Durchschnitt der Bevölkerung ein sozialer Aufstieg ist, wie ihn der von unten nach oben gerichtete Pfeil in Fig. 1 darstellt, so ist das selbstverständlich nur möglich, wenn in den oberen Schichten dauernd zahlreiche Familien aussterben, um aufsteigenden Platz zu machen. Diese Richtung der Bevölkerungserneuerung wird fast ganz allgemein als die „normale“ angesehen, obwohl sie auf die Dauer mit Sicherheit zur Verpöbelung der Rasse und zum Verfall der Kultur führt. Wenn dagegen in den oberen Schichten die Kinderzahl größer wäre als in den unteren, so würde die Richtung der Bevölkerungserneuerung notwendig von oben nach unten gehen, wie es Fig. 2 zeigt, und die Begabung der Bevölkerung würde zunehmen.

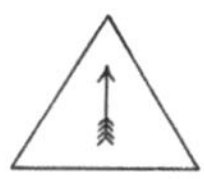

Fig. 1. Die Familien in den
sozial oberen Schichten pflanzen
sich geringer fort als in den unteren.
Nächste Folge: Der soziale Aufstieg
überwiegt den sozialen Abstieg.
Weitere Folge: Abnahme der
Durchschnittsbegabung der Bevölkerung.

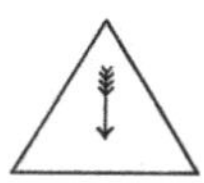

Fig. 1. Die Familien in den
sozial oberen Schichten pflanzen
sich stärker fort als in den unteren.
Nächste Folge: Der soziale Abstieg
überwiegt den sozialen Aufstieg.
Weitere Folge: Zunahme der
Durchschnittsbegabung der Bevölkerung.

Der durch die Überfüllung der gebildeten Berufe hervorgerufene Geburtenrückgang betraf unmittelbar natürlich nur die gebildeten Familien einschließlich der sozial aufsteigenden und der aufgestiegenen. Mittelbar aber hat er ohne Zweifel auch zum allgemeinen Geburtenrückgang wesentlich beigetragen und zwar dadurch, daß die breiten Massen immer bestrebt sind, das Beispiel der Gebildeten nachzuahmen. Für die Begabung der Rasse ist der Geburtenrückgang in den gebildeten Ständen natürlich noch ungünstiger einzuschätzen als der allgemeine Geburtenrückgang.

Sehr wesentlich ist der Geburtenrückgang auch durch den Übergang eines sehr großen Teiles der Bevölkerung von der bäuerlichen Familienwirtschaft zur städtischen Industriearbeit bedingt worden. In der bäuerlichen Wirtschaft konnte wenigstens früher die Arbeitskraft der Kinder sehr früh ausgenützt werden, durch Hüten von Vieh u. a. Wenn die Kinder heranwuchsen, stellte jedes einzelne eine Vermehrung der Arbeitskraft und damit der Wirtschaftskraft der Familie dar. In der Stadt ist das ganz anders. Hier konnten die Kinder höchstens auf sehr ungesunde Weise zur Arbeit herangezogen werden, und durch die Kinderschutzgesetzgebung wurde auch das unterbunden. Sobald sie aber erwachsen sind, haben sie ihren eigenen Verdienst, von dem sie nur in Ausnahmefällen den Eltern abgeben. Für die städtischen Arbeiter bedeuteten Kinder daher wirtschaftlich fast nur noch eine Last. Aber auch auf dem Lande ist der wirtschaftliche Wert der Kinderarbeit gegen früher viel geringer geworden. Noch vor verhältnismäßig kurzer Zeit war die Schule Nebensache gegenüber der Landarbeit; heute beansprucht sie die ganze Kraft der Kinder. Im gleichen Sinne haben die Kinderschutzbestimmungen auch auf dem Lande gewirkt. Ob das für die Rassentüchtigkeit nützlich oder schädlich wirkt, ist eine Frage für sich. Jedenfalls aber hat es im Sinne des Geburtenrückganges gewirkt.

Der Geburtenrückgang ist weiterhin durch die mit dem Übergang zur Industrie zusammenhängende außerhäusliche Erwerbsarbeit der Frau gefördert worden. In der bäuerlichen Wirtschaft war die Aufgabe der Frau in der Hauptsache Hauswirtschaft, sodann Stall- und Gartenarbeit. Jedenfalls stand diese ländliche Frauenarbeit der Aufzucht von Kindern nicht im Wege. Die Industriearbeit der Frau aber ist damit nur außerordentlich schwer vereinbar. Dabei sind oft gerade die kinderreichen Mütter am meisten zu außerhäuslicher Arbeit gezwungen. Kein Wunder daher, wenn für die Industriearbeiterin ganz besonders starke Beweggründe zur Geburtenverhütung bestehen. Nach einer Arbeit aus dem Galton-Institut betrug in dem Industrieort Blackburn die Kinderzahl der Lohnarbeit betreibenden Frauen im Durchschnitt 3, die der nicht Lohnarbeit treibenden dagegen 5,3. Eine große rassenbiologische Bedeutung kommt der weiblichen Industriearbeit aber trotzdem nicht zu. Von den i. J. 1907 gewerblich tätigen Frauen in Deutschland war noch nicht ein Drittel verheiratet; und von den erwerbstätigen Frauen heirateten später 90 bis 95%, womit sie die außerhäusliche Arbeit dann meist aufgaben. Insgesamt wirkt die außerhäusliche Arbeit der Frauen auf eine Einschränkung der Fruchtbarkeit der Industriebevölkerung hin. Da wir keinen Anlaß haben, diese als rassentüchtiger als die übrige anzusetzen, braucht auch die dadurch bedingte Auslese nicht ungünstig zu sein. Ganz anders wirkt die Frauenarbeit in höheren Berufen; da diese indessen an dem allgemeinen Geburtenrückgang keinen bedeutenden Anteil hat, soll sie weiter unten gesondert besprochen werden.

Als Ursache des Geburtenrückganges wird oft auch die Wohnnot in den Städten angeführt. Das scheint mir wenigstens allgemein nicht richtig zu sein. Vor Jahrzehnten und erst recht vor Jahrhunderten haben die Menschen im Durchschnitt noch viel weniger Wohnraum gehabt, und sie haben doch mehr Kinder gehabt. Auch ist ja in den Städten die Kinderzahl in den geräumigen Wohnungen im Durchschnitt nicht größer, sondern kleiner als in den engen. Wohl ist die Rücksicht auf die Wohnung ein wesentlicher Beweggrund zur Geburtenverhütung, wie oben betont wurde; aber als Ursache des Geburtenrückganges ist die Wohnenge darum doch nicht anzusehen.

Einen nicht zu unterschätzenden Einfluß auf den Geburtenrückgang hat der sogenannte Neumalthusianismus ausgeübt, eine sozialmoralische Lehre, welche an den Namen des englischen Pastors und Volkswirtes Th. R. Malthus anknüpft. Dieser hatte schon i. J. 1798 in einem Buche die Lehre vertreten, daß das Elend in der Welt durch Einschränkung der Kindererzeugung zu bekämpfen sei. Nach Malthus vermehren sich die Menschen wie alle Lebewesen von Natur stärker, als sie ihren Nahrungsspielraum vermehren können. Solange die Kindererzeugung unbeschränkt sei, sei daher Elend in der Form von Krankheiten, Kriegen, Hungersnot und Armut unvermeidlich, um die Bevölkerungszahl dem Nahrungsspielraum anzupassen. In der gleichen Richtung wirken nach Malthus die „Laster“ Abtreibung, Kindstötung und Prostitution. Die Menschheit könne aus Elend und Laster nur herauskommen, wenn an deren Stelle ein moralischer Verzicht auf unbeschränkten Geschlechtsverkehr trete. Die Formen dieses „moral restraint“ seien Spätehe, Enthaltsamkeit in der Ehe und Ehelosigkeit eines Teiles der Menschen. Die Verhinderung der Befruchtung beim Geschlechtsverkehr dagegen knüpft sich zu Unrecht an den Namen Malthus; dieser hat sich sogar ausdrücklich dagegen ausgesprochen, weil er davon Untervölkerung und schweren Schaden für die Kultur befürchtete. Die künstliche Verhütung der Befruchtung ist vielmehr erst von der sogenannten neumalthusianischen Bewegung zum Programm erhoben worden, besonders seit dem letzten Viertel des 19. Jahrhunderts; und aus begreiflichen Gründen hat diese Lehre viel mehr zum

Geburtenrückgang beigetragen als die Entsagung fordernde ursprüngliche Lehre des Malthus.

Der Wunsch, nur wenige Kinder zu haben, war aus den oben geschilderten Gründen mehr oder weniger unbewußt schon vorher in der Bevölkerung verbreitet. Durch die neumalthusianische Werbetätigkeit wurde er nun weiten Kreisen zum lebhaften Bewußtsein gebracht. Zugleich bemächtigten sich rührige Geschäftsleute der Sache, welche künstliche Verhütungsmittel herstellten und anpriesen. Was vorher eine ehrlich gemeinte sozialmoralische Lehre gewesen war, wurde nun zu einem Deckmantel der Geschäftsreklame. Reklameschriften, in denen die Geburtenverhütung als sittliche Pflicht hingestellt wurde, wurden massenhaft hergestellt und den Eheleuten mit Anpreisungen von Verhütungsmitteln ins Haus geschickt. Hausierer zogen von Haus zu Haus. In Hunderten von Zeitungen und Zeitschriften erscheinen regelmäßig Anzeigen von „hygienischen Gummiwaren". So hat die Werbetätigkeit dieses Gummikapitals wirksamer zum Geburtenrückgang beigetragen als die uneigennützige neumalthusianische Lehre.

Aber man darf nicht übersehen, daß auch die von Malthus empfohlenen Wege einen großen Teil des Geburtenausfalls bedingen. Schon seit Jahrhunderten haben Ehelosigkeit, Spätehe und Verzicht auf geschlechtlichen Verkehr der Beschränkung des Nachwuchses gedient, und mannigfache Einrichtungen der Gesellschaft haben darin ihren Sinn. Daß z. B. die Spätehe in den gebildeten Ständen zur gesellschaftlich geforderten Sitte geworden ist, hat sicher z. T. seine Ursache in der nachwuchsbeschränkenden Wirkung der Spätehe. Insgesamt ist auch heute noch der Geburtenausfall durch Verzögerung der Eheschließung, Verzicht auf geschlechtlichen Verkehr und Ehelosigkeit unzweifelhaft größer als der durch künstliche Verhütung der Befruchtung, wie die Aufstellung auf S. 77 zeigt. Jene Erscheinungen sind nun zwar sicher nicht auf Malthus' Einfluß zurückzuführen, sie liegen aber durchaus in seinem Sinne. Es muß auch anerkannt werden, daß Malthus' Lehre nicht nur sehr menschenfreundlich gedacht war, sondern daß er die rein quantitativen Folgen der Geburtenbeschränkung im wesentlichen auch richtig beurteilt hat. Wenn alle Menschen von gleicher Erbbeschaffenheit wären, so würden die Folgen der Geburtenverhütung in der Tat lediglich wirtschaftlicher Natur sein, und zwar würden sie bei der gegenwärtigen Bevölkerungsdichte der Erde überwiegend günstig sein. Ein ganz anderes Gesicht bekommt die künstliche Geburtenverhütung aber, sobald man eingesehen hat, daß die Menschen in ihrer Erbverfassung nicht gleich, sondern sehr ungleich sind und daß dadurch gerade die vorausschauenden und kulturbegabten Rassen zum Aussterben gebracht werden. Diese verhängnisvolle Gegenauslese aber lag völlig außerhalb des Gesichtskreises von Malthus ebenso wie der Gedanke der Auslese überhaupt, mag er auch noch so oft als geistiger Großvater der Selektionstheorie hingestellt werden.

Unter den Neumalthusianern, welche mit der Lehre von der Auslese bekannt geworden sind, gibt es mehr oder weniger gutgläubige Optimisten, welche wie z. B. Forel meinen, daß vorwiegend entartete Menschen von der Geburtenverhütung Gebrauch machen würden, während die wirklich gesunden und instinktsicheren sich trotzdem ausreichend fortpflanzen würden. Das bedeutet eine völlige Verkennung der verzweifelten Lage, in der sich unsere Rasse befindet. Die ererbten normalen Instinkte sind eben nicht an die moderne Umwelt angepaßt, weil es eine ganz andere Umwelt war, in der sie gezüchtet wurden. Das gilt ganz besonders von den Geschlechtsinstinkten. Unter natürlichen Verhältnissen führte die Begattung ganz von selbst auch zur Befruchtung. Es genügte daher, daß die Geschlechtsinstinkte in der Hauptsache auf die Lust der Begattung gerichtet waren. In einer Umwelt, wo die Verhütung der Befruchtung allgemein bekannt ist und wo infolge der Wirtschaftsordnung Kinder für den Einzelnen eine Belastung bedeuten, ist das aber nicht mehr der Fall. So kommt es, daß die Lust der Begattung unter Verhütung der Befruchtung gesucht wird. Die normalen Geschlechtsinstinkte sind also an eine solche Umwelt nicht angepaßt. Die Folge ist, daß die Auslese durch Geburtenverhütung bei den modernen Kulturvölkern ganz überwiegend den Charakter der Gegenauslese hat, wie oben auf S. 82 dargetan wurde, ja daß die entsetzliche Austilgung der Tüchtigen, welche unsere Rasse und Kultur dem Niedergang zutreibt, in allererster Linie der absichtlichen Geburtenverhütung zur Last zu legen ist. Und wenn es nicht in letzter Stunde gelingt, durch rassenhygienische Reformen der Wirtschaftsordnung und durch Ausgestaltung der abendländischen Weltanschauung in lebensfreundlichem Sinne für die Höherbegabten Beweggründe zu ausreichender Fortpflanzung zu schaffen, so wird das Schicksal unserer Rasse und Kultur eben durch die Geburtenverhütung besiegelt sein.

Die Geburtenverhütung hat natürlich nicht nur eine Auslesebedeutung innerhalb der Bevölkerung eines Landes; sondern auch zwischen den Bevölkerungen verschiedener Länder kommen dadurch folgenschwere Verschiebungen zustande. Die Länder der nordwestlichen Hälfte Europas, welche wir oben als die eigentliche Heimat der modernen Kultur kennen gelernt haben, haben viel geringere Geburtenziffern als die östlichen und südlichen Länder Europas. Auch außerhalb Europas bleiben die Bevölkerungen von germanischem Ursprung, insbesondere die Nordamerikas und Australiens, hinter den übrigen Ländern der Erde, zumal jenen Ostasiens, zurück. Darin kommen ohne Zweifel auch Unterschiede der Rassenveranlagung zum Ausdruck. Vor allem ist es die nordische Rasse, welche infolge ihrer vordenklichen Sinnesart unter den modernen

Lebensverhältnissen am meisten zur Geburtenbeschränkung neigt. Der Geburtenrückgang als solcher ist selbstverständlich nicht auf Besonderheiten der Rassenanlage zurückzuführen; die Anlagen der Rassen haben sich ja in so kurzer Zeit nicht wesentlich geändert, und die nordische Rasse insbesondere machte früher, als es noch keinen Geburtenrückgang gab, sogar einen größeren Bruchteil der Bevölkerung aus als heute. An den Unterschieden der Geburtenziffern verschiedener Bevölkerungen und Bevölkerungsteile wirken die Rassenunterschiede aber nicht unwesentlich mit, und zum guten Teil eben darum kommt der dadurch bedingten Auslese eine so große und verhängnisvolle Bedeutung zu.

Von geringerer Bedeutung als die Gegenauslese ist die durch die Geburtenverhütung bewirkte Abschwächung der Auslese (vgl. S. 7).

Man hat daraus z. B. auf eine Abnahme der Fruchtbarkeit geschlossen. Wenn besonders fruchtbare Familien ihre Fruchtbarkeit nicht ausnützen, so hat man gemeint, pflanzen sich nunmehr minder fruchtbare ebenso stark fort, und auf diese Weise könnten sich heute Anlagen zu geringer Fruchtbarkeit ausbreiten, was seinerseits wieder im Sinne des Geburtenrückganges wirken würde. Große Bedeutung kommt diesem Vorgange aber offenbar nicht zu. Andererseits ist auch zu bedenken, daß bei schwachem Geschlechtstriebe die Verhütung viel sicherer gelingt, als wenn infolge großer Stärke des Triebes die Begattung sehr oft und stürmisch erfolgt. Es wäre also auch denkbar, daß durch diese Auslese, welche der durch die Geschlechtskrankheiten entgegengesetzt gerichtet ist, eher eine Zunahme der potentiellen Fruchtbarkeit stattfände.

Auch die angebliche „Minderwertigkeit der Erstgeborenen“ hat man zur Begründung der rasseschädlichen Wirkung der Geburtenverhütung herangezogen. Wenn die ersten Kinder minderwertiger wären als die späteren, so würden in der Tat bei Geburtenverhütung vorzugsweise minderwertige erhalten werden. Aber die Voraussetzung ist eben unbegründet.

Im übrigen darf man die auslesehemmende Wirkung allgemeiner Geburtenbeschränkung freilich auch nicht unterschätzen. Der Schutz der Schwachen und Minderwertigen ist heute in um so größerem Maße möglich, je weniger Menschen geboren werden. Von neumalthusianischer Seite wird daher die Geburtenverhütung nicht ganz ohne Grund als ein Mittel zur Bekämpfung der Säuglingssterblichkeit empfohlen. Aber die dadurch erzielte Erweiterung des Lebensraumes für die Schwachen wirkt eben nachteilig auf die Tüchtigkeit der Rasse.

c) Die Auslesewirkung der Damenberufe.

Einer besonderen Betrachtung bedarf die Berufstätigkeit weiblicher Personen in geistigen Berufen. Diese ist in den meisten Fällen nicht weniger schlecht mit der Aufzucht einer ausreichenden Kinderzahl vereinbar als die Fabrikarbeit. Die allermeisten der in geistigen Berufen tätigen Frauen sind denn auch unverheiratet oder, soweit sie verheiratet sind, haben sie doch eine zur Erhaltung völlig ungenügende Zahl von Kindern.

Schon i. J. 1907 gab es in Deutschland 89000 Lehrerinnen, gegenwärtig sicher über 100000. Oberlehrerinnen gab es i. J. 1917 1466. Bei der Reichspost gab es vor dem Kriege 28000 Beamtinnen, gegenwärtig natürlich weit über 30000. Dazu kommt eine immer steigende Zahl Sozialbeamtinnen, Säuglingspflegerinnen usw.

Diese berufstätigen Frauen stehen im Durchschnitt sowohl körperlich wie geistig erheblich über dem allgemeinen Durchschnitt. Die meisten dieser Frauen gehen aus dem Mittelstande hervor, was an und für sich schon eine gewisse Auslese bedeutet. Der natürliche Wille zur Selbstbehauptung, zur sozialen Geltung und sozialen Nützlichkeit drängt unter den bestehenden Verhältnissen in erster Linie gerade vorsorgliche und tüchtige zum Beruf. Dazu kommt die Auslese durch mancherlei Examina. Durch ärztliche Untersuchungen werden Tuberkulöse und sonstige Kranke ausgeschlossen, bei den Beamtinnen ist sogar die bloße Anlage zu Blutarmut, Nervosität oder Hysterie ein Ausschließungsgrund. Neuerdings werden in einer großen Zahl von Aufsätzen die hervorragenden Eigenschaften, welche Sozialbeamtinnen haben müssen, mit sichtlicher Genugtuung aufgezählt.

Alle die zahlreichen Lehrerinnen und Beamtinnen anderer Art erzeugen aber so gut wie gar keine Kinder. Schon durch die Ausbildung für den Beruf wird die Geneigtheit der Mädchen zur Ehe beeinträchtigt. Weil die berufstätigen Frauen die wirtschaftliche Versorgung durch die Ehe viel weniger nötig haben als andere, sind sie im allgemeinen nur dann geneigt, den Beruf mit der Ehe zu vertauschen, wenn der Bewerber so große persönliche oder wirtschaftliche Vorzüge bietet, wie es nur wenigen möglich ist. Diese Befreiung von dem Zwang zur Ehe war ja einer der hauptsächlichsten Beweggründe für die Frauenbewegung, immer neue Berufe für das weibliche Geschlecht zu erschließen. Durch eine Besetzung einer höher besoldeten Stelle mit einer Frau wird aber in den meisten Fällen einem Manne der gebildeten Stände die Möglichkeit zur Familiengründung entzogen und damit einer andern Frau die Möglichkeit zur Ehe. Es liegt mir dabei völlig fern, den zum Beruf drängenden Mädchen einen Vorwurf daraus zu machen. Vielmehr liegt das Verhängnis gerade darin, daß sie eben im Durchschnitt wertvoller sind als die andern. Nur bei verhältnismäßig wenigen Mädchen erfolgt die Zuwendung zu einem Berufe aus Gründen, die sie für die Ehe und Mutterschaft ungeeignet erscheinen lassen.

Eine ganz besondere geistige Auslese bilden die Studentinnen. Man hat verschiedene Versuche gemacht, die rassenbiologischen Folgen des Frauenstudiums zu verfolgen. Der Berliner Frauenarzt Prof. Bumm hat Auskunft über die Frauen, welche 1908–12 an der Universität Berlin studiert hatten, zu erhalten gesucht. Die Gesamtzahl der ehemaligen Studentinnen betrug 1242. Von 1078, über die Bumm Auskunft erhielt, waren im Jahre 1917 noch 68% unverheiratet. Der Frauenarzt und Rassenhygieniker Hirsch hat dann im Jahre 1920 auf Grund einer Umfrage festgestellt, daß von 729 ehemaligen Studentinnen 66,3% ledig waren, in der Altersklasse von 30–35 Jahren noch 46,7%. Die Verheirateten hatten nach achtjähriger Ehedauer im Durchschnitt 1,8 Kinder. Diese Zahlen sind indessen infolge einseitiger Auslese sicher noch zu günstig; so hat Hirsch die akademisch gebildeten Lehrerinnen ausgeschlossen, und gerade diese haben so gut wie gar keine Kinder. Jedenfalls darf man annehmen, daß von einer akademisch gebildeten Frau im Durchschnitt nicht mehr als ein Kind erzeugt wird. Das bedeutet natürlich ein noch rascheres Aussterben, als wir es bei den männlichen Akademikern fanden. Ist dort zwar die Kinderzahl in der Ehe auch nicht viel größer, so ist doch dauernde Ehelosigkeit viel weniger häufig.

Die sichersten zahlenmäßigen Belege über die rassenbiologischen Folgen des Frauenstudiums haben wir aus Amerika, wo schon seit langer Zeit besondere Frauenhochschulen bestehen. Das Mount Holyoke College erhielt kurz vor dem Kriege Auskunft über 2827 von seinen 5000 ehemaligen Studentinnen. Von den Studentinnen der Jahre 1890–99 waren 58% ehelos geblieben, von denen der Jahre 1900–1909 76%. Von den verheirateten waren 39% kinderlos, von allen Studentinnen also mindestens 80%. In den fruchtbaren Ehen betrug die Kinderzahl der Jahrgänge 1890 bis 1899 2,4, der Jahrgänge 1900–1909 1,5. Insgesamt kamen auf eine ehemalige Studentin sicher noch nicht 0,5 Kinder, also noch nicht ein Sechstel des Erhaltungsminimums.

Von den bis 1900 graduierten Schülerinnen des Bryn Mawr College heirateten bis 1913 44%, von denen des Vassar College etwa 50%. Auf eine der 1901–04 am Wellesley College Graduierten kamen 0,37 Kinder, oder auf eine verheiratete Graduierte 0,87. Dabei handelt es sich um Ehen, in denen die Kinderzahl abgeschlossen war. Auf eine Graduierte des Bryn Mawr College kamen 0,37 Kinder oder 0,84 auf eine graduierte Ehefrau.

H. E. Ziegler hat darauf hingewiesen, daß bei uns in die „Begabtenschulen" gemäß dem individualistischen Grundsatz der Gleichberechtigung beider Geschlechter fast ebenso viele Mädchen wie Knaben aufgenommen werden, die dann Lehrerinnen oder sogar Oberlehrerinnen werden können. „Wenn das System der Berliner Begabtenschulen allgemein eingeführt wäre, so würde es die höchst unerwünschte Folge haben, daß die intelligentesten Mädchen, welche gerade als Frauen und Mütter in den unteren Ständen von großem Wert wären, diesen Ständen entzogen und unfruchtbar gemacht würden".

d) Die Wanderungsauslese.

Von einschneidendster rassenbiologischer Bedeutung sind die Unterschiede der Fortpflanzung zwischen Stadt und Land, da die durchschnittliche Erbbeschaffenheit der Stadt- und der Landbevölkerung infolge sozialer Auslese recht verschieden ist. Es liegt auf der Hand, daß die geistigen Berufe, welche zumeist nur in den Städten ausgeübt werden können, vorzugsweise geistig begabte junge Leute in die Stadt ziehen. Auch viele andere städtische Berufe bieten dem geistig regsamen und unternehmungslustigen Menschen größere Aussichten wirtschaftlichen und gesellschaftlichen Aufstieges als die stabileren Verhältnisse des Landlebens. Auch der Glanz der städtischen Vergnügungen und die Aussicht, leichtere Arbeit und mehr freie Zeit zu haben, lockt viele geistig bewegliche Elemente an. Auf dem Lande bleibt daher eine im Durchschnitt ruhigere und geistig weniger regsame Bevölkerung zurück.

Die größere Körperlänge der Städter und ihre etwas länglichere Kopfform ist übrigens zu Unrecht als Beleg dieser sozialen Auslese herangezogen worden. Die größere Körperlänge ist vielmehr hauptsächlich auf Unterschiede der Ernährung, die wenigstens vor dem Kriege in den Städten eiweißreicher war, zurückzuführen. Auch scheint die sitzende Lebensweise oder der Aufenthalt in warmen Räumen das Längenwachstum zu begünstigen. Wenn dagegen trotzdem bei der städtischen Bevölkerung etwas geringere Kopfgröße gefunden wurde, (Ammon, Roese), so weist dies auf Unterschiede der Rassenanlagen hin, zu deren Erklärung es am nächsten liegt, daran zu denken, daß die städtische Bevölkerung sich vorzugsweise aus dem kleinköpfigeren Proletariat ergänzt, während die großköpfigeren Familien oder oberen Stände in der Fortpflanzung zurückbleiben. Ebenso dürfte es zu erklären sein, daß in den deutschen Städten der dunkle Typus etwas häufiger ist als auf dem Lande (Virchow, Mayr, Ammon).

Die Fruchtbarkeit ist in den Städten ganz allgemein geringer als auf dem Lande, einesteils weil Gonorrhoe und Syphilis viel stärker verbreitet sind, vor allem aber weil die meisten der oben genannten Motive der Geburtenverhütung in den Städten eine viel größere Rolle spielen als auf dem Lande.

Im Durchschnitt der Jahre 1906 bis 1910 kamen in Preußen auf 1000 weibliche Personen im Alter von 15–45 Jahren auf dem Lande 169 Geburten, in den Städten aber nur 119 (nach Wolf). Auf 1000 ländliche Ehefrauen im gebärfähigen Alter kamen im Jahre 1908 253, auf 1000 städtische 190 Geburten. Dabei beruhte die Fortpflanzung der Städte zum großen Teil auf der Fruchtbarkeit der vom Lande zugewanderten. Die Fruchtbarkeit der

Berliner Bevölkerung beträgt weniger als die Hälfte der preußischen Landbevölkerung. Auf 1000 Ehefrauen im gebärfähigen Alter kamen im Jahre 1912 in Berlin nur noch etwa 80 Geburten. Etwa 40% aller Berliner Ehen bleiben überhaupt kinderlos und etwa die Hälfte aller Ehen hat nur ein Kind. Nach Theilhaber kamen im Westen Großberlins im Jahre 1911 auf 6038 eheschließende Personen nur 4898 eheliche Geburten, auf eine Ehe also nur etwa 1,6, während das Erhaltungsminimum etwa 3,1 betragen würde. Auch die Bevölkerung der übrigen deutschen Großstädte ist in nicht viel weniger schnellem Aussterben begriffen, z. B. die von Altona, Breslau, Dresden, Frankfurt a. M., Halle, Hamburg, Hannover, Karlsruhe, Kassel, Köln, Krefeld, Leipzig, Magdeburg, München, Nürnberg, Stettin, Wiesbaden.

Das Aussterben der städtischen Familien ist übrigens keine neue Erscheinung, sondern seit Jahrhunderten die Regel. Für Mannheim z. B. hat Schott gezeigt, daß von den 3081 zu Beginn des 19. Jahrhunderts dort wohnenden Familien am Ende des Jahrhunderts nur noch 543 im Mannesstamm überlebten. Während das Aussterben früher durch Tuberkulose und andere Seuchen verursacht wurde, besorgen es heute Gonorrhoe, Syphilis und vor allem Geburtenverhütung in noch wirksamerer Weise. Äußerlich ist das Aussterben der städtischen Bevölkerungen im letzten Jahrhundert durch ein starkes Wachstum der Städte infolge Zuwanderung verdeckt worden. Daher hat schon G. Hansen mit Recht gesagt: „Wenn heute alle unsere Bauern Neger würden, ohne im übrigen ihre Eigenschaften zu verändern, so würden in wenigen Generationen auch unsere Städte von Negern bevölkert sein."

Wenn generationenlang immer die geistig Begabteren vom Lande sich geistigen Berufen in der Stadt zuwenden, so muß die durchschnittliche Begabung der Landbevölkerung abnehmen und in der Folge auch die der Stadtbevölkerung. Und wenn unsere Bauern auch nicht gerade Neger werden können, so hat diese Auslese doch auch Folgen in bezug auf die anthropologische Rasse. Leichter zu verfolgen als die Änderung der Rasse ist die der Sprache, und da lag die Sache in den letzten Jahrzehnten so, daß Hunderttausende deutscher Landarbeiter und vor allem ihre heranwachsenden Kinder in die Städte und in die Industrie abwanderten und auf dem Lande durch Slaven, besonders Polen ersetzt wurden. Da die polnischen Landarbeiter von etwas anderer Rassenzusammensetzung als die deutschen sind, insbesondere mehr mongolides Blut enthalten, so ergibt sich damit auch eine Verschiebung der Rassen.

Allein in den Jahren von 1905–1910 wanderten aus den östlichen Provinzen Preußens mehr als eine viertel Million Menschen ab, aus Ostpreußen 95000, Westpreußen 89400, Pommern 75300. Im Jahre 1907 gab es nur noch 5644000 deutsche Landarbeiter (einschließlich der weiblichen) gegenüber

6755000 im Jahre 1895, also 1111000 weniger. Es ist also nicht nur der gesamte überschüssige Nachwuchs, der sich in diesen 12 Jahren auf mehrere Millionen belief, in die Städte abgewandert, sondern darüber hinaus noch über eine Million Menschen. Seit dem Jahre 1886 hat man dem Bevölkerungsverlust des deutschen Ostens, durch Ansiedelungsgesetze, welche dem weitschauenden Blicke Bismarcks zu danken waren, entgegenzuwirken gesucht. Bis zum Jahre 1913 wurden auf Grund der Ansiedlungsgesetze rund 40000 Bauerngüter aus aufgekauften größeren Gütern geschaffen und damit eine bäuerliche Bevölkerung von etwa 200000 Köpfen angesiedelt, insbesondere in Posen und Westpreußen. Da die Ansiedler im Durchschnitt eher tüchtiger waren als die abgewanderten Landarbeiter, so wäre das Siedlungswerk der Rassentüchtigkeit der Bevölkerung sehr zustatten gekommen. Durch den unglücklichen Ausgang des Krieges ist das so hoffnungsvoll begonnene Siedlungswerk nun natürlich zum größten Teil vernichtet. Posen und Westpreußen werden nun voraussichtlich in kurzer Zeit fast nur noch von Polen besiedelt sein, zumal der Geburtenüberschuß der polnischen Bevölkerung schon vor dem Kriege fast doppelt so groß als der der deutschen war (im Jahre 1911 20,7 gegen 11,8).

Auch in den deutsch gebliebenen Gebieten war die Fortpflanzungsauslese auf dem Lande durchaus nicht mehr so günstig wie früher. Während auf 1000 verheiratete Landarbeiter im Jahre 1907 noch 238 Geburten kamen, waren es bei den selbständigen Landwirten und Verwaltern nur noch 155. Selbstverständlich bestehen zwischen diesen Gruppen auch erhebliche Unterschiede der erblichen Veranlagung. Um einen Bauernhof erfolgreich bewirtschaften zu können, dazu gehört nicht nur körperliche Gesundheit, sondern auch ein erhebliches Maß von geistiger Tüchtigkeit, insbesondere Fleiß, Sparsamkeit, Energie, Voraussicht. Es ist eben durchaus nicht richtig, daß die dümmsten Bauern die dicksten Kartoffeln haben. Untüchtige Landwirte können ihren Hof nicht halten und sinken nicht selten in die Schicht der unselbständigen Arbeiter herab. Unter diesen Umständen bekommt der Bevölkerungsstrom vom Lande in die Stadt immerhin ein etwas anderes Gesicht. Obwohl die stärkere Beteiligung der Begabten und Unternehmungslustigen in allen ländlichen Ständen eine ungünstige Gesamtrichtung der Auslese bedingt, ist die stärkere Beteiligung der besitzlosen Landarbeiter an der Abwanderung doch immerhin geeignet, die Gegenauslese zu mildern.

Wie der deutsche Osten durch Wanderungsauslese seine Rassentüchtigkeit zu verlieren droht, so hat er sie vor Jahrhunderten auch durch Wanderungsauslese gewonnen. Fast ein Jahrtausend lang, vom 10. bis gegen Ende des 18. Jahrhunderts, richtete sich die Auswanderung aus den altdeutschen Gebieten vorwiegend in das Kolonisationsland östlich der Elbe.

Die deutsche Bevölkerung der östlichen Hälfte Preußens stammt daher von einer Auslese tüchtiger und unternehmungslustiger Menschen aus allen deutschen Stämmen, besonders dem niedersächsischen, ab. Eine Auslese dieser Auslese stellt der ostelbische Landadel dar. Daraus erklärt sich zum guten Teil die erstaunliche Kraft, welche der preußische Staat im Laufe seiner Geschichte entfaltet hat, und darauf beruhte auch ganz wesentlich die nun verflossene Größe des Deutschen Reiches.

Andererseits hat das Deutsche Reich während des 19. Jahrhunderts Millionen von Auswanderern nach Amerika abgegeben, in den achtziger Jahren jährlich etwa 200000 Menschen; und es ist nicht unwahrscheinlich, daß auf die dadurch bedingte Gegenauslese zum Teil der eigentümliche Mangel an „Zivilkurage", der schon Bismarck bei den Deutschen beklagte, zurückzuführen ist. Auch die Ruhe und Friedfertigkeit der modernen Skandinavier, welche gegenüber früheren Jahrhunderten in die Augen springt, dürfte wenigstens zum Teil auf die starke Auswanderung, welche in den letzten Jahrhunderten aus Skandinavien stattgefunden hat, zurückzuführen sein.

In demselben Maße, wie die Auswanderung für die alte Heimat eine Gegenauslese mit sich bringt, bedeutet sie für die neue Heimat natürlich eine günstige Auslese. Daraus erklärt sich die gewaltige Energie der Nordamerikaner, welche unsere Politiker noch während des Weltkrieges so verhängnisvoll unterschätzt haben.

Die Vereinigten Staaten haben von 1820 bis 1900 eine Einwanderung von etwa 20 Millionen Menschen gehabt und zwar fast ausschließlich aus der nordwestlichen Hälfte Europas von vorwiegend nordischer Rasse. Um die Jahrhundertwende hat sich freilich das Bild geändert, indem seitdem vorwiegend Süd- und Osteuropäer eingewandert sind. Von 10 Millionen Einwanderern im ersten Jahrzehnt dieses Jahrhunderts waren schon 72% Süd- und Osteuropäer, während diese in den sechziger Jahren des vorigen Jahrhunderts nur 1,5% der Einwanderer ausgemacht hatten.

e) Das Schicksal der großen Rassen.

Auch die Verschiebungen im Bestande der großen Rassen stellen natürlich eine Auslese von ungeheurer Tragweite dar.

Soweit sich die primitiven Urrassen in isoliert lebenden Naturvölkern erhalten haben, gehen sie alle dem Aussterben entgegen. Die Wedda und verwandte Stämme, welche einst in Inselindien weit verbreitet waren, sind heute in unzugängliche Waldgebiete verdrängt und nur noch in Resten erhalten. Von den Urausstraliern sind nur noch wenige Zehntausende vorhanden. Die Tasmanier sind im 19. Jahrhundert völlig ausgestorben. Die Buschmänner sind von Negern und Europäern in unwirtliche Gegenden gedrängt und durch Vernichtung des Wildbestandes ihrer Heimat der Grundlage ihres Lebensunterhaltes beraubt worden.

Die Neger sind in Südafrika zwar aus einigen Gebieten verdrängt worden; im ganzen ist ihr Bestand aber durchaus nicht bedroht. Der Sklavenhandel hat sogar zu einer großen Ausbreitung ihrer Rasse geführt. Im Süden Nordamerikas leben heute über 10 Millionen Neger und weitere Millionen in Mittel- und Südamerika.

Unter den mongoliden Menschenrassen haben die Indianer Amerikas in den letzten Jahrhunderten große Einbußen erlitten. Im Gebiet der Vereinigten Staaten ist nur noch etwa ¼ Million vorhanden, während sie früher, als ihnen noch die unermeßlichen Jagdgründe des großen reichen Kontinents zur Verfügung standen, wohl über 10 Millionen Köpfe zählten. In Südamerika besteht der Hauptteil der Bevölkerung noch aus Indianern und Mischlingen mit vorwiegend indianischem Blut. Nur die Feuerländer sind bereits so gut wie völlig ausgestorben.

Den Kern der mongoliden Rassen bilden die Chinesen. Die Bevölkerung des chinesischen Reiches ist so groß wie die ganz Europas, und sie ist während der letzten Jahrhunderte auch im gleichen Maße gewachsen. Um die Mitte des 17. Jahrhunderts hat sie nach Mayet etwa 62 Millionen betragen, um die Mitte des 18. schon das Dreifache und heute über 400 Millionen. Die Chinesen haben in den letzten Jahrzehnten ihre Siedelungen im nördlichen Ostasien, in Ostsibirien, der Mongolei und der Mandschurei gewaltig ausgebreitet. Auch in Inselindien fassen sie mehr und mehr Fuß unter Verdrängung der eingesessenen malayischen Bevölkerung. Dieses friedliche Vordringen, das mehr als alle kriegerischen Siege über Sein und Nichtsein der Rassen entscheidet, wird den Chinesen nicht nur durch ihre Rassenveranlagung, die Veranlagung der genügsamen und zähen Kulinatur, sondern vor allem auch durch ihre kulturelle Überlieferung, an der sie zäh festhalten, insbesondere ihre durch die Jahrtausende unerschütterte Familienmoral ermöglicht. Den biologischen Erhaltungswert der chinesischen Kultur hat uns besonders Schallmayer eindrucksvoll geschildert.

Wenn wir von den allerletzten Jahrzehnten zunächst absehen, so haben sich allerdings die europäischen Rassen während der letzten Jahrhunderte eher noch stärker ausgebreitet als die asiatischen, vor allem durch die Eroberung und Besiedelung Amerikas, Australiens sowie großer Teile Südafrikas und Nordasiens. In Europa hat die Bevölkerung von 150 Millionen um die Mitte des 18. Jahrhunderts auf über 400 Millionen am Ende des 19. zugenommen. An dieser Ausbreitung und Zunahme sind die verschiedenen Rassen Europas in ungleichem Maße beteiligt. Die Eroberung Nordamerikas, Australiens und Südafrikas ist vor allem der nordischen Rasse zugute gekommen, jene Süd- und Mittelamerikas der mediterranen. In Europa hat die Bevölkerung während des 19. Jahrhunderts am stärksten in der östlichen Hälfte zugenommen, wo der mongolide Einschlag am stärksten ist.

Die Bevölkerung des russischen Reiches, welche am Anfang des 19. Jahrhunderts etwa 20% von der Europas betrug, machte zu Beginn des Weltkrieges bereits 30% davon aus. Die Geburtenziffer betrug im Jahre 1911 in Rußland 45,1 gegenüber 28,6 in Deutschland. Während die deutsche Bevölkerung jährlich um 0,8 Millionen zunahm, betrug die Zunahme der russischen jährlich über 3 Millionen. Daran werden auch die Folgen der bolschewistischen Revolution voraussichtlich auf die Dauer nichts ändern. Diese stellt rassenbiologisch im Grunde nur einen unbeabsichtigten Selbstmord der städtischen Bevölkerung dar. Der russische Bauer aber wird aus dem bolschewistischen Chaos im wesentlichen ungebrochen hervorgehen. Da ihm noch reichlich Siedlungsland zur Verfügung steht, wird er auch seine ungehemmte Vermehrung fortsetzen und damit zu einer weiteren Zunahme der mongoliden Rassenelemente in Europa beitragen.

Von großem rassenbiologischem Interesse und von einschneidendster Bedeutung für die Zukunft aller Kulturvölker ist die Bevölkerungsbewegung der Juden. Während es im alten Judenstaat wohl noch nicht eine Million Juden gab, beträgt ihre Zahl gegenwärtig gegen 15 Millionen. Die Verheißung, welche nach der jüdischen Überlieferung dem Stammvater Abraham zuteil wurde, daß seine Nachkommenschaft so zahlreich wie die Sterne am Himmel werden solle, ist in Erfüllung gegangen. Das haben die Juden ihrem zähen Festhalten an der mosaischen Rassenmoral, die ihnen frühe Eheschließung und Fortpflanzung vorschreibt, zu danken, und schon die erwähnte Verheißung zeigt, worin die Juden der alten Zeit ihr höchstes Ziel sahen. Auch bis in die neueste Zeit haben die Juden trotz ihrer fast ausschließlich städtischen Lebensweise eine große Fruchtbarkeit bewahrt. Wo sie aber den Glauben der Väter aufgegeben haben, gehen sie dem Aussterben entgegen.

In Deutschland vermehren sich die alteingesessenen Judenfamilien nicht mehr, sondern gehen an Zahl zurück. Im Jahre 1871 machten die Juden noch 1¼% der deutschen Bevölkerung aus, 1905 nur noch 1%; ihr Anteil an der Bevölkerung hat also um 20% abgenommen. Die absolute Zahl der Juden in Deutschland hat im gleichen Zeitraum zwar von 500000 auf 600000 zugenommen, aber nur infolge der Zuwanderung östlicher Juden, welche zum größten Teil noch an der alten Überlieferung festhalten und auch in Deutschland zunächst noch eine stärkere Fortpflanzung bewahren. Bei den Berliner Juden hat nach Theilhaber die Hälfte aller Ehen überhaupt keine Kinder; ein Viertel hat eine zur Erhaltung unzulängliche Kinderzahl und nur ein Viertel der Familien erhält sich selbst.

Es ist keine Übertreibung, wenn Theilhaber vom „Untergang der deutschen Juden" gesprochen hat. Dieses Aussterben hängt offenbar aufs engste mit der bevorzugten wirtschaftlichen Lage der Juden und ihrer Zusammendrängung in den gebildeten Ständen zusammen. Wie sich die Zukunftaussichten der gesamten Judenheit gestalten mögen, darüber ist schwer etwas Sicheres auszusagen. Obwohl die Juden in den westlichen Kulturländern dem Aussterben entgegengehen, könnte ihre Vermehrung in den weniger kultivierten Ländern des Ostens um so stärker sein. Möglich ist aber auch, daß sie auch dort der fortschreitenden Aufklärung und Zersetzung verfallen. Für nicht unmöglich möchten wir es schließlich auch halten, daß die zionistische Bewegung, welche die Abstammungs- und Blutsgemeinschaft aller Juden über alle Grenzen der Sprachen und Staaten hinweg zu einer Schicksalsgemeinschaft machen will, der Judenheit die Rettung bringen wird. Schon jetzt gehören dem zionistischen Bunde fast eine Million Juden an.

Wenn man die Geburtenziffern der verschiedenen europäischen Länder vergleicht und sie in Beziehung zu der Rassenmischung der Bevölkerung setzt, so zeigt sich unverkennbar, daß die Länder, in denen die nordische Rasse überwiegt, im allgemeinen viel geringere Geburtenziffern haben als jene, in denen andere Rassen überwiegen. So nimmt die Geburtenziffer in Europa von Osten nach Westen und von Süden nach Norden ab, also umgekehrt wie der Anteil der nordischen Rasse an der Bevölkerung. Die vordenkliche Sinnesart der nordischen Menschen veranlaßt diese zu weitgehender Beschränkung der Kinderzahl. Dazu kommt noch, daß die Bevölkerungen von vorwiegend nordischer Rasse im allgemeinen auch besonders gebildet und wohlhabend sind; und wir haben ja gesehen, wie stark Bildung und Wohlstand zur Geburtenverhütung beitragen.

Wenn man die gesamte Menge der nordischen Rasse nach ihrem Anteil an den verschiedenen Bevölkerungen einschließlich Amerikas, Australiens und Südafrikas ins Auge faßt, so ist diese in der Gegenwart ohne Zweifel größer als jemals; ihr relativer Anteil an der Bevölkerung Europas aber ist anscheinend schon seit der Völkerwanderungszeit in Rückgang. Aus den Schilderungen der antiken Schriftsteller wissen wir, daß die Germanen recht gleichmäßig von nordischem Typus waren. Die bildlichen Darstellungen aus jener Zeit bezeugen dasselbe. Die Skelette der sogenannten Hünengräber und der Reihengräber aus der Völkerwanderungszeit zeigen ebenfalls fast ausnahmslos rein nordische Formen. Ebenso waren auch die alten Kelten von nordischer Rasse. Hellenische Schriftsteller bezeugen auch, daß die alten Hellenen, wo sie sich rein erhalten hatten, von blonder Rasse waren, ebenso die Völker der übrigen Balkanhalbinsel. Nach Martin saßen in frühgeschichtlicher Zeit dolichokephale Vertreter der nordischen Rasse noch ziemlich unvermischt in Schweden, Rußland, Österreich und am Rhein.

Auch im 7. bis 9. Jahrhundert war die Bevölkerung Rußlands noch ausgesprochen dolichokephal, während sie heute ganz überwiegend brachykephal ist. Ähnliches gilt von Österreich, der Schweiz und vielen Teilen Deutschlands. Dieser Wechsel im Typus der Bevölkerung dürfte nur zum kleineren Teil durch Rassenmischung, zum größeren durch wirkliche Austilgung nordischer Rassenanlagen zu erklären sein.

Daß im alten Griechenland bei dem Aussterben der nordischen Kulturträger äußere und innere Kriege mitgewirkt haben, wurde schon oben erwähnt. Weiter scheint dazu die Malaria wesentlich beigetragen zu haben, gegen welche die nordische Rasse augenscheinlich viel weniger widerstandsfähig ist als die südlichen dunklen. Den eigentlichen Todesstoß aber hat das Hellenentum erst durch die absichtliche Geburtenverhütung erhalten, die natürlich gerade wie bei uns in erster Linie die oberen Stände betraf. Wie eine berühmte Stelle bei Polybios bezeugt, wollten die Hellenen seiner Zeit nicht mehr heiraten oder, wenn sie es taten, doch höchstens ganz wenige Kinder aufziehen. Es waren mancherlei Maßnahmen zur Verhütung der Empfängnis im Gebrauch, und auch die Abtreibung wurde häufig geübt. Die gleichgeschlechtliche Liebe, welche schon zur Zeit Platons gar nicht mehr als anstößig galt, erfreute sich zum guten Teil wohl eben, weil sie nicht zur Fortpflanzung führt, so großer Beliebtheit. Auch das Ideal der Hetäre, d. h. des freien gebildeten Weibes, das dem Manne in freier Zuneigung und ohne Bindung durch die Ehe ihre Gunst schenkte, war wohl z. T. aus der Furcht vor dem Kinde geboren. Wie sehr es zum Untergang des Hellenentums beitrug, das veranschaulicht eine Inschrift auf dem Denkmal der Laïs: Hellas, sonst unbezwinglich und fruchtbar an Helden, wurde besiegt und geknechtet durch die göttliche Schönheit der Laïs. Alle diese Umstände zusammenwirkend führten dahin, daß z. B. von dem dorischen Militäradel der Spartiaten, der zur Zeit der Perserkriege noch 8000 Mitglieder ins Feld gestellt hatte, nach der Schlacht von Leuktra nur noch 2000 und im Jahre 230 nur noch 700 Mitglieder vorhanden waren. Ganz ähnlich waren die Ursachen des Verfalls des römischen Reiches.

Auch die letzte und größte Welle nordischen Blutes, welche sich in den letzten Jahrhunderten über Nordamerika, Australien und Südafrika ergossen hat, ist anscheinend im Begriff zu verebben. Obwohl den eingesessenen Nordamerikanern im Vergleich zu der Lebensenge Europas noch fast „unbegrenzte Möglichkeiten" offen stehen, reicht ihr Nachwuchs nicht einmal zu bloßer Erhaltung aus.

Ploetz hat seinerzeit berichtet, daß schon im Jahre 1892 in der eingesessenen Bevölkerung der Neuenglandstaaten die Zahl der Todesfälle die der Geburten beträchtlich übertraf. Diese Angabe wird durch neuere Feststellungen durchaus bestätigt. In Massachusetts z. B. hatte die einheimische Bevölkerung im Jahre 1910 eine Geburtenziffer von 14,9, während das Erhaltungsminimum in anbetracht der starken Besetzung der erwachsenen Altersklassen mehr als 20 betragen würde. Äußerlich wird das schnelle Aussterben der Yankeebevölkerung durch die stärkere Vermehrung der neuen Einwanderer, welche zumeist aus Süd- und Osteuropäern bestehen, verdeckt. Deren Geburtenziffer betrug i. J. 1910 in Massachusetts 49,1. In den letzten Jahren vor dem Kriege kamen nach Crum auf eine angelsächsische Ehefrau 1,92 Kinder und auf eine eingewanderte 3,01, während das Erhaltungsminimum etwa 3 beträgt.

In zwei bis drei Generationen wird das Aussterben der eingesessenen amerikanischen Bevölkerung von vorwiegend nordischer Rasse im wesentlichen beendet sein, — wenn den Amerikanern nicht noch in letzter Stunde durch eine zielbewußte Rassenhygiene die Rettung ihres Volkes gelingt. Führende Männer der Wissenschaft und des öffentlichen Lebens haben die Gefahr und die Wege zu ihrer Überwindung bereits klar erkannt, und wenn die Amerikaner zur Rettung der Rasse dauernd ebensoviel Energie aufwenden werden, wie sie während des Weltkrieges in rassenzerstörender Richtung aufgewandt haben, so wird der Ausgang dieses Kampfes nicht zweifelhaft sein. Die nächste große Schlacht in dem tausendjährigen Ringen um das Leben der nordischen Rasse wird voraussichtlich in Amerika geschlagen werden. Und wir werden daraus lernen können.

Aber auch in ihrer europäischen Heimat ist das Leben der nordischen Rasse kaum weniger bedroht. Nach allem, was wir in früheren Kapiteln über die seelische Eigenart der Rassen, die soziale Auslese und ihre in der Gegenwart unheilvolle Verknüpfung mit der biologischen Auslese gehört haben, erfüllt sich dasselbe Schicksal, welches bisher alle Zweige der nordischen Rasse, die in wärmeren Ländern Staaten und Kulturen begründet haben, betroffen hat, nunmehr auch am Stamm der Rasse in ihrer Heimat.

Der erste, welcher die Tatsache und die Bedeutung dieses Wechsels der Rassen erkannt hat, war der französische Diplomat und Schriftsteller Joseph Arthur Graf v. Gobineau. Er hat schon um die Mitte des vorigen Jahrhunderts den Satz ausgesprochen, daß ein Volk niemals sterben würde, wenn es immer aus denselben Rassenbestandteilen zusammengesetzt bliebe. Allerdings sah er das Verhängnis der nordischen Rasse nur in ihrer fortschreitenden Vermischung mit andern, während die ungleich wesentlichere Auslese noch außerhalb seines Gesichtskreises lag. Schallmayer hat dem Seher Gobineau den Vorwurf der Unwissenschaftlichkeit gemacht; aber über den Kern seiner Lehre kommt man dadurch nicht hinweg: „Die Massen, die in Westeuropa und Nordamerika gegenwärtig die letzte mögliche Form der Kultur vertreten, sind in der Tat weniger verfallen als die Bewohner der Campagna, Susianas und Jemens. Indessen droht diese verhältnismäßige Überlegenheit dauernd zu verschwinden; der bereits so oft geteilte und immer wieder geteilte

Bestand an arischem Blute, der in unseren Ländern noch vorhanden ist und allein das Gebäude unserer Gesellschaft noch stützt, steuert mit jedem Tage mehr dem Endziele seiner Aufsaugung zu“ (1855). Ludwig Woltmann, der geistige Erbe Gobineaus hat dann gesehen, daß es sich um einen Auslesevorgang, um eine Austilgung im eigentlichsten Sinne handelt: „Das Aussterben der großgewachsenen blonden Rasse ist ein Schicksal, das mit ihrer sozialen Herrschaftsstellung und ihren psychologischen Eigenschaften unlösbar verknüpft ist.“ (1907).

Wir glauben nicht, daß dieses Schicksal unabwendbar sei. Ausschließlich in den seelischen Anlagen kann es nicht begründet sein; denn diese Anlagen waren in der Vergangenheit so gut mit der Erhaltung vereinbar, daß immer neue Wanderscharen die nordische Heimat verlassen konnten. Die Anlagen der Rasse sind nur an ihre gegenwärtige Umwelt nicht angepaßt; und diese Umwelt kann sich wieder ändern, kann geändert werden. Wenn heute die Ursachen des Blühens und des Welkens der Völker und Kulturen mehr und mehr klargestellt werden und wenn die Rasse zum Bewußtsein ihrer selbst und ihrer Lage kommt, so ist damit die kulturelle Umwelt schon nicht mehr dieselbe wie jene, in der ihr Untergang unabwendbar erscheint. Das Ideal der Rassenhygiene gewinnt sichtlich an Boden; und wenn es gelingt, ihm auch praktisch den gebührenden Einfluß zu verschaffen, so kann dem Verhängnis sogar mit Sicherheit Halt geboten werden.

Zweiter Abschnitt.

Praktische Rassenhygiene.

1. Zum Begriff der Rassenhygiene.

Hygiene ist die Lehre von den Bedingungen der Erhaltung des Lebens und der Gesundheit. Als theoretische Wissenschaft betrachtet sie alle Lebensverhältnisse unter dem Gesichtspunkt der Erhaltung des Lebens und der Gesundheit, und als praktische Disziplin sucht sie die dafür als zweckmäßig erkannten Bedingungen zu verwirklichen. In der Praxis ist es allerdings nicht ohne weiteres möglich, allen Menschen die günstigsten Lebensbedingungen zukommen zu lassen. Von entscheidender Bedeutung sind in dieser Beziehung die wirtschaftlichen und sozialen Verhältnisse. Durch deren eingehende Berücksichtigung kommen wir zur sozialen Hygiene, die man als Lehre von den sozialen Bedingungen der Erhaltung des Lebens und der Gesundheit auffassen kann. Es liegt in der Natur der sozialen und wirtschaftlichen Verhältnisse, daß sie nicht auf einen Schlag durch Gewaltmittel möglichst günstig gestaltet werden können, sondern nur im Laufe einer langen Entwicklung durch stetige Arbeit der Gemeinschaft. Der Sozialhygieniker muß sich daher wohl oder übel damit abfinden, daß viele der lebenden Zeitgenossen dahinsterben, ohne daß ihnen die günstigsten Bedingungen für ihre Gesundheit zuteil werden konnten. In wenigen Jahrzehnten sind es andere Menschen, welche leben. Aber ein Wesentliches der alten Generation lebt auch in der jungen fort. Durch die Generationen hindurch fließt ein Strom dauernden Lebens, den Alfred Ploetz als biologische Rasse bezeichnet hat. Mag der soziale Hygieniker daher zunächst auch nur die gerade lebenden Individuen als Gegenstand seiner Fürsorge im Auge gehabt haben: wenn er wirklich Dauerndes leisten will, so muß er die organische Gemeinschaft des Lebens, welche nicht auf die lebende Generation beschränkt ist, zum Gegenstande seiner Fürsorge machen. In diesem Sinne hat Max v. Gruber es als die charakteristische Wendung der Hygiene unserer Tage bezeichnet, daß sie sich zur Rassenhygiene entwickele.

So wäre denn alle Hygiene Rassenhygiene? Ihrem Ziele nach kann man sie in der Tat so auffassen. Auch die Hygiene der Individuen kann als Teil der Rassenhygiene gedacht werden, insofern als das, was der Gesundheit der Individuen zugute kommt, im großen und ganzen auch dem Wohle der Rasse dient. Andererseits aber ist mit der gesundheitlichen Fürsorge für die Individuen die Gesundheit der Rasse noch keineswegs verbürgt. Wir haben oben gesehen, daß eine Fürsorge, welche erblich schwachen Individuen zur Fortpflanzung verhilft, dem Wohle der Rasse sogar abträglich ist. Wir haben im ersten Bande gesehen, daß das Gedeihen des Individuums von seiner Erbanlage nicht minder abhängig ist als von den äußeren Lebensbedingungen. Aber wir können die erbliche Veranlagung des Individuums nicht ändern. Soweit unsere Fürsorge sich auf das einzelne Individuum erstreckt, müssen wir damit als mit etwas Gegebenem rechnen.

Wohl aber kann sich die erbliche Veranlagung einer Bevölkerung ändern und zwar, wie wir gesehen haben, einesteils durch direkte Einwirkungen auf die Erbmasse, ganz besonders aber durch verschieden starke Fortpflanzung der verschiedenen Erbmassen, d. h. durch Auslese. Sobald wir das eingesehen haben, haben wir auch die Möglichkeit, die erbliche Veranlagung der Bevölkerung günstig zu beeinflussen. Das ist die Aufgabe der Rassenhygiene im engeren Sinne als einer Hygiene der erblichen Veranlagung. Auch diese Rassenhygiene im engeren Sinne ist zum größten Teil soziale Hygiene, insofern als die Bedingungen der Idiokinese und zumal der Auslese, welche über die Änderung der erblichen Veranlagung einer Bevölkerung entscheiden, vor allem von den sozialen Verhältnissen abhängen und in erster Linie durch soziale Maßnahmen gebessert werden müssen. Da die Erbmasse den Grundstock und Kern jedes Lebewesens bildet, muß die Rassenhygiene auch den Kern der sozialen Hygiene bilden.

Das ist auch die Meinung des ersten ordentlichen Professors für soziale Hygiene in Deutschland, Grotjahn, welcher das Entartungsproblem als das Zentralproblem der sozialen Hygiene bezeichnet.

Grotjahn sagt in seinem Buche über die Geburtenfrage, das 1921 in zweiter Auflage erschienen ist: „Wir wissen gegenwärtig, daß ein großer, numerisch wahrscheinlich der bei weitem größte Teil aller krankhaften Zustände unheilbar ist. Und doch sind auch diese durchaus vermeidbar. Nur muß außer dem Wege der Orthodiätetik, d. i. der Befolgung der Lehren der persönlichen Gesundheitspflege durch den Einzelnen, und dem der sozialen Hygiene, die der Umwelt der Menschen alle krankheitserregenden und verkümmernden Bedingungen entzieht, noch ein dritter Weg eingeschlagen werden: es muß der menschliche Artprozeß durch die Ausbildung einer Theorie und Praxis der Eugenik soweit rationell beeinflußt werden, daß die Fortpflanzung von konstitutionell Minderwertigen zuverlässig verhindert wird."

Ein Gegensatz zwischen sozialer Hygiene und Rassenhygiene besteht also nicht. Man kann vielmehr geradezu sagen: Eine soziale Hygiene, welche in ihrem Kerne nicht Rassenhygiene ist, wird keine dauernden Erfolge haben; denn eine wirkliche Gesundung der Bevölkerung ist nicht möglich ohne Gesundung ihrer Erbmasse. Dem entspricht es, daß die Rassenhygiene ihrerseits ihren Mitteln nach in der Hauptsache soziale Hygiene sein muß. Neben der sozialen Rassenhygiene ist aber auch eine private möglich und nötig, welche dem einzelnen Menschen zeigt, was er für sich und im Kreise seiner Familie zur Verhütung einer Schädigung der Erbmasse und zur Erhaltung tüchtiger Erbanlagen tun kann. Demgemäß ist die Einteilung der praktischen Rassenhygiene in soziale und private Rassenhygiene gewählt worden.

Der Begründer der modernen Rassenhygiene, Darwins Vetter Francis Galton, hat dafür das Wort Eugenik geprägt, welches in den englischsprechenden Ländern heute allgemein gebraucht wird. Nachdem seine frühere Definition des Begriffes Eugenik nur die soziale Rassenhygiene umfaßte, hat er später — vielleicht unter dem Einfluß von Ploetz, von dem das Wort Rassenhygiene stammt — eine Definition gegeben, welche mit unserer Definition der Rassenhygiene durchaus zusammenfällt: „Eugenik ist die Wissenschaft, die sich mit allen Einflüssen befaßt, welche die angeborenen Eigenschaften einer Rasse verbessern und welche diese Eigenschaften zum größtmöglichen Vorteil der Gesamtheit zur Entfaltung bringen." Gegenüber Versuchen gewisser Kreise in Deutschland, denen jede Erwähnung des Wortes Rasse unbehaglich ist, einen Gegensatz zwischen Rassenhygiene und Eugenik zu konstruieren, ist darauf hinzuweisen, daß auch in der Definition der Eugenik das Wort Rasse vorkommt und daß Galton die Erörterung der Rassenunterschiede durchaus nicht von der Eugenik ausgeschlossen wissen wollte. Auch wörtlich bedeutet das Wort Eugenik „Lehre von der guten Rasse" (von ἐυ gut und γένος Geschlecht, Rasse). Es ist also eine falsche Annahme daß das Wort Eugenik „Fortpflanzungshygiene" oder wörtlich „Lehre von der guten Zeugung" bedeute. Der Begriff der Fortpflanzungshygiene ist einerseits weiter als der der Rassenhygiene, insofern, als er sich auch auf nicht erbliche Einflüsse bezieht, andererseits aber viel enger, weil es sich bei der Rassenhygiene keineswegs nur um den Fortpflanzungsvorgang handelt, sondern um eine Betrachtung der gesamten Lebensbedingungen, welche auf die Gestaltung der erblichen Veranlagung der Bevölkerung von Einfluß sind. Ebensowenig wie die genannten Versuche kann uns der tendenziöse Mißbrauch des Wortes „Rassenhygiene" durch gewisse entgegengesetzt gerichtete Schriftsteller veranlassen, einem wissenschaftlichen Begriffe Zwang anzutun. Wir gebrauchen vielmehr das Wort Rassenhygiene als eine deutsche Übersetzung des Wortes Eugenik, ebenso wie wir z. B. auch Augenheilkunde für Ophthalmologie sagen.

---

2. Soziale Rassenhygiene.

a) Die Bekämpfung idiokinetischer Schädlichkeiten.

Die soziale Verhütung der Alkoholschäden soll hier nur ganz kurz umrissen werden. Ihre rassenhygienische Bedeutung ist zwar außerordentlich groß; sie hat aber auch sonst ungeheure hygienische und soziale Bedeutung, und es gibt bereits viele gute Schriften darüber. Wenn wir uns hier auf das Allerwichtigste beschränken, so gewinnen wir dadurch Raum für die Erörterung jener Aufgaben, die allein der Rassenhygiene eigentümlich sind.

Es ist keine Frage, daß vom rassenhygienischen Standpunkt das völlige Verbot der Erzeugung und des Vertriebes alkoholischer Genußmittel angestrebt werden muß. Man kann durchaus nicht sagen, daß dieses Ziel unerreichbar sei. In den Vereinigten Staaten von Nordamerika ist es der Enthaltsamkeitsbewegung nach jahrzehntelangem Kampfe gelungen, das völlige Alkoholverbot durchzusetzen. Seit dem 1. Juli 1919 ist dieses für das Gesamtgebiet der Vereinigten Staaten verfassungsmäßig festgelegt, nachdem es schon vorher in den meisten Einzelstaaten der Union bestand, so daß also genügend praktische Erfahrungen über seine Wirkungen vorlagen. Bei der Aufnahme in die Verfassung stimmten nur 3 von den 48 Staaten der Union dagegen. Besonders seit der Einführung des Frauenstimmrechts in Deutschland erscheint es nicht ausgeschlossen, daß auch bei uns einmal das Alkoholverbot auf dem Wege parlamentarischer Gesetzgebung oder allgemeiner Volksabstimmung verwirklicht werden wird. Daß die Aussichten dafür gar nicht so schlecht sind, beweist am besten die Angst der Alkoholinteressenten, welche aus zahlreichen kleinen, in die Tagespresse geschobenen Notizen spricht, in denen über angebliche schlimme Folgen des Alkoholverbotes in Amerika berichtet wird.

In Schweden und Norwegen ist es gelungen, die Schäden des Alkoholismus, welche früher dort geradezu verheerend wirkten, vor allem durch eine Gasthausreform, das sogenannte Gotenburger System, weitgehend zu beseitigen. Dabei ist der Betrieb der Gasthäuser den Gemeinden unterstellt; und da der Verwalter keinen Nutzen von dem Umsatz alkoholischer Getränke hat, hat er auch keinen Anlaß, einen Trinkzwang auszuüben.

In Deutschland ist das seit 1919 bestehende staatliche Branntweinmonopol als günstig anzusehen, weil dadurch der Trinkbranntwein stark verteuert wird. Im Jahre 1920 lagen auf einem Liter Spiritus 8 Mark Reichssteuer und 15 Mark anderweitige Kosten, während der Spiritus selber auf nicht ganz 3 Mark kam. Eine hohe Besteuerung alkoholischer Genußmittel ist bis zu einem gewissen Grade wohl geeignet, den Verbrauch einzuschränken, birgt aber die Gefahr in sich, daß der Staat im Interesse hoher Steuereinnahmen den Verbrauch zu steigern sucht. Die gegenwärtig in Deutschland bestehende Getränkesteuer kann nicht gutgeheißen werden, weil im Interesse des Alkoholkapitals auch die alkoholfreien Getränke damit belegt sind. Demgegenüber muß gefordert werden, daß alle Getränke mit weniger als 1–2% Alkoholgehalt steuerfrei bleiben, einschließlich derartigen Bieres, daß dagegen stärkere Getränke um so höher besteuert werden. Viel besser ist, wie gesagt, das völlige Alkoholverbot, dessen Durchführung allerdings höhere Einsicht und Moral voraussetzt, als sie gegenwärtig bei der Mehrheit unserer Bevölkerung vorhanden ist. Diese Hemmnisse könnten am wirksamsten durch Schulunterricht über die Alkoholfrage, am besten im Rahmen allgemeinen hygienischen Unterrichts, der auch aus anderen Gründen zu fordern ist (s. u.), beseitigt werden, wie die Erfahrungen in Skandinavien und Amerika gezeigt haben.

Auch hinsichtlich des Tabaks, dessen schädliche Wirkungen auf die Keimdrüsen ebenfalls bekannt sind, wäre völliges Verbot der Erzeugung und des Vertriebes das — vorerst leider nicht durchsetzbare — Ideal. Der Tabakmißbrauch ist gegenwärtig geradezu das verbreitetste Laster unserer Bevölkerung. Wenn eine fremde Bevölkerung etwa dem Opium in ähnlichem Maße verfallen wäre, wie die unsrige dem Tabak, so würde man von allgemeiner Demoralisation sprechen. Es ist unendlich beschämend, daß die deutsche Bevölkerung, welche an Unterernährung leidet, einen sehr großen Teil ihres Einkommens für schädliche Genußgifte ausgibt. Die Einfuhr von Tabak und Tabakerzeugnissen sollte daher am besten ganz verboten und die einheimische Erzeugung durch hohe Steuern in Schranken gehalten werden.

Auch die Vermeidung idiokinetischer Schädigungen durch Blei, Quecksilber und andere Gifte ist eine Aufgabe öffentlicher Rassenhygiene. Die Schutzbestimmungen hinsichtlich gewerblicher Gifte haben daher auch rassenhygienischen Wert.

Eine nicht unwichtige Aufgabe ist auch die Vermeidung der Röntgenschädigungen der Keimzellen, die zwar quantitativ keine große Rolle spielen, aber qualitativ eine um so verderblichere, indem dadurch fortgesetzt eine nicht unbeträchtliche Zahl geistig hochstehender Menschen, insbesondere Röntgeningenieure, Ärzte und Röntgenassistentinnen sterilisiert werden. Daher sind strenge Schutzvorschriften zu fordern und eine sorgfältige Gewerbeaufsicht über die Durchführung des sogenannten absoluten Röntgenschutzes. Da aber nach dem Röntgenarzte Nürnberger auch in einem modernen Betriebe wenigstens die vorübergehende Sterilisierung der mit den Röntgenarbeiten Beschäftigten nicht vermieden werden kann, so wäre allen Ernstes zu erwägen, ob die Arbeit mit Röntgenstrahlen nicht überhaupt Personen vorbehalten werden sollte, deren Fortpflanzung aus irgend einem Grunde nicht oder nicht mehr in Betracht käme. Wenn untüchtige Elemente durch ungünstige Verhältnisse oder durch eigene oder fremde Schuld Schädigungen ausgesetzt sind, so pflegen sofort allerhand geeignete und ungeeignete Maßnahmen zum Schutze der Schwachen einzusetzen; niemand aber kümmert sich darum, wenn ausgesucht tüchtige Menschen wissentlich oder unwissentlich ihre Erbmasse ruinieren.

b) Die Bekämpfung der Syphilis.

Von der Bekämpfung der Geschlechtskrankheiten gilt ebenso wie von der des Alkoholismus, daß sie nicht nur eine Aufgabe der Rassenhygiene ist, daß sie aber andererseits in dem Programm der Rassenhygiene einen wesentlichen Bestandteil bilden muß. Auch wenn man der Meinung ist, daß durch die Gonorrhöe, so wie die Dinge heute liegen, vorzugsweise unterdurchschnittlich tüchtige Individuen unfruchtbar gemacht werden, so ist doch kein Zweifel, daß auch nicht wenige von Hause aus tüchtige und wertvolle Menschen dadurch ihre Fortpflanzungsfähigkeit einbüßen. Ungleich wichtiger aber ist rassenhygienisch die Bekämpfung der Syphilis und zwar wegen der durch sie bedingten Schädigungen der Erbmasse, wobei es praktisch ziemlich gleichgültig ist, ob man diese mehr auf die Krankheit als solche oder auf die bei der Behandlung unvermeidliche Anwendung von Giften wie Quecksilber, Arsen und Jod bezieht.

Das Fundament einer durchgreifenden Bekämpfung der Geschlechtskrankheiten ist die Einführung einer Meldepflicht, wie sie für andere gefährliche Krankheiten besteht und wie sie für die Geschlechtskrankheiten von Flesch und anderen verlangt worden ist. Die Meldung hätte durch den, der die Krankheit feststellt oder behandelt, in den meisten Fällen also durch den Arzt zu geschehen. Selbstverständlich müßte der Meldende ebenso wie die Gesundheitsbehörde zu strengem Stillschweigen verpflichtet sein; doch dürfte es nötig sein, daß die Meldung selber mit Namensnennung erfolgt und daß bei der Gesundheitsbehörde die Meldungen geordnet aufbewahrt werden.

In Schweden ist eine gesetzliche Meldepflicht für Geschlechtskrankheiten seit dem 1. Januar 1919 gesetzlich in Kraft. Jeder Geschlechtskranke ist verpflichtet, sich von einem approbierten Arzte behandeln zu lassen. Die Behandlung durch Kurpfuscher ist verboten. Der Arzt hat den Kranken über die Art und die Ansteckungsfähigkeit seiner Krankheit aufzuklären; zugleich hat er ihn darauf hinzuweisen, daß er sich durch Gefährdung anderer Personen mit Ansteckung strafbar macht. Außer der mündlichen Belehrung hat er ihm auch ein amtliches Belehrungsblatt gegen Unterschrift auszuhändigen. Untersuchung und Behandlung sind kostenfrei. Das Gesetz hat sich nun schon über zwei Jahre durchaus als durchführbar erwiesen; und soviel man bisher beurteilen kann, ist der Erfolg ein recht guter.

Im Jahre 1920 hat sich die preußische Landesversammlung mit großer Mehrheit für die allgemeine Meldepflicht ausgesprochen, ebenso auch die

Berliner Gesellschaft für Rassenhygiene. Andererseits hat sich die Deutsche Gesellschaft zur Bekämpfung der Geschlechtskrankheiten, die zum großen Teil aus Fachärzten für Geschlechtskrankheiten besteht, die natürlich in erster Linie von der Meldepflicht betroffen werden würden, dagegen ausgesprochen, ebenso auch andere Gruppen von Fachärzten.

Daß die Durchführung der Meldepflicht bei der ungeheuren Verbreitung, welche die Geschlechtskrankheiten bei uns haben, großen Schwierigkeiten begegnen würde, ist natürlich klar. Ich möchte daher vorerst nur die Meldepflicht für Syphilis und wegen der Gefahr der Verwechslung für den sogenannten weichen Schanker fordern. Wenn die rassenhygienisch weniger bedeutungsvolle Gonorrhoe vorerst beiseite gelassen würde, so würde der Arbeitsaufwand nur einen Bruchteil, schätzungsweise etwa ein Viertel, betragen.

Ich glaube, daß in anbetracht der bei uns herrschenden Zustände, eine rücksichtslose Unterdrückung der Prostitution eher schädlich wirken würde, weil sie die gesundheitliche Überwachung der Kranken erschweren würde. Die nächste Aufgabe scheint mir vielmehr die Erfassung der Syphilitiker durch eine Meldepflicht zu sein. Man hat allerdings gesagt, daß durch eine Meldepflicht des Arztes die Kranken in die Hände verschwiegener Kurpfuscher getrieben würden; und daran ist gewiß etwas Wahres; aber die günstigen Wirkungen der Meldepflicht würden die ungünstigen sicher weit überwiegen. Auch bei siegreichen Angriffen muß man eben mit Verlusten rechnen.

Die sogenannten Beratungsstellen für Geschlechtskranke, welche in den letzten Jahren auf Anregung des Reichsversicherungsamtes von den Landesversicherungsanstalten, d. h. den Trägern der Invalidenversicherung, in den meisten größeren Städten ins Leben gerufen worden sind, wirken zwar wie eine Art von Überwachungsstellen für die der Krankenversicherungspflicht unterstehenden Syphilitiker; sie können aber eine allgemeine Meldepflicht keineswegs ersetzen.

Im Jahre 1918 wurde ein Reichsgesetzentwurf zur Bekämpfung der Geschlechtskrankheiten veröffentlicht; doch konnte dieser wegen des Ausbruches der Revolution nicht mehr Gesetz werden. Immerhin sind einige Bestimmungen daraus durch die Revolutionsregierung auf dem Verordnungswege erlassen worden. Danach können Personen, bei denen die Gefahr besteht, daß sie eine Geschlechtskrankheit weiterverbreiten, zwangsweise einem Heilverfahren unterworfen werden. Wer wissentlich eine andere Person durch Beischlaf der Ansteckungsgefahr aussetzt, soll mit Gefängnis bis zu 3 Jahren bestraft werden. Wer eine an einer Geschlechtskrankheit leidende Person ärztlich untersucht und behandelt, soll sie über die Art ihrer Krankheit belehren, insbesondere auch über die

Strafbarkeit der Ansteckungsgefährdung. Diese Bestimmungen sind zwar an und für sich nicht schlecht; eine nennenswerte Wirkung aber haben sie offenbar nicht gehabt; insbesondere haben sie die epidemische Ausbreitung der Geschlechtskrankheiten während der Revolution nicht zu hindern vermocht. In dem Entwurf von 1918 war auch ein Verbot der Behandlung durch Kurpfuscher enthalten; leider hat die Revolutionsregierung dieses aber nicht in ihre Verfügung aufgenommen. Es ist bezeichnend für den Tiefstand unserer öffentlichen Meinung in sozialhygienischen Fragen, daß ein allgemeines Verbot der Kurpfuscherei, wie es in Österreich seit langer Zeit in segensreicher Wirksamkeit ist, bei uns vorerst aus politischen Gründen als unerreichbar anzusehen ist, weil die Volksvertretungen der Schulmedizin mißtrauen.

Daß es bei genügender Energie möglich wäre, die Geschlechtskrankheiten so gut wie ganz auszurotten, daran kann gar kein Zweifel sein. Weil dadurch aber nicht nur zahlreiche Fachärzte, die von der Behandlung Geschlechtskranker leben, brotlos werden, sondern auch viele andere Ärzte in ihren ohnehin nicht großen Einkünften schwere Einbuße erleiden würden, scheint es im Interesse einer wirklich durchgreifenden Bekämpfung der Geschlechtskrankheiten wie der Volkskrankheiten überhaupt unbedingt nötig zu sein, daß die Ärzte auch für vorbeugende und sozialhygienische Tätigkeit angemessen bezahlt werden, wovon weiter unten auch noch in anderem Zusammenhange zu reden sein wird.

Da an dem entsetzlichen Elend, das die Geschlechtskrankheiten über unsere Bevölkerung gebracht haben, zum guten Teil die bodenlose Unkenntnis der Gefahr schuld ist, so muß die Bevölkerung von Jugend auf darüber aufgeklärt werden. In den oberen Klassen der höheren Schulen oder Mittelschulen sowie in den Fortbildungsschulen wären diese Dinge am besten im Rahmen allgemeinen hygienischen Unterrichts zu behandeln. Selbstverständlich kommen dafür nur medizinisch vorgebildete Lehrer in Frage. Die jungen Leute müssen wissen, daß jährlich Tausende von syphilitischen Männern an unheilbarer Geisteskrankheit zugrunde gehen, daß aber auch die Gonorrhoe lebenslängliches qualvolles Leiden zur Folge haben kann, daß Millionen von Frauen infolge dieser Leiden dahinsiechen, daß Hunderttausende von Kindern syphilitischer Eltern von vornherein in ihrer Lebenskraft gebrochen sind, daß insgesamt durch kaum ein anderes Übel das persönliche Glück von so vielen Menschen vernichtet wird.

c) Die Frage der Eheverbote und Ehetauglichkeitszeugnisse.

Das entscheidende Bestreben praktischer Rassenhygiene muß dahin gehen, daß die Begabten und Tüchtigen sich stärker vermehren als die Untüchtigen und Minderwertigen. Dieses Ziel kann auf zwei verschiedene Weisen erstrebt werden, erstens durch Hemmung der Fortpflanzung unterdurchschnittlich

Veranlagter und zweitens durch Förderung der Fortpflanzung überdurchschnittlich Veranlagter. Für viele Leute, welche mit den Fragen der Entartung und Rassenhygiene neu bekannt werden, ist es erfahrungsgemäß besonders einleuchtend, daß man durch Eheverbote der Entartung Einhalt tun könne. Wir wollen uns daher nun mit der Frage beschäftigen, inwieweit Eheverbote tatsächlich dazu geeignet sein mögen, und in diesem Zusammenhange auch die Verhütung der Ehe Geschlechtskranker erörtern, obwohl diese natürlich aus ganz andern Gründen zu erstreben ist als die Verhütung der Ehe erblich Minderwertiger.

Tatsächlich besteht bei uns bereits ein Eheverbot für geschlechtskranke Personen. Da nämlich seit der angeführten Verfügung vom Dezember 1918 die Gefährdung mit Ansteckung mit Strafe bedroht ist, so ist damit indirekt auch die Eheschließung Ansteckungsfähiger verboten. In manchen andern Ländern wie in Schweden und in einer Reihe amerikanischer Staaten ist ein Eheverbot für Geschlechtskranke ausdrücklich ausgesprochen worden. Die Schwierigkeit liegt in der Durchführung, denn es liegt auf der Hand, daß ein Verbot, wie es bei uns besteht, ziemlich ohne Wert ist. Von vielen Seiten wird daher verlangt, daß alle Personen vor der Eheschließung ein ärztliches Zeugnis beibringen sollten, daß sie nicht geschlechtskrank seien. Eine solche Maßregel würde meines Erachtens aber erst nach Durchführung einer allgemeinen Meldepflicht für Geschlechtskranke durchführbar sein. Solange diese nicht besteht, würde die Erstellung des Zeugnisses in jedem Falle eine genaue ärztliche Untersuchung der Geschlechtsteile nötig machen, die besonders für die jungen Mädchen äußerst peinlich, aber auch für die Männer recht umständlich und lästig wäre. Viele Anhänger zwangsmäßiger Gesundheitszeugnisse haben offenbar keine rechte Vorstellung von den Schwierigkeiten einer sachgemäßen Untersuchung. Die vielen damit verbundenen Scherereien und Peinlichkeiten würden eine nicht ganz zu vernachlässigende Beeinträchtigung des Ehewillens überhaupt mit sich bringen.

Auch eine Beschränkung auf das männliche Geschlecht hat ihre Bedenken. Daß Männer, deren Fortpflanzung rassenhygienisch wirklich erstrebenswert ist, mit einer frischen Syphilis oder Gonorrhöe heiraten, dürfte ohnehin kaum vorkommen. Wenn aber ein Mann, der längere Zeit vor der Ehe eine Ansteckung durchgemacht hat und der sich für geheilt hält, trotzdem seine Frau ansteckt, so wird selbst dadurch in anbetracht des großen Frauenüberschusses, der bei uns herrscht, die Zahl der gesunden Ehen im allgemeinen nicht kleiner. Viel bedeutungsvoller ist dagegen die Verehelichung eines infizierten Mädchens, weil dadurch in der Regel einer gesunden Geschlechtsgenossin der Mann entzogen und eine gesunde Ehe verhindert wird. Da Geschlechtskrankheiten bei ledigen weiblichen

Personen heute durchaus nicht selten sind, muß man meines Erachtens ein Ausnahmegesetz für die Männer ablehnen.

Nun sagen die Anhänger einer zwangsmäßigen Ehetauglichkeitsuntersuchung allerdings, daß deren Wert gar nicht so sehr in der Herausfindung der Kranken als vielmehr in einer allgemein erzieherischen Wirkung liegen würde, indem Personen, die ein schlechtes Gewissen in bezug auf Geschlechtskrankheiten hätten, es gar nicht erst auf eine Untersuchung ankommen lassen würden. Daran ist gewiß etwas Richtiges. Zugleich liegt darin aber auch eine neue Gefahr. Dann würden nämlich voraussichtlich auch viele Männer, die einmal eine Ansteckung durchgemacht haben, auf die Ehe verzichten, obwohl es bei ihnen gar nicht nötig wäre, und zwar besonders gewissenhafte und vordenkliche. Es läge also geradezu die Gefahr einer Gegenauslese vor.

Anders würde die Sache erst liegen, wenn einmal mehrere Jahre lang die oben geforderte Meldepflicht für Geschlechtskranke durchgeführt wäre. Dann würden mit Hilfe der Aufzeichnungen der Gesundheitsämter viel zuverlässigere Ehezeugnisse erstellt werden können, als das heute möglich wäre. Zumal wenn auch der Abschluß der Behandlung und die endgültige Heilung gemeldet werden müßten, würden umständliche Untersuchungen vor der Eheschließung nur in Ausnahmefällen nötig sein und die Verletzung des Schamgefühls unbescholtener Mädchen könnte vermieden werden. Auch mit Rücksicht auf die Einführung ärztlicher Ehezeugnisse muß man daher meines Erachtens für eine Meldepflicht für Geschlechtskrankheiten eintreten.

Außer den Geschlechtskrankheiten kommen natürlich auch andere Leiden als Gründe für Eheverbote in Betracht, insbesondere schwerere erbliche Krankheiten. In einer Anzahl Staaten der nordamerikanischen Union bestehen auch bereits tatsächlich rassenhygienische Eheverbote. Zuerst ging der Staat Connecticut damit vor (1895); später folgten Kansas (1903), New Jersey (1904), Ohio (1904), Indiana (1905), Michigan (1905), Minnesota (1905), Utah (1909), Washington (1909). Die rassenhygienischen Ehebeschränkungen, welche gegenwärtig in mehr als 20 Staaten bestehen, erstrecken sich außer auf eigentliche Geisteskranke auch auf Schwachsinnige, Epileptiker, Geschlechtskranke und Personen, welche der öffentlichen Armenpflege zur Last fallen. In den letzten Jahren sind auch in einzelnen europäischen Staaten rassenhygienische Eheverbote erlassen worden, so in Schweden 1915 für Geisteskranke, Geistesschwache, Epileptische und Geschlechtskranke.

Die Schwäche der amerikanischen Eheverbote liegt in ihrer Durchführung. Eine ärztliche Untersuchung, welche die sachgemäße Durchführung der Eheverbote eigentlich erfordern würde, findet in den meisten Staaten nicht statt; es wird vielmehr nur eine eidliche Versicherung von den Ehekandidaten verlangt. Auch in Schweden wird die Eheerlaubnis auf Grund einer eidesstattlichen Versicherung der Ehebewerber erteilt. Ärztliche Untersuchungen verlangen nur Nord Dakota, Oregon und Colorado. In Nord Dakota soll das Ehezeugnis das Freisein von Geisteskrankheit, Epilepsie, Alkoholismus und Schwindsucht bestätigen, in Oregon wird nur das Freisein von Geschlechtskrankheit verlangt und zwar nur von Männern, während die Zeugnisse in Colorado sich auf beide Gruppen erstrecken.

Auch in Deutschland sind des öfteren Eheverbote gefordert worden, am besten begründet wohl von einem Ausschuß des Münchener Ärztlichen Vereins, der im Jahre 1917 auf Grund von Vorschlägen des Münchener Kinderarztes Prof. Trumpp sich für die Aufstellung besonderer Eheberater ausgesprochen hat, d. h. von Ärzten, die sich durch eine besondere Prüfung über die nötigen Kenntnisse ausgewiesen haben. Alle Ehebewerber sollen gehalten sein, dem Standesamt das Zeugnis eines derartigen Eheberaters vorzulegen; doch soll bei weiblichen Ehebewerbern nur dann eine Untersuchung der Geschlechtsorgane stattfinden, wenn ein besonderer Anlaß dazu vorliegt. Bei Vorhandensein einer ansteckenden Geschlechtskrankheit, Lepra, Geisteskrankheit, Schwachsinn, schwerer Psychopathie, chronischem Alkoholismus soll das Ehezeugnis versagt werden. Absichtlich wurden Eheverbote nur für solche Zustände befürwortet, welche nicht nur für die Nachkommen, sondern auch für die Ehegenossen eine verhängnisvolle Bedeutung haben und welche auch bisher schon eine nachträgliche Anfechtung der Eheschließung begründen. Dem Bedenken, daß eine Entscheidung über die Ehetauglichkeit oft nicht möglich sei, ist dadurch begegnet worden, daß nur solche Zustände als Ehehindernisse aufgestellt sind, für welche vor Gericht auch heute schon von ärztlichen Sachverständigen eine bestimmte Entscheidung verlangt wird. Grundsätzliche Bedenken gegen diese Abgrenzung der Eheverbote werden sich kaum begründen lassen; höchstens könnte man der Meinung sein, daß auch mancherlei andere Krankheiten noch zur Begründung von Eheuntauglichkeit geeignet wären, z. B. Tuberkulose mit Bazillenausscheidung. Leichte, krankhafte Zustände, die keine wesentliche Behinderung im Leben bewirken, kommen für Eheverbote selbstverständlich nicht in Betracht, ebensowenig die bloße „Belastung“ mit einem erblichen Leiden.

Gegen die Einführung von Eheverboten werden öfter allerlei Bedenken geltend gemacht, welche sich z. T. auch gegen andere Maßnahmen ausmerzender Rassenhygiene, wie die Sterilisierung, richten und daher im Zusammenhang mit dieser besprochen werden sollen, welche zum andern Teil aber nur gegen die Methode der Eheverbote als solche gerichtet sind. Sehr kurzsichtig ist der Einwand, daß durch Eheverbote das Lebensglück mancher Personen zerstört werden könne. Es ist wirklich nicht ernst zu nehmen, daß durch die Verhinderung der Ehe von Syphilitikern, Schwindsüchtigen, Trinkern und geistig schwer Abnormen menschliches Glück zerstört werde. Durch nichts entsteht vielmehr soviel Unglück als durch solche Ehen. Und selbst angenommen, das Glück eines derartigen Kranken werde durch eine Ehe erhöht, so muß man doch auch an den gesunden Teil denken und vor allem an die zu erwartenden Kinder. Kranke und entartete Kinder beeinträchtigen das Glück der Eltern nicht weniger als eigene Krankheit. Sie bringen nicht nur unausgesetzten Kummer und dauernde Sorge mit sich, sondern wirken auch wie ein immerwährender Vorwurf. Immerhin kann ruhig zugegeben werden, daß ausnahmsweise durch rassenhygienische Eheverbote das Glück einzelner Menschen beeinträchtigt werden kann. Was aber bedeutet das gegenüber der Unsumme von Unglück die andererseits dadurch verhütet werden würde! Es ist sehr bezeichnend für die individualistische Einstellung mancher Zeitgenossen, daß sie immer nur mögliche Einzelfälle ins Auge fassen, ohne auf das Allgemeinwohl Rücksicht zu nehmen. Manche Individualisten erklären denn auch einfach, ohne sich auf die verfängliche Glücksfrage weiter einzulassen, die Ehe habe schlechterdings reine Privatsache zu sein. Das Geschlechtsleben gehöre zum „Allerpersönlichsten“ des Menschen, in das Eingriffe der Gesellschaft unbedingt unzulässig seien. Diese Ablehnung jeder Bindung des Geschlechtslebens durch Sitte oder Gesetz würde in der Konsequenz zur Aufhebung der Ehe selber führen. Es liegt aber auf der Hand, daß unter dem Gesichtspunkt des Gedeihens der Rasse die Regelung des Geschlechtslebens durch Sitte und Gesetz, insbesondere die Einrichtung der Ehe, von unersetzlichstem Werte sind.

Etwas mehr Berechtigung hat ein anderer Einwand gegen Eheverbote, der davon gerade eine Beeinträchtigung der Einrichtung der Ehe befürchtet. Es wird nämlich gesagt, daß die an der Eheschließung Gehinderten sich dann eben außerhalb der Ehe fortpflanzen würden. Nun ist aber die Zahl der Kinder, welche auf eine dauernd ledige Person kommen, sehr viel geringer als die auf eine verheiratete fallende Zahl. Beim unehelichen Verkehr haben die Beteiligten eben ganz allgemein das Bestreben, Geburten zu verhüten; auch tragen die Geschlechtskrankheiten dazu bei, den unehelichen Verkehr verhältnismäßig unfruchtbar zu machen. Geschlechtskranke, Psychopathen, Alkoholiker und Schwindsüchtige, denen die Ehe verboten wäre, würden daher außerhalb der Ehe nur ganz wenige Kinder erzeugen und, was das Entscheidende ist, sicher weniger, als wenn ihnen die Ehe gestattet wäre. Eine große Schwierigkeit ergibt sich allerdings aus dem Umstande, daß in unserer Bevölkerung bei einem großen Teil aller Paare der Geschlechtsverkehr schon vor der Eheschließung begonnen hat, daß nicht selten auch schon ein oder selbst mehrere Kinder vor der Eheschließung vorhanden sind und daß die Eheschließung oft erst die Folge dieser

Beziehungen ist. In Fällen, wo Kinder vorhanden sind, suchte man bisher immer möglichst eine nachträgliche Eheschließung herbeizuführen; und sollte nun der Staat die Überführung solcher wilden Ehen in rechtlich anerkannte verweigern, wenn eines der Eltern sich als eheuntauglich erweist? Wenn man den Minderwertigen die eheliche Fortpflanzung verbieten will, so dürfte man ihnen die außereheliche, logischerweise eigentlich nicht gestatten. Staatliche Eheverbote setzen also eigentlich auch ein staatliches Verbot außerehelichen Geschlechtsverkehrs voraus. In einer Reihe amerikanischer Staaten hat man tatsächlich diesen Weg eingeschlagen, in Connecticut z. B. ist Ehebruch mit 5 Jahren Zuchthaus bedroht. Es liegt aber auf der Hand, daß derartige strenge Gesetze in anbetracht der bei uns herrschenden Anschauungen in absehbarer Zeit keinerlei Aussicht auf Durchführung haben würden. In Nordamerika dagegen, wo nur 2 bis 3% aller Geburten unehelich sind und wo in der alteingesessenen Bevölkerung uneheliche Geburten überhaupt kaum vorkommen, ist die dadurch bewirkte Beeinträchtigung der Eheverbote verhältnismäßig gering; anders aber wäre es bei uns, wo 10% und stellenweise noch viel mehr aller Geburten unehelich sind und wo es in den breiten Schichten etwas ganz Gewöhnliches ist, daß der Geschlechtsverkehr zwischen den zukünftigen Eheleuten oft lange vor der Ehe beginnt. Jedenfalls setzt die Einführung rassenhygienischer Eheverbote die ungeschmälerte Aufrechterhaltung der Ehe voraus, ja eigentlich eine strengere Auffassung der Ehe als sie bei uns noch besteht, wo man in der Gleichstellung der unehelichen Mütter und Kinder mit den ehelichen vielfach geradezu einen Fortschritt sieht. Geradezu lächerlich aber ist es, wenn einige besonders „fortschrittliche" Persönlichkeiten zugleich für Eheverbote und für „freie Liebe" eintreten.

So wünschenswert rassenhygienische Eheverbote an und für sich wären, so scheint mir deren Einführung bei uns wenigstens vorläufig doch nicht möglich zu sein, weil der Stand der sittlichen Anschauungen unserer Bevölkerung nicht hoch genug dazu ist und weil die große Mehrzahl die Zweckdienlichkeit der Ehezeugnisse nicht einsehen, sondern diese nur als eine lästige Schikane empfinden würde. Die rassenhygienische Gesetzgebung kann in einem demokratischen Staate aber nicht weiter gehen, als es das sittliche Bewußtsein des überwiegenden Teiles der Bevölkerung billigt, weil andernfalls schwere Rückschläge unvermeidlich wären.

Aus den gleichen Gründen halte ich die Einführung eines obligatorischen Austausches von Gesundheitszeugnissen vor der Ehe auch ohne eigentliche Eheverbote, wie sie z. B. Schallmayer befürwortet und wie sie die Berliner Gesellschaft für Rassenhygiene in ihren Leitsätzen von 1916 gefordert hat, für vorerst nicht zweckdienlich. Wenn es den Ehekandidaten überlassen bleibt, selber die Folgerungen aus den der Beratung und Aufklärung dienenden Zeugnissen zu ziehen, so werden natürlich gerade die seelisch

Minderwertigen sich am wenigsten durch einen ungünstigen Befund von der Eheschließung abhalten lassen. Außerdem ist zu bedenken, daß im Falle der Lösung eines Verlöbnisses infolge ungünstigen Ausfalls des Zeugnisses der andere Teil nicht zur Verschwiegenheit verpflichtet wäre, sondern vielmehr bestrebt sein würde, durch Weitererzählen des Sachverhalts die Schuld von sich abzuwälzen, was ebenfalls zu Mißhelligkeiten führen würde.

Sehr zu begrüßen aber ist es, daß durch Reichsgesetz vom 11. Juni 1920 den Standesämtern die Aushändigung eines Merkblatts, das auf die Wichtigkeit ärztlicher Eheberatung hinweist, an Verlobte bzw. diejenigen, deren Einwilligung zur Eheschließung erforderlich ist, vorgeschrieben ist. Obwohl diese Einrichtung, welche besonders dem Betreiben von Amtsgerichtsrat Schubart in Charlottenburg zu danken ist, im Einzelfall wohl regelmäßig zu spät kommt, so hat sie doch einen nicht zu unterschätzenden Wert für die rassenhygienische Aufklärung der Bevölkerung, und diese ist, wie wir gesehen haben, eine unentbehrliche Voraussetzung aller weitergehenden Maßnahmen.

Durch diese Merkblätter wird nun auch der Weg für die Aufstellung staatlich geprüfter ärztlicher Eheberater geebnet. Hinweise für die Tätigkeit ärztlicher Eheberater sollen bei Besprechung der privaten Rassenhygiene gegeben werden. Um eine genügende Unabhängigkeit der Eheberater zu gewährleisten, wäre es am besten, daß diese vom Staate angestellt und besoldet würden. Auch um eine unnötige Erschwerung der Eheschließung zu vermeiden, wäre es anzustreben, daß die ärztliche Eheberatung für die Ehebewerber kostenlos wäre. Für Fälle, wo ein Ehebewerber sich mit dem Bescheid des Eheberaters nicht zufrieden geben würde, sollte ein Ausschuß von Fachärzten als Berufungsinstanz vorgesehen sein, und in allen Fällen, wo der Berufungsausschuß zu einer Bestätigung des ersten Zeugnisses käme, sollte der Ehebewerber die Kosten zu tragen haben, damit einer mißbräuchlichen Inanspruchnahme des Berufungsausschusses möglichst vorgebeugt wäre. Manches spräche dafür, daß männliche Ehebewerber von männlichen Eheberatern, weibliche von weiblichen beraten würden; noch zweckmäßiger aber dürfte es sein, daß beide Ehebewerber von demselben Eheberater untersucht würden, besonders in anbetracht des Umstandes, daß in manchen Fällen auch die beiderseitige Beschaffenheit von Bedeutung ist. So wäre z. B. in Fällen, wo doch schon eine Infektion beider Teile mit derselben Krankheit (z. B. Gonorrhoe) erfolgt wäre, gegen eine Eheschließung wohl nichts mehr einzuwenden. Wissentlich falsche Angaben, die zum Zweck der Erlangung eines zu günstigen Zeugnisses gemacht würden, müßten strafbar sein.

d) Die Verhinderung der Fortpflanzung Minderwertiger.

Um die Fortpflanzung Minderwertiger zuverlässig zu verhindern, dazu sind Eheberatungen und auch Eheverbote aus den angeführten Gründen unzureichend. In mehreren Staaten Nordamerikas ist man daher zu einer zwangsmäßigen Sterilisierung (Unfruchtbarmachung) Minderwertiger übergegangen. Die Sterilisierung ist nicht etwa gleichbedeutend mit der Kastration. Während diese in der Entfernung der Keimdrüsen besteht und nicht nur Unfruchtbarkeit, sondern auch erhebliche Störungen des körperlichen und seelischen Zustandes im Gefolge hat, geschieht die Sterilisierung bei männlichen Personen vielmehr in der Form der sogenannten „Vasektomie", der Durchtrennung der Ausführungsgänge der Hoden. Die Hoden selbst bleiben dabei erhalten, ebenso der Geschlechtstrieb und die Begattungsfähigkeit. Auch wird die sogenannte innere Sekretion nicht gestört und daher auch nicht die sonstige körperliche und seelische Verfassung. Die Angabe, daß sogar ein günstiger Einfluß auf den Allgemeinzustand stattfinde, ist wohl zu bezweifeln; sie dürfte dem Wunsche der Anhänger der Sterilisierung entspringen. Jedenfalls aber ist die Vasektomie durch eine geringfügige und gefahrlose Operation in wenigen Minuten auszuführen. Die Sterilisierung weiblicher Personen, welche durch Durchtrennung der Eileiter (Salpingektomie, Tubensterilisation) geschieht, erfordert allerdings eine größere Operation. Vielleicht wird im weiblichen Geschlecht daher in Zukunft die Röntgensterilisierung vorzuziehen sein.

Es ist ein Verdienst des amerikanischen Arztes Sharp, in einer Strafanstalt des Staates Indiana in den Jahren 1899–1907 mit der Sterilisierung von 176 Minderwertigen vorangegangen zu sein. Der Eingriff erfolgte mit Einwilligung der Operierten, weil diesen eine Unfruchtbarkeit ohne Störung des Geschlechtsgenusses nur erwünscht war. Nach den günstigen Erfahrungen Sharps wurde die Unfruchtbarmachung Minderwertiger in Indiana 1907 gesetzlich eingeführt, und in den nächsten Jahren folgte eine Reihe anderer Staaten nach, so daß sie bis 1913 schon in 12 Staaten gesetzlich geregelt war. Der Zweck dieser Gesetze ist überall ein rassenhygienischer; doch ist dieser meist absichtlich nicht direkt ausgesprochen, sondern statt dessen die „Besserung" der minderwertigen Verbrecher als Zweck angegeben. Den Minderwertigen oder ihren Angehörigen steht in den meisten Staaten ein Einspruchsrecht zu.

Bis zum Jahre 1913 wurden in Indiana 301 Unfruchtbarmachungen vorgenommen, in Kalifornien bis zum Jahre 1916 635. Auch in anderen Staaten, wie Wisconsin, Connecticut, Michigan haben rassenhygienische Sterilisierungen in geringerer oder größerer Zahl stattgefunden. Seit dem Jahre 1913 ist die Sterilisierung in Kalifornien nicht mehr auf Anstaltsinsassen beschränkt; hochgradig Geistesschwache können vielmehr auch sonst auf Ansuchen der Eltern oder des Vormundes unfruchtbar gemacht werden. In Iowa können alle Syphilitiker und Epileptiker sich sterilisieren lassen.

Sterilisierungen in dem genannten geringen Umfange genügen natürlich nicht, um wirklich eine Reinigung der Rasse zu bewirken. Ein rassenhygienischer Ausschuß unter Führung von Laughlin hat daher ein recht radikales Programm entwickelt, nach welchem fortlaufend immer etwa ein Zehntel aller gleichzeitig Lebenden sterilisiert werden sollte. In den ersten Jahren sollten jährlich etwa 100000 Unfruchtbarmachungen vorgenommen werden und weiter steigend bis zum Jahre 1980 etwa 400000 jährlich. Bis dahin würden dann etwa 15 Millionen Minderwertiger sterilisiert sein. Die ganze Masse der Minderwertigen soll entweder in Anstalten verwahrt oder unfruchtbar gemacht werden. Kranke, die dauernd in Anstalten bleiben, sollen nicht sterilisiert werden; dagegen sollen sonst entlassungsfähige Insassen, von denen ohne Sterilisierung voraussichtlich minderwertige Nachkommen zu erwarten wären, nur dann entlassen werden, wenn sie sich unfruchtbar machen lassen. Es läßt sich nicht leugnen, daß die Durchführung eines derartigen großzügigen Programms zur Gesundung der Rasse sehr wesentlich beitragen würde. Durchführbar dagegen dürfte es vorerst auch in Amerika wohl nicht sein.

In allen Staaten Europas fehlt es bisher an einer gesetzlichen Regelung der Unfruchtbarmachung. Die Deutsche Gesellschaft für Rassenhygiene hat daher in ihren Leitsätzen von 1914 mit Recht eine „gesetzliche Regelung des Vorgehens in solchen Fällen, wo Unterbrechung der Schwangerschaft oder Unfruchtbarmachung ärztlich geboten erscheint“, gefordert. Die Sterilisierung darf natürlich nicht einfach freigegeben werden, weil das zu den größten Mißbräuchen Anlaß geben könnte. Nun ist aber im deutschen Strafgesetz die Unfruchtbarmachung tatsächlich nicht verboten; denn der Körperverletzungsparagraph kann darauf bei Einwilligung des Operierten offenbar nur mittels einer recht gekünstelten Auslegung angewandt werden. Es ist daher zu fordern, daß eine neue Strafbestimmung aufgestellt werde, welche die ungenügend begründete Unfruchtbarmachung verbietet, die Unfruchtbarmachung aber zuläßt, wenn ein Sachverständigenausschuß sich für ihre Zweckdienlichkeit im Einzelfall ausspricht. Weil bisher ein ausdrückliches Verbot überhaupt fehlt, ist die rassenhygienische Sterilisierung eigentlich schon heute zulässig. Das ist z. B. auch die Meinung des bekannten Strafrechtslehrers Prof. Rosenfeld in Münster, der dieselbe „als bereits de lege lata zu Recht bestehend“ erklärt. Aber die Entscheidung sollte nicht dem privaten Arzte überlassen sein, sondern einem beamteten Arzte, etwa dem oben geforderten amtlichen Eheberater oder einem rassenhygienischen Fachausschuß. In den amerikanischen Staaten, welche die rassenhygienische Sterilisierung eingeführt haben, ist die mißbräuchliche Sterilisierung mit schwerer Strafe bedroht.

Auch bei uns wäre es meines Erachtens an der Zeit, praktisch an die Sterilisierung Minderwertiger heranzugehen, was, wie gesagt, weder dem Wortlaute noch dem Geiste unserer Gesetzgebung widersprechen würde. Ob die zwangsmäßige Sterilisierung Minderwertiger gegen ihren Willen überhaupt zweckmäßig sei, möge dahingestellt bleiben; diese dürfte bei uns zum mindesten verfrüht sein. Zu freiwilliger Unfruchtbarmachung aber würden sicher sehr viele Minderwertige sich auch bei uns voraussichtlich geradezu drängen, weil ihnen die Aussicht, Kinder zu erzeugen, meist sehr unangenehm ist. Es sollten daher zugleich mit dem gesetzlichen Verbot unbegründeter Sterilisierung Ausschüsse eingesetzt werden, bei denen Kranke ihre Unfruchtbarmachung beantragen könnten. Ärztliche Eheberater sollten minderwertigen Personen, die ihren Rat in Anspruch nehmen, zur Sterilisierung raten. Auch bei Gerichtsverfahren wie Entmündigungen, Vaterschaftsklagen und Strafprozessen würde sich oft Gelegenheit dazu bieten.

Gelegentlich ist auch die künstliche Unterbrechung der Schwangerschaft (künstliche Fehlgeburt) als Mittel der Rassenhygiene empfohlen worden. Diese ist im Unterschied von der Unfruchtbarmachung ausdrücklich im deutschen Strafgesetze verboten, es sei denn, daß sie zur Abwendung schwerer unmittelbarer Gefahr für Leib und Leben der Mutter erforderlich ist. Eine rassenhygienische Indikation zur Unterbrechung der Schwangerschaft wird rechtlich nicht anerkannt. In der Tat ist sie auch nur ein wenig geeignetes Mittel der Rassenhygiene, da sie nur die gerade vorhandene Frucht betrifft, die Fruchtbarkeit der Eltern aber nicht aufhebt. Grundsätzlich aber sollte meines Erachtens auch eine Unterbrechung der Schwangerschaft aus rassenhygienischen Gründen zugelassen werden, aber auch hier nicht nach dem Ermessen des einzelnen Arztes, sondern nach dem eines besonderen Fachausschusses. Unbedingt abzulehnen ist die Forderung, daß jede Frau nach Belieben eine Frucht abtreiben lassen dürfe, wie sie von der individualistischen Frauenbewegung vertreten worden und im Jahre 1920 von sozialdemokratischer Seite als Antrag im Reichstag eingebracht worden ist. Da auch heute schon viel Mißbrauch mit der Unterbrechung der Schwangerschaft getrieben wird, wäre sogar eine Verschärfung der Bestimmungen darüber erwünscht, dahingehend, daß der Arzt jeden Fall dem zuständigen Amtsarzte mit Begründung zu melden hätte. Durch die Zulassung der Schwangerschaftsunterbrechung aus rassenhygienischen Gründen nach dem Gutachten von Sachverständigen aber würde der gesetzwidrigen Abtreibung sogar bis zu einem gewissen Grade entgegengewirkt werden können. Nach dem ungeheuren Umfange, den diese heute hat, würden bei den Sachverständigenausschüssen voraussichtlich zahlreiche Anträge einlaufen, von denen nur einem kleinen Teil entsprochen werden könnte; und die Abgewiesenen würden sich dann immerhin mehr als heute scheuen, einen gesetzwidrigen Eingriff vornehmen zu lassen, nachdem ihr Zustand einmal bekannt wäre. In Fällen, wo dem Antrage stattgegeben würde, sollte gleichzeitig der Rat zur Sterilisierung erteilt werden, dem die Minderwertigen in diesem Falle voraussichtlich besonders gern zustimmen würden, nachdem sie am eigenen Leibe erfahren hätten, wie unerwünscht ihnen die Fortpflanzung wäre.

Gegen die rassenhygienische Sterilisierung werden selbstverständlich auch mancherlei Einwände erhoben, wie das ja bei ungewohnten Gedanken nicht anders zu erwarten ist. Mit den individualistischen Einwänden, welche darin eine Beeinträchtigung der Freiheit der Persönlichkeit sehen, will ich mich nicht weiter befassen, weil hier keine zwangsmäßige, sondern nur eine freiwillige Sterilisierung mit Zustimmung der zu Operierenden befürwortet wird.

Der häufigste Einwand, der zugleich auch gegen rassenhygienische Eheverbote vorgebracht zu werden pflegt, ist der, daß wir über die Erblichkeit menschlicher Anlagen noch zu wenig wüßten, um derartig einschneidende Maßnahmen rechtfertigen zu können. Dieser Einwand ist zweifellos nicht berechtigt. In nicht wenigen Fällen lassen sich schon heute sichere Voraussagen in bezug auf die Erbanlagen der einzelnen Kinder machen. Die Möglichkeit von Wahrscheinlichkeitsvoraussagen soll weiter unten unter der privaten Rassenhygiene besprochen werden. Es kann gar nicht ernsthaft bestritten werden, daß die Fortpflanzung von Geisteskranken, schweren Psychopathen, Säufern, Schwindsüchtigen, Tauben, Blinden, Zuckerkranken usw. ganz überwiegend Unheil bringt. Und der Umstand, daß wir in den meisten Fällen nur mit einer gewissen Wahrscheinlichkeit minderwertige Beschaffenheit der Nachkommen voraussagen können, bildet keinen vernünftigen Grund gegen die Verhinderung der Fortpflanzung Minderwertiger, sondern vielmehr dafür. Im praktischen Leben kann sich unser Handeln immer nur nach Wahrscheinlichkeiten richten. Wenn nur ein Handeln nach unbedingt sicheren Voraussagen zulässig wäre, so würde unsere ganze Staatsmaschine stillstehen müssen. Die Wahrscheinlichkeit des Nutzens und die des Schadens müssen vielmehr sorgfältig gegeneinander abgewogen werden, und es ist unverantwortlich, Einrichtungen, deren überwiegender Nutzen offenkundig ist, nur deswegen zu bekämpfen, weil in Ausnahmefällen auch einmal Schaden dadurch gestiftet werden könnte.

Sehr beliebt ist auch der Einwand, daß die Verhinderung der Fortpflanzung Schwacher und Kranker eine Gefahr für die Kultur darstelle. Man weist wohl darauf hin, daß manche der größten „Genies“ von psychopathischen Eltern abstammten. Hätte es da nicht sein können, daß z. B. die Eltern eines Kant, Goethe oder Beethoven an der Fortpflanzung gehindert worden wären? Es ist sehr bezeichnend für die individualistische Einstellung mancher Zeitgenossen, daß sie rückwärtsschauend immer wieder an Einzelfällen hängen bleiben und dadurch den Blick für die Zukunft und für das Ganze verlieren. Ich glaube, niemand wird im Ernst behaupten wollen, daß von jenen Gruppen Minderwertiger, deren Unfruchtbarmachung hier befürwortet worden ist, ebenso oft oder gar häufiger hochbegabte Nachkommen zu erwarten seien als von tüchtigen Eltern. Nun ist es aber Tatsache, daß schon heute alljährlich Millionen Geburten absichtlich verhindert werden; und wie wir ausführlich erörtert haben, wird die absichtliche Verhütung leider in größerem Umfange von den überdurchschnittlich Begabten als von den unterdurchschnittlich Begabten ausgeübt. Infolgedessen bleiben natürlich auch zahlreiche hochbegabte Menschen und auch nicht wenige Genies ungeboren. Über diese Tatsache kommen wir nicht hinweg. Um so mehr haben wir allen Grund danach zu streben, daß die Geburtenverhütung vorwiegend die Minderwertigen betrifft, und dazu ist die Sterilisierung ein geeignetes Mittel. Indem dadurch der Lebensraum für Tüchtige erweitert wird, wird auch zugleich die Wahrscheinlichkeit der Geburt bedeutender Geister erhöht. Nicht die Rassenhygiene ist also eine Gefahr für die Kultur, sondern die kurzsichtige Anfeindung der Rassenhygiene.

Ein brauchbares Mittel zur Verhinderung der Fortpflanzung Minderwertiger ist auch ihre Unterbringung in geschlossenen Anstalten, die sogenannte Asylierung. Besonders Grotjahn ist dafür eingetreten, daß nicht nur alle Geisteskranken und gemeingefährlichen Verbrecher, sondern auch Schwachsinnige, Vagabunden, Trunksüchtige, ja auch körperlich Minderwertige dauernd in Anstalten verwahrt werden sollen, und er fordert mit Recht eine gesetzliche Regelung der Zwangsasylierung. In Nordamerika wird von der Asylierung aus rassenhygienischen Gründen bereits in ziemlich großem Umfange Gebrauch gemacht. In England ist durch Gesetz vom Jahre 1913 Vorsorge getroffen, daß Personen, welche infolge geistiger Anomalie verbrecherisch veranlagt sind, dauernd verwahrt werden. Soweit die Verwahrung aus Rücksicht auf den Schutz der Gesellschaft vor gemeingefährlichen Individuen oder andererseits aus Rücksicht auf die Pflegebedürftigkeit der Asylierten nötig erscheint, ist sie natürlich die einzig gegebene Methode. Wo es dagegen nur auf die Verhütung der Fortpflanzung ankommt, ist sie eine viel umständlichere, teurere und von den Betroffenen in vielen Fällen viel schmerzlicher empfundene Maßnahme als die Sterilisierung. Die beste Lösung wäre daher wohl die von Laughlin vorgeschlagene: Alle nicht gemeingefährlichen erblich Minderwertigen, soweit sie nicht der Anstaltspflege bedürfen, sollten unter der Bedingung freigelassen werden, daß sie sich sterilisieren ließen. Sehr viele, wahrscheinlich die allermeisten würden sicher gern dazu bereit sein. Solange aber die Sterilisierung bei uns nicht eingeführt ist, muß man die Asylierung aller erblich stärker Minderwertigen von möglichst früher Jugend an befürworten.

Für die Ausmerzung der Minderwertigen kommt auch der Strafrechtspflege eine gewisse Bedeutung zu; diese würde ihren Zweck, den Schutz der Gesellschaft, sogar viel wirksamer als heute erfüllen, wenn sie sich ganz bewußt die rassenhygienische Denkweise zu eigen machen würde, wie das v. Hentig in seinem Buche über „Strafrecht und Auslese" getan hat. In Frankreich sollen nach einem Gesetz von 1885 Gewohnheitsverbrecher dauernd interniert werden. Auch die Staaten Washington, Indiana und New York haben die lebenslängliche Einsperrung wiederholt rückfälliger Verbrecher eingeführt, Neu-Süd-Wales und Neu-Seeland auf unbestimmte Zeit, England und Norwegen auf 10 oder 15 Jahre. Ähnlich wirkt die Deportation, welche in Frankreich und Portugal gebräuchlich ist. In dem Entwurf zu einem deutschen Strafgesetzbuch von 1919 ist die Bestimmung enthalten, daß Personen, die wegen fehlender Zurechnungsfähigkeit außer Verfolgung gesetzt oder freigesprochen werden oder die als vermindert zurechnungsfähig verurteilt werden, in einer öffentlichen Heil- oder Pflegeanstalt verwahrt werden sollen, wenn die öffentliche Sicherheit das erfordert. Ebenso soll bei gewerbs- oder gewohnheitsmäßigen Verbrechern auf Sicherungsverwahrung neben der Strafe erkannt werden. Es wäre dringend zu wünschen, daß diese Bestimmung Gesetz würde und auch in ausgiebigem Maße durchgeführt würde. Bei manchen amerikanischen Gerichtshöfen, z. B. in Chicago, hat man psychiatrische Abteilungen eingerichtet, in denen von vornherein jeder Angeklagte darauf untersucht wird, ob er für Asylierung geeignet ist.

Schließlich möge hier noch kurz die Frage der Euthanasie erwähnt werden, d. h. ob es nicht angezeigt wäre, idiotische oder schwer mißbildete Individuen, deren Leben auch für sie selbst, soweit sie überhaupt ein Selbstbewußtsein haben, nur ein Unglück ist, bald nach der Geburt zu töten. Für die Rassenhygiene hat die Euthanasie keine große Bedeutung, weil die dafür in Betracht kommenden Individuen ohnehin nicht zur Fortpflanzung gelangen; es handelt sich vielmehr vorzugsweise um eine Frage der Humanität. Selbst die altspartanische Aussetzung mißratener Kinder ist noch ungleich humaner als die gegenwärtig im Namen des „Mitleids" geübte Aufzucht auch der unglücklichsten Kinder.

e) Quantitative und qualitative Bevölkerungspolitik.

Die Hauptaufgabe praktischer Rassenhygiene liegt nicht in der Bekämpfung erblicher Leiden, sondern in der Förderung der Fortpflanzung überdurchschnittlich tüchtiger Menschen. Die schweren erblichen Krankheiten werden sich niemals so stark ausbreiten, daß sie die Rasse ernstlich bedrohen; für ihre Ausmerzung sorgt schließlich eben auch heute noch die natürliche Auslese. Rassenhygienisch bedeutet die Zunahme leichterer Anomalien, die keinen ausreichenden Grund zur Verhinderung der Fortpflanzung geben, eher eine größere Gefahr. Das eigentliche Verhängnis aber droht von dem Aussterben der höher begabten oder sonst hervorragend tüchtigen Familien. Dem entgegenzuwirken ist daher die Hauptaufgabe der Rassenhygiene.

Wenn auch das Schwergewicht positiver Rassenhygiene darauf gelegt werden muß, tüchtigen Ehepaaren die Aufzucht einer ausreichenden Zahl von Kindern zu ermöglichen, so kann doch auch schon die Stiftung von Ehen durch staatliche Vermittlung, wie z. B. Kuhn sie vorgeschlagen hat, rassenhygienisch von Wert sein. Eine allgemeine Erhöhung der Heiratshäufigkeit über den gegenwärtigen Stand ist allerdings rassenhygienisch durchaus nicht wünschenswert, wie sich ohne weiteres aus den oben gegebenen Darlegungen über die Auslesebedeutung der Ehe ergibt. Immerhin aber kann in vielen Fällen, besonders in den gebildeten und besitzenden Ständen, eine staatliche oder sonstige gemeinnützige Ehevermittlung der Fortpflanzung tüchtiger Menschen förderlich sein.

Die meisten Vorschläge und Versuche positiver Rassenhygiene haben bisher an die Tatsache des Geburtenrückganges angeknüpft. Wenn man vor dem Kriege gewöhnlich darauf hinwies, daß eine starke Volksvermehrung eine unerläßliche Voraussetzung der selbständigen Großmachtstellung des Deutschen Reiches sei, so sind wir dieser Sorge jetzt allerdings überhoben; denn das Deutsche Reich ist heute ein abhängiger Tributärstaat, der mit den ihm verbliebenen wirtschaftlichen Erzeugungsmitteln seine Bevölkerung nur kümmerlich ernähren kann, der also gegenwärtig an einer gewissen Übervölkerung leidet. Es wäre aber verhängnisvoll, wenn man daraus den Schluß ziehen würde, daß man nun den Geburtenrückgang ruhig weitergehen lassen oder daß man gar eine neumalthusianische Bevölkerungspolitik treiben solle, verhängnisvoll vor allem deshalb, weil die absichtliche Geburtenverhütung ohne rassenhygienische Regelung mit einer ungünstigen Auslese einhergeht und daher die Tüchtigkeit der Rasse herabdrückt, wie weiter oben des Näheren ausgeführt wurde. Wir werden also auch in Zukunft die quantitative Bevölkerungspolitik keineswegs vernachlässigen dürfen. Ungleich wichtiger aber ist die qualitative; insbesondere muß auch streng darauf geachtet werden, daß Maßnahmen quantitativer Bevölkerungspolitik nicht etwa ungünstige Wirkungen in qualitativer Hinsicht haben dürfen.

Eine unerläßliche Voraussetzung aller rassenhygienischen Bevölkerungspolitik ist die Aufrechterhaltung der Ehe und Familie. Das ist leider nicht überflüssig zu sagen, da mannigfache Kräfte am Werke sind, die Ehe und Familie zu untergraben. Gefährlicher als jene Bestrebungen, welche unmittelbar die Aufhebung der Ehe auf ihre Fahne schreiben, sind jene, welche nur indirekt die rechtliche und wirtschaftliche Gleichstellung der unehelichen Mütter und Kinder mit den ehelichen fordern, gefährlich insofern, als viele harmlose Zeitgenossen sich die Konsequenzen dieser scheinbar von der Gerechtigkeit geforderten Gleichstellung nicht klar machen. Wenn die unehelichen Mütter und Kinder den ehelichen gleichgestellt werden, so bedeutet das eben praktisch die Aufhebung der Ehe. Diese würde zwar aus Gründen der sittlichen Gewohnheit und Überlieferung noch eine Zeitlang fortbestehen, aber schließlich als eine bedeutungslose und lästige Formalität mehr und mehr beiseite gelassen werden. Auf ungebundene Verhältnisse läßt sich aber die Fortpflanzung eines Volkes nicht gründen, weil es in der Natur solcher Verhältnisse liegt, daß die daran Beteiligten die Kindererzeugung entweder ganz zu vermeiden oder doch auf ein Mindestmaß einzuschränken streben. Von Dauer wird natürlich der ehelose Zustand eines Volkes niemals sein, da er spätestens mit dem Untergang der Gesellschaft, die ihn einführte, sein Ende findet.

Da die Festigkeit der Ehe und Familie in unserer Bevölkerung unzweifelhaft schon Schaden gelitten hat, verdient vom rassenhygienischen Standpunkt alles Förderung, was sie wieder zu stärken geeignet ist. Gleichwohl aber kann man der Meinung sein, daß in manchen Fällen die Ehescheidung durch unser Recht zu sehr erschwert wird. Wenn in Fällen von Geisteskrankheit, schwerer Psychopathie, Trunksucht usw. dem gesunden Ehegatten die Herbeiführung der Scheidung praktisch meist unmöglich ist, so ist das der Würde der Ehe nur abträglich. An und für sich wäre es auch erwünscht, wenn bei Unfruchtbarkeit eines Ehegatten die Ehe auf Antrag des gesunden geschieden werden könnte, damit dieser in einer neuen Ehe Kinder bekommen könnte. Oft wird es aber schwer zu entscheiden sein, welcher von den beiden Teilen der unfruchtbare ist; auch würde das Gericht gewollte Unfruchtbarkeit kaum von ungewollter unterscheiden können. Wenn die Ehescheidung wegen Unfruchtbarkeit allzu leicht gemacht würde, so könnte das sogar für junge Ehepaare ein Grund sein, erst einmal mit der Kindererzeugung zu warten, bis man aus Erfahrung wisse, daß man wirklich dauernd zu einander passe.

Von gewisser Seite wird mit verdächtiger Absichtlichkeit behauptet, daß alle Maßnahmen zur Hebung der Geburtenzahl von vornherein zur Erfolglosigkeit verurteilt seien. Man müsse den Nachdruck in der Bevölkerungspolitik vielmehr auf die Bekämpfung der Sterblichkeit, insbesondere der Säuglingssterblichkeit, legen. Und da die unehelichen Kinder eine ungünstigere Sterblichkeit als die ehelichen hätten, so müsse die Fürsorge für die Unehelichen in den Mittelpunkt der Bevölkerungspolitik gestellt werden. Da die unehelichen Kinder wenigstens in bezug auf die von der Mutter überkommenen Erbanlagen im Durchschnitt weniger wertvoll als die ehelichen sein dürften, so ist ein solches Vorgehen zum mindesten nicht rassenhygienisch. Aber auch in rein quantitativer Hinsicht, ist es eine reine Illusion, durch Bekämpfung der Säuglingssterblichkeit bevölkerungspolitisch etwas Ausschlaggebendes leisten zu können. Die erreichbare untere Grenze der Säuglingssterblichkeit scheint bei etwa 7% zu liegen. In Wirklichkeit starben von 100 Geborenen in den letzten Jahren vor dem Kriege etwa 12–14% im ersten Lebensjahr, was bei einer Geburtenziffer von 28 etwa 4 Säuglinge auf das Tausend der Bevölkerung macht. Der jährliche Gewinn von 1½ bis 2 Säuglingen auf das Tausend der Bevölkerung, welcher im günstigsten Falle durch Bekämpfung der Säuglingssterblichkeit erzielt werden könnte, würde also durch einen Rückgang der Geburtenziffer um zwei Einheiten bereits mehr als ausgeglichen werden, und die Geburtenziffer ist von 1904 bis 1914 um fast vier Einheiten gefallen. Es ist also völlig illusorisch, in der Bekämpfung der Säuglingssterblichkeit ein wesentliches Mittel der Bevölkerungspolitik zu sehen; und außerdem muß man noch bedenken, daß auch manches minderwertige Kind dabei erhalten würde, dessen Leben ihm selber wie der Gesellschaft eine Last wäre. Gegen eine rationelle Bekämpfung der Säuglingssterblichkeit ist zwar vom rassenhygienischen Standpunkt aus nichts einzuwenden; in das Programm der Rassenhygiene aber gehört sie nicht.

Manche Bevölkerungspolitiker fordern eine rücksichtslose Unterdrückung der neumalthusianischen Propaganda; und es kann in der Tat kein Zweifel sein, daß es um die Zukunft unserer Rasse gar nicht so schlimm stände, wenn die neumalthusianische Lehre und Technik nicht vorhanden wäre. Es erscheint mir aber mehr als zweifelhaft, ob durch Polizei- und Strafmaßnahmen etwas Wesentliches dagegen ausgerichtet werden könne.

In Frankreich ist 1920 ein Gesetz erlassen worden, welches jeden, der Verfahren der Empfängnisverhütung beschreibt, bekanntgibt oder mitzuteilen sich erbietet, mit Gefängnis bedroht. So sehr auch die Geburtenverhütung im allgemeinen eine Gegenauslese zur Folge hat und auf die Verpöbelung der Bevölkerung hinwirkt, wie mehrfach betont wurde, so wird dieser Versuch ihrer Unterdrückung die Gegenauslese doch nur verschlimmern und die Verpöbelung beschleunigen; denn den gebildeten und findigen Ehepaaren wird man auf solche Weise die Kenntnis der Geburtenverhütung nicht vorenthalten, sondern nur ungebildeten und beschränkten. Die Verzweiflung der französischen Gesetzgeber, welche in solchen Bestimmungen sich äußert, ist verständlich. Auch in dieser Hinsicht aber kann uns Frankreich nur ein Beispiel sein, wie man Bevölkerungspolitik nicht betreiben soll. Andererseits halte ich freilich auch die Ansicht Grotjahns, „daß die Geburtenprävention alles in allem doch den wichtigsten Angriffspunkt für eine rationelle Eugenik abgeben wird“, für völlig utopisch. Ich glaube nicht, daß jemals die Minderwertigen mehr als die Überwertigen von der künstlichen Geburtenverhütung Gebrauch machen werden. Ohne daß man sich zu großen Erfolg davon versprechen darf, werden die Auswüchse der neumalthusianischen Reklame verhindert werden müssen. Daß die Inseratenteile vieler Zeitungen und Zeitschriften von Anpreisungen von Verhütungsmitteln geradezu wimmeln, brauchte wirklich nicht geduldet zu werden. Auch der Handel mit Verhütungsmitteln muß in Grenzen gehalten werden, soweit nicht Mittel davon betroffen werden, die zugleich der Verhütung von Geschlechtskrankheiten dienen.

Auch von Unterdrückungsmaßnahmen gegen die Abtreibung ist nicht viel zu erhoffen. Obwohl dagegen strenge Gesetze bestehen, kommen doch jährlich Hunderttausende künstlicher Fehlgeburten in Deutschland vor; aber nur wenige Fälle kommen zur gerichtlichen Aburteilung. Es wäre zu fordern, daß besonders die gewerbsmäßigen Abtreiber und Abtreiberinnen energisch verfolgt würden, während man die Frauen eher weniger als heute bestrafen und sie im Falle, daß durch sie ein gewerbsmäßiger Abtreiber bekannt wird, ganz straffrei lassen sollte. Auch muß der Handel mit Instrumenten, welche zur Abtreibung dienen, schon im Interesse der Frauen selber, welche ohne es zu ahnen dadurch oft schwerster Lebensgefahr ausgesetzt sind, unbedingt unterbunden werden.

In Frankreich ist der Vertrieb von Abtreibungsmitteln seit 1920 mit Gefängnis von 6 Monaten bis zu 3 Jahren bedroht. Auch der Entwurf zu einem Deutschen Strafgesetzbuche von 1919 sieht strenge Strafen dafür vor. Ebenso ist darin eine Strafbarkeit der Anpreisung von Abtreibungsmitteln vorgesehen, wodurch hoffentlich endlich auch dem Unwesen der Zeitungsinserate, in denen in versteckter Weise (Mittel gegen „Blutstockung" u. a.) die Abtreibung angeboten wird, ein Ende gemacht werden wird.

Neuerdings wird von einem Verein die Einführung von Findelhäusern als Gegenmittel gegen die Abtreibung empfohlen, d. h. von Anstalten, welche unentgeltlich Kinder, besonders uneheliche, aufnehmen, ohne daß ein Zusammenhang mit der Mutter gewahrt bleibt. Obwohl zugegeben werden mag, daß in einzelnen Fällen Mütter, die ein Kind erwarten, sich durch die Möglichkeit, ihr Kind durch das Findelhaus los zu werden, von einer Abtreibung mögen abhalten lassen, ist es doch fraglich, ob die Kinder derartiger Mütter im Durchschnitt wirklich einen Gewinn für die Rasse bedeuten würden. Im übrigen aber würde die Einrichtung von Findelhäusern praktisch zur weiteren Lockerung der sittlichen Anschauungen und der Auflösung der Familie beitragen.

Wenn der Rassenhygieniker für die Festigkeit der Ehe eintreten muß, so hat er doch keinen Anlaß, gerade die monogame Form der Ehe mit besonderem Eifer zu verteidigen, v. Ehrenfels hat mit guten biologischen Gründen die Vorzüge der polygynen Ehe hervorgehoben. Deren Einführung bei uns kommt aber praktisch natürlich nicht in Betracht. Ein Rassenhygieniker, der sich nicht in Utopien bewegen, sondern der Realpolitik betreiben will, darf vor allem die sittlichen Anschauungen, welche in einer Bevölkerung herrschen, nicht außer acht lassen, und diese schließen die Zulassung polygyner Ehen bei uns schlechterdings aus, vor allem, weil damit eine gewisse Unterordnung der Frauen verbunden wäre. Bei uns würde daher durch polygyne Ehen nur die Fortpflanzung wenig wertvoller Frauen und damit auch wenig wertvoller Männer gefördert werden, was durchaus nicht im Interesse der Rassenhygiene läge. Wo die polygyne Ehe dagegen von der Sitte gutgeheißen ist, wie z. B. in China, da wirkt sie auch rassenhygienisch günstig. Polyandrische Eheformen sind natürlich unter allen Umständen schädlich.

Eine direkte Züchtung von Menschen wird für die Rassenhygiene niemals in Betracht kommen. Wohl begegnen uns gelegentlich Männer, von denen wir wünschen könnten, daß sie nicht nur 2 oder 3, auch nicht nur 10 oder 12, sondern daß sie 100 oder 1000 Kinder hätten. Biologisch möglich wäre das natürlich; und wenn es auch sittlich möglich wäre, so würde das natürlich ein unvergleichlich wirksamer Weg zur Veredelung der Rasse sein. Bei einer derartigen Fortpflanzungsauslese würde die ganze Bevölkerung in wenigen Generationen fast nur aus wohlgeratenen Menschen bestehen. Praktisch aber wird eine direkte biologische Förderung hervorragender Menschen in absehbarer Zeit nur in sehr beschränktem Maße möglich sein; und auf jeden Fall nur im Rahmen der gesetzlichen Ehe.

Man könnte z. B. an eine Art von Nationalstiftung denken, aus der die Kosten für die Erziehung, Ausbildung und Aussteuer der Kinder hochbegabter Menschen zu bestreiten wären. Es ist eine nur zu häufige Erfahrung, daß die Nachkommen hochbedeutender Männer, welche in selbstloser Weise ihre Lebensarbeit in den Dienst der Allgemeinheit gestellt haben, in Not geraten und daß insbesondere die Töchter aus Mangel an Mitteln nicht heiraten können. Viele hochbegabte Männer sehen sich sogar völlig zur Ehe- oder Kinderlosigkeit gezwungen, wenn sie das Kulturwerk, zu dem sie sich berufen fühlen, nicht im Stiche lassen wollen. Eine Nationalstiftung für die Nachkommen wirklich bewährter Forscher, Erfinder, Entdecker, Gelehrter und Künstler wäre daher wohl geeignet, zur Erhaltung hervorragender Erbanlagen beizutragen.

Im übrigen aber besteht die Hauptaufgabe der Rassenhygiene in der Herbeiführung indirekter Maßnahmen zur Förderung der Fortpflanzung überdurchschnittlich veranlagter Familien. Sie muß auf allen Gebieten des öffentlichen Lebens wirtschaftliche und soziale Einrichtungen und Gesetze erstreben, welche dazu geeignet sind, bei den begabten und tüchtigen Ehepaaren die Bedenken gegen die Erzeugung von Kindern zu vermindern.

Im Vordergrunde der Vorschläge, welche die Sorge vor weiterem Rückgange der Geburten gezeitigt hat, pflegt die Forderung von Erziehungsbeiträgen bzw. einer allgemeinen Nachwuchsversicherung zu stehen. Einen besonders großzügigen Entwurf hat Zeiler vorgelegt. Nicht nur die Ehepaare mit

Kindern, sondern auch die kinderlosen sollen nach Zeiler eine Haushaltungsbeihilfe erhalten, welche einen gewissen Bruchteil des Einkommens betragen soll und zwar ohne Mindest- und Höchstgrenze, weil der ganze Plan nicht eine Unterstützung Minderbemittelter durch Höherbemittelte, sondern ganz allgemein einen Ausgleich der wirtschaftlichen Lasten des Familienunterhaltes innerhalb der einzelnen Einkommensstufen zum Ziel hat. Die Ehepaare mit Kindern sollen außerdem beträchtliche Kinderbeihilfen bekommen, welche ebenfalls mit der Einkommenshöhe steigen, im übrigen aber Höchst- und Mindestgrenzen haben. Gegen diesen Plan wie überhaupt gegen die Forderung von Kinderbeihilfen kann nicht etwa der Einwand erhoben werden, daß die Kosten dafür nicht aufgebracht werden könnten. Auch bisher mußten ja die Kosten für die Kinderaufzucht aufgebracht werden; sie liegen aber gar zu ausschließlich auf den Schultern der Familienväter. Es handelt sich also nicht um neue Lasten für die Volksgesamtheit, sondern lediglich um eine gerechtere Verteilung der ohnehin schon aufzubringenden Kosten.

Bedenklich ist nur der Umstand, daß ein Ausgleich, der nur innerhalb der einzelnen Einkommensstufen erfolgt, von weiten Kreisen der Bevölkerung, welche dazu neigen, nur einen Ausgleich zugunsten der Minderbemittelten als „gerecht" anzusehen, als ungerecht empfunden werden würde. Die gesetzgebenden Körperschaften werden daher schwerlich für Familienbeihilfen, die entsprechend dem Einkommen steigen, zu haben sein. Allgemein gleiche oder ungenügend abgestufte Beihilfen, wie sie politisch allenfalls erreichbar wären, würden zwar die Gesamtvermehrung der Bevölkerung fördern, nicht aber die der wirtschaftlich tüchtigeren Kreise. Sie würden daher rassenhygienisch eher schädlich sein.

Wie man Bevölkerungspolitik nicht betreiben soll, sei hier am Beispiel Frankreichs gezeigt. Durch Gesetz vom 14. Juli 1913 ist bestimmt, daß jeder französische Familienvater, der mehr als 3 Kinder zu ernähren hat, öffentliche Unterstützung dafür beanspruchen kann. Infolge eines Beschlusses des Generalrats des Seine-Departements sind außerdem auch direkte Geburtenprämien eingeführt worden und zwar sogar auch für uneheliche Kinder. Für jedes dritte Kind werden 300 Franken gezahlt, für das vierte 350, für das fünfte 400 usw. Zeitungsnachrichten zufolge geht man in Frankreich jetzt daran, derartige und noch weitergehende Maßnahmen auf das ganze Land auszudehnen. Diese Bestrebungen sind offenbar aus dem richtigen Gefühl geboren, daß Frankreich die zur Durchführung seiner angemaßten Herrenrolle in Europa nötige Volkskraft nicht mehr habe. Die bisher eingeschlagenen Wege der Abhilfe sind aber völlig verfehlt. Clémenceau, der politische Führer Frankreichs im Kriege, hat i. J. 1919 in einer bedeutsamen Rede vor der Volksvertretung ausgeführt, daß Frankreich nur dann die Früchte des Sieges ernten könne, wenn die Geburtenfrage in gesundem Sinne gelöst werde, und dabei wörtlich gesagt: „Alles Unglück, das wir gehabt haben, leitet sich davon her, daß wir in Wahrheit keine leitenden Klassen haben." Zur Abhilfe aber schlägt man in Frankreich nun Bahnen ein, welche das Übel noch vergrößern, nämlich zu einer Vermehrung der Unterwertigen und des Pöbels führen dürften. Die führenden Familien wird man durch Aussetzen von Geburtenprämien und Unterstützungen nie und nimmer zur Vermehrung bewegen.

Ebenso wie allgemeine gleiche oder gar nur auf die „Bedürftigen" beschränkte Kinderbeihilfen wirken Geburtenprämien auf eine Verpöbelung der Bevölkerung hin. Eine derartige Bevölkerungspolitik bedeutet die Erhebung der Kontraselektion zum staatlichen Prinzip, wie Siemens treffend sagt. Und wenn sie dazu führen würde, das flammende Menetekel des Geburtenrückganges durch stärkere Vermehrung der unteren Schichten auszulöschen, so würde das nur dazu beitragen, um über die rechtzeitige Erkenntnis der Notwendigkeit einer wirklichen Rassenhygiene hinwegzutäuschen.

Die rassenschädliche Wirkung allgemeiner Kinderbeihilfen kann nicht dadurch vermieden werden, daß man die Gewährung der Beihilfen von der Beibringung eines ärztlichen Tauglichkeitszeugnisses abhängig macht, wie man wohl gemeint hat. Auf diese Weise würde nur ein verhältnismäßig kleiner Teil der Untüchtigen davon ausgeschlossen werden und gerade diese würden natürlich den größten Lärm schlagen. Die Schwachen verdienen zwar gewiß unser Mitleid; aber eben darum sollen wir sorgen, daß sie nicht mehr werden. Unser Mitleid mit den Schwachen betätigt sich am wirksamsten darin, daß wir sorgen, daß möglichst keine Schwachen mehr geboren werden, wozu die Mittel weiter oben gezeigt wurden.

f) Forderungen zur Besoldung und Anstellung.

Die Bedenken, welche gegen allgemeine Kinderbeihilfen vorgebracht wurden, gelten durchaus nicht, wenn es sich um Kinderbeihilfen für einzelne Bevölkerungsgruppen von besonderer Tüchtigkeit handelt. So war die Abstufung der Familienunterstützung für die Kriegsteilnehmer nach der Kinderzahl durchaus im Sinne der Rassenhygiene, ebenso sind die Kinderzulagen zu den Renten der Kriegsbeschädigten rassenhygienisch zu billigen, weil es sich hier um eine günstige Auslese aus der Bevölkerung handelt.

Richtig bemessene Kinderzulagen für die vom Staate besoldeten Beamten (einschließlich der Lehrer und Offiziere) sind sogar eine der wesentlichsten Forderungen der Rassenhygiene.

Die Beamtenschaft stellt eine Auslese nach körperlicher und geistiger Gesundheit, Gewissenhaftigkeit, ernster Lebensauffassung und —

besonders die höhere Beamtenschaft — auch nach geistiger Begabung dar. Bei den Offizieren ist die Auslese nach Gesundheit, Pflichttreue, Aufopferungsfähigkeit, Ehrgefühl und Abstammung der Familie eher noch schärfer. Das Besoldungssystem, welches bis vor kurzer Zeit bestand und welches auch heute durchaus noch nicht genügend umgestaltet ist, war aber ganz dazu angetan, die Beamten- und Offiziersfamilien zum Aussterben zu bringen, wie weiter oben näher belegt wurde. In einem Lebensalter, wo es an der Zeit wäre, eine Familie zu gründen, wurde bisher entweder gar kein Gehalt oder doch kein dazu ausreichender gewährt. Auch später nahm und nimmt die Besoldung nicht die gebührende Rücksicht auf die Familiengröße. Der Familienvater erhielt bis vor wenigen Jahren nicht mehr Gehalt als der Junggeselle. Höhere Beamte und Offiziere hätten daher im allgemeinen nur dann eine ausreichende Zahl von Kindern standesgemäß aufziehen können, wenn sie über größeres, ererbtes Vermögen verfügten oder wenn die Frau eine größere Mitgift mitbrachte. Gerade in diesen Fällen aber stand dann die Rücksicht auf die Erbteilung einer ausreichenden Fortpflanzung entgegen. Bei den Offizieren wurde die Genehmigung zur Ehe geradezu an den Nachweis eines gewissen Privatvermögens geknüpft.

Nur die völlige Ahnungslosigkeit, mit der man bisher den biologischen Bedingungen der Rassentüchtigkeit gegenüberstand, läßt es erklärlich erscheinen, daß man sich so lange mit derart rassenmörderischen Einrichtungen wie der bisherigen Besoldungsordnung abgefunden hat. In den letzten Jahren hat die Aufklärungsarbeit im Sinne rassenhygienischer Bevölkerungspolitik immerhin schon einige Anfangserfolge gezeitigt. Vom J. 1916 an wurden bei den Kriegsteuerungsbeihilfen der Beamten Familienstand und Kinderzahl berücksichtigt. Die Reichsbesoldungsordnung von 1919 sieht Kinderzulagen bis zum 18. Lebensjahr vor. Dennoch bleibt das Meiste noch zu wünschen übrig. Die Kinderzulagen betragen pro Kind nur wenige Prozente des Gesamtgehaltes. Der größte Fehler aber besteht darin, daß sie für alle Gehaltsgruppen gleich hoch angesetzt sind, so daß in Anbetracht der höheren Besteuerung der höheren Beamten diesen tatsächlich auch absolut genommen nur geringere Beträge für die Kinder bleiben als den unteren. Gerade in den Familien der höheren Beamten aber steht das Einkommen ohnehin schon im ungünstigsten Verhältnis zu den Kosten der Erziehung. Mit Rücksicht auf die tatsächlich unvermeidlichen größeren Kosten der Erziehung und auf die ebenso unvermeidliche längere Dauer der Berufsvorbereitung in den Familien der höheren Beamten wäre es vielmehr gerechtfertigt, daß die Unterschiede der Kinderzulagen größer als die der Grundgehälter wären, zumal da die Unterschiede in der Höhe der Gehälter heute nur noch einen Bruchteil der Unterschiede vor dem Kriege betragen. Auch muß unbedingt gefordert werden, daß die Kinderzulagen für höhere Beamte über das 18. Lebensjahr der Kinder hinaus gewährt werden und zwar solange, als die Kinder ohne eigenes Verschulden noch keine auskömmliche Lebensstellung haben, oder wenn diese Feststellung schwierig erscheinen sollte, bis zu dem durchschnittlichen Anstellungsalter in der Beamtengruppe des Vaters.

Sehr erwägenswert ist es auch, ob nicht für das 3. und 4. Kind wesentlich höhere Zulagen als für die früheren und späteren gegeben werden sollten. Während bei zwei Kindern die Familien noch rasch dem Aussterben zutreiben, findet bei 4 Kindern schon eine schwache Vermehrung statt. Wenn die Zulagen für die ersten beiden Kinder nicht zur vollen Deckung der Aufzuchtkosten ausreichen würden, die für das 3. und 4. Kind aber so reichlich bemessen würden, daß durch die Gesamtsumme der Zulagen dann wirklich die Kosten der ersten vier Kinder gedeckt würden, so könnte man den Familien über den Umschlagspunkt zwischen Aussterben und Vermehrung hinweghelfen.

Eine ähnliche Abstufung der Zulagen war in dem Entwurfe vorgesehen, den während des Krieges der damalige bayerische Verkehrsminister v. Seidlein zusammen mit dem Oberpostrat Hotz ausgearbeitet hatte und dessen Ausführung leider durch die Revolution verhindert wurde. Für das fünfte und weitere Kinder würden die Zulagen dann wieder geringer werden. Schallmayer ist dafür eingetreten, daß die Zulagen überhaupt auf die ersten fünf Kinder beschränkt bleiben sollten, was ebenfalls erwägenswert ist.

Gegen jede Begrenzung und Differenzierung der Zulagen wird gern das Schlagwort „Gerechtigkeit“ in die Wagschale geworfen. Gerechtigkeit im höchsten Sinne aber kann nicht in irgendeiner Gleichheit oder irgendeinem Ausgleich bestehen, sondern nur darin ihren Grund finden, was den wahren Interessen des Staates dient. Damit fallen auch alle jene Einwände gegen Kinderzulagen, welche daran Anstoß nehmen, daß diese sich nur auf bestimmte Gruppen der Bevölkerung erstrecken sollen. Gerade eine solche Beschränkung ist wesentlich, vorausgesetzt natürlich immer, daß die betreffenden Bevölkerungsgruppen überdurchschnittlich veranlagt sind, was bei der Beamtenschaft ohne Zweifel der Fall ist. Die Kinderzulagen für staatliche und gemeindliche Handarbeiter haben demgegenüber rassenhygienisch ein geringeres Interesse.

Die bisher gewährten Kinderzulagen für Beamte sind viel zu gering, um dem Aussterben ihrer Familie wesentlich entgegenwirken zu können. Es muß gefordert werden, daß die Bezüge der Familienväter die der Junggesellen sehr beträchtlich, also mindestens um 50 bis 100% übertreffen, wenn wirklich die Möglichkeit gleicher Lebenshaltung für alle Beamten derselben Stufe bestehen soll. Das würde zugleich auch mittelbar rassenhygienisch günstig wirken; es würde dem späten Heiratsalter, dem Alkohol- und

Tabakmißbrauch, den Geschlechtskrankheiten und den Geldheiraten entgegenwirken.

Leider findet die Notwendigkeit ausreichender Kinderzulagen bei den Beamten im allgemeinen nicht das Verständnis, das man wünschen sollte. Die meisten Beamten haben sich eben an die zur Kinderarmut treibende bisherige Besoldungsweise „angepaßt"; sie sind daher meist kinderarm und befürchten von einer gesunden Besoldungspolitik, welche dem Familienvater wesentlich mehr gibt als dem Junggesellen und dem Kinderarmen eine Beeinträchtigung ihrer persönlichen Interessen. Eine allgemeine Gehaltserhöhung kann aber die verderblichen Folgen des bisherigen Systems durchaus nicht beheben; die „standesgemäße" Lebenshaltung würde sich eben trotz aller Gehaltserhöhungen doch bald immer wieder nach den Aufwendungen der Kinderarmen richten.

Im übrigen ist auch die absolute Höhe der Besoldung rassenhygienisch keineswegs gleichgültig. Vor allen Dingen hängt die soziale Auslese sehr wesentlich davon ab. Es ist für das Gedeihen eines Gemeinwesens von höchster Wichtigkeit, daß wirklich die fähigsten Köpfe an leitende Stellen kommen. Wenn nun aber die höheren Beamten nicht wesentlich höher besoldet werden als die unteren, so werden gerade die fähigsten jungen Leute der Beamtenlaufbahn fernbleiben. Die Forderung gleicher Entschädigung für jede Arbeit ist daher dem wahren Wohl der Gemeinschaft entgegen. Leider haben sich die Besoldungsverhältnisse in den letzten Jahren aber in dieser Richtung bewegt.

Zu Anfang des Jahres 1921 betrug das Einkommen eines unteren Beamten dem Nennwert des Papieres nach etwa das Achtfache gegenüber der Zeit vor dem Kriege, das eines höheren Beamten aber nur etwa das Dreifache. Obwohl das Gesamteinkommen des Volkes sehr stark gesunken ist, hat sich das Einkommen der unteren Beamten dem wirklichen Werte nach also ziemlich auf seiner alten Höhe gehalten; das der höheren Beamten ist aber in Wirklichkeit auf ein Drittel gesunken.

Es ist eine wesentliche Aufgabe der Rassenhygiene, für eine angemessene Bezahlung gerade der geistigen Arbeit einzutreten. Diese war schon vor dem Kriege besonders in den jüngeren Jahren völlig unzureichend. Die Angehörigen der meisten wissenschaftlichen Berufe mußten in ihren besten Jahren zu wahren Hungerlöhnen arbeiten, wenn sie nicht viele Jahre lang überhaupt ohne Besoldung arbeiten mußten.

Es ist ein wesentlicher Fortschritt, daß nach der Reichsbesoldungsordnung schon von Anfang der Anstellung an im Vergleich zu dem späteren Höchstgehalt höhere Bezüge gewährt werden und daß das Höchstgehalt schneller erreicht wird als früher, nämlich nach 8–16 Jahren.

Im ganzen aber ist die Bezahlung der geistigen Arbeit heute noch viel unzureichender als früher. Viele Hochschullehrer verdienen nicht so viel wie gewöhnliche Handarbeiter, und nur wenige erreichen das Einkommen eines Kohlenarbeiters. Die geistige Arbeit ist aber nicht minder lebenswichtig für das Gedeihen eines Volkes als die körperliche; und wenn durch Mißachtung der geistigen Arbeit die Kulturhöhe eines Volkes herabgedrückt wird, so führt das unweigerlich auch zu einer Verelendung der Handarbeiter. Es findet heute eine verhängnisvolle Ausbeutung der Geistesarbeiter durch die Gesamtheit statt, weil die Bezahlung der geistigen Arbeit ihrem Werte für das Gedeihen der Gesamtheit nicht entfernt entspricht. Die geistigen Arbeiter sind nicht wie die Handarbeiter in der Lage, durch Streiks und ähnliche Mittel eine Anpassung ihrer Bezahlung an den Wert der von ihnen geleisteten Arbeit zu erzwingen, weil der Ausfall der geistigen Produktion sich nicht so unmittelbar wie der der körperlichen geltend macht; auf die Dauer wiegt er aber um so schwerer.

An der schlimmen wirtschaftlichen Lage der geistigen Arbeiter ist zum guten Teil auch der weiter oben geschilderte übermäßige Andrang zu den geistigen Berufen schuld. Schon vor dem Kriege übertraf das Angebot für geistige Arbeit weit die Nachfrage. Die Folge war eine starke Herabdrückung der Lebenshaltung und eine häßliche Ausartung des Konkurrenzkampfes in den sogenannten freien Berufen, und in den höheren Beamtenberufen mußten die ausgebildeten Anwärter während der besten Jahre ihres Lebens vergeblich auf Anstellung warten. Auch für die spätere Berufstätigkeit hat die lange Wartezeit recht ungünstige Folgen. Wenn z. B. Anwärter auf den amtsärztlichen Dienst fast zwei Jahrzehnte auf eine Stelle warten müssen, so steht ihre Ausbildung dann meist gar nicht mehr auf der Höhe der Zeit. Seit der Revolution hat dieses Überangebot geistiger Arbeiter einen geradezu katastrophalen Charakter angenommen. Der entsetzlichen Barbarei, welche in der Überalterung der Anwärter auf geistige Berufe und in der Ausschaltung zahlreicher gesunder und begabter Menschen von der Familiengründung liegt, kann daher nur dann ein Ende gemacht werden, wenn schon zur Vorbereitung auf die einzelnen geistigen Berufe nur eine beschränkte Zahl junger Leute zugelassen wird, die sich nach der Zahl der auskömmlichen Lebensstellungen bemißt. Ohne einen solchen Numerus clausus, der selbstverständlich nicht schematisch, sondern im Sinne einer sorgfältigen sozialen Auslese nach der Tüchtigkeit durchgeführt werden müßte, würde eine bessere und frühzeitigere Besoldung der geistigen Arbeiter nur einen noch wieder stärkeren Andrang und von noch mehr ungeeigneten Elementen als heute schon zur Folge haben. Davon soll noch bei Besprechung des Erziehungs- und Bildungswesens geredet werden.

Wenn aber von vornherein zur Vorbereitung für die verschiedenen geistigen Berufe nur soviele geeignete junge Leute zugelassen werden, als darin wirklich ein Auskommen finden können, dann kann die rassenhygienisch so schädliche Wartezeit in Zukunft völlig wegfallen. Mit etwa 25 Jahren muß die planmäßige Anstellung auch der höheren Beamten möglich sein. Mit 30 Jahren wird der Höhepunkt der geistigen Leistungsfähigkeit ebenso wie der der körperlichen im allgemeinen schon überschritten; und mit 60 Jahren verfügen nur noch verhältnismäßig wenige Männer über eine Anpassungsfähigkeit, die es ihnen erlaubt, den Lebensnotwendigkeiten der Gegenwart und Zukunft gerecht zu werden. Die Altersgrenze von 65 Jahren für Beamte muß daher auch rassenhygienisch gebilligt werden, obwohl ohne weiteres zuzugeben ist, daß es Männer gibt, die in diesem Alter noch über eine größere geistige Anpassungsfähigkeit verfügen als die meisten mit 30 Jahren. Da infolge einer verfehlten Gesellschaftsordnung die meisten Beamten bisher auch viel zu spät zu einer auskömmlichen Lebensstellung und zur Familiengründung kamen, muß auch gefordert werden, daß diejenigen, welche infolge Erreichung der Altersgrenze ihr Amt verlieren, ausreichend hohe Kinderzulagen erhalten, bis ihre Söhne selber das Anstellungsalter erreichen. Je früher aber in Zukunft die geistigen Arbeiter zur Anstellung und Familiengründung kommen, desto weniger Härten wird die Altersgrenze mit sich bringen.

Die Höhe der Besoldung in den geistigen Berufen muß auf die unvermeidliche lange Vorbereitungszeit Rücksicht nehmen und der Bedeutung der geistigen Arbeit für Staat, Kultur und Rasse angemessen sein. Es ist daher eine durchaus nicht ungerechte Forderung, daß die Besoldung der geistigen Arbeiter die der Handarbeiter um das Mehrfache übersteigen muß. Andernfalls erleidet nicht nur die Rasse einen unersetzlichen Verlust durch das Aussterben der geistig begabten Familien, sondern auch die soziale Auslese, welche von so ungeheuerer Wichtigkeit für das unmittelbare Gedeihen jedes Gemeinwesens ist, wird aufs schwerste beeinträchtigt. Es ist wohl nicht zu viel gesagt, daß das Reich Wilhelms II. infolge mangelhafter sozialer Auslese, d. h. weil die leitenden Stellen zum großen Teil nicht von den fähigsten Männern eingenommen wurden, zusammengebrochen ist. Gegenwärtig ist die soziale Auslese bei uns aber kaum besser. Es muß daher alles getan werden, um sie in die richtigen Bahnen zu lenken, und dazu dient auch eine richtig abgestufte Besoldungsordnung.

Im übrigen muß die Höhe der Beamtengehälter der des gesamten Volkseinkommens angepaßt sein. Wenn das Volkseinkommen wesentlich steigt, so ist es recht und billig, daß auch die Gehälter der Beamten entsprechend steigen. Andererseits können die Beamten nicht verlangen, daß sie in Zeiten, wo das Volkseinkommen stark gesunken ist, wie es gegenwärtig in Deutschland gegenüber der Zeit vor dem Kriege der Fall ist, ein Gehalt, das dem wirklichen Werte (Goldwerte) nach ebenso hoch wie vorher wäre, bekommen. Für die Gehälter der Beamten sollte daher nicht ein bestimmter

Nennwert in Papier, sondern ein bestimmter Bruchteil des Volkseinkommens angesetzt werden. Praktisch wäre das so zu machen, daß jährlich je nach der Erhöhung oder Verringerung des Volkseinkommens auch die Gehälter rein verhältnismäßig erhöht oder verringert würden. Diese von Reichsgerichtsrat A. Zeiler überzeugend begründete selbsttätige Anpassung der Gehälter an die Wirtschaftslage des Gesamtvolkes ist von einem Regierungsentwurf über die Gehaltsordnung der Reichsbeamten aufgenommen worden und wird hoffentlich bald gesetzlich eingeführt werden.

Die meisten der bisherigen Ausführungen über die Besoldung der Beamten gelten nur für männliche Beamte. Was die Beamtinnen anbetrifft, so wurde schon bei Besprechung der sozialen Auslese darauf hingewiesen, daß die Besetzung höher besoldeter Stellen mit Frauen rassenhygienisch im allgemeinen als ungünstig zu betrachten ist. Es soll dabei ohne weiteres zugegeben werden, daß es auch geistige Berufe gibt, die an und für sich durch Frauen ebenso gut wie durch Männer ausgefüllt werden können. Aber darauf kommt es gar nicht in erster Linie an, sondern auf die Folgen für die Rasse und die Kultur. Als Mutter kann die geistig hochstehende Frau jedenfalls nicht durch einen Mann ersetzt werden; und die Frage darf daher nicht sein, wie man Männer in geistigen Berufen durch Frauen ersetzen könne, sondern vielmehr, wie man möglichst die in geistigen Berufen stehenden Frauen durch Männer ersetzen könne.

Aus Gründen der rassenhygienischen Erziehung wäre zu wünschen, daß insbesondere im Lehrberuf die Frauen möglichst durch Männer ersetzt würden, auch an den Mädchenschulen, weil das Beispiel der ledigen Lehrerin wenig geeignet ist, bei den Mädchen den Sinn für Familienleben zu pflegen. An einer amerikanischen Frauenschule waren von 114 Lehrpersonen 100 weibliche und von diesen nur zwei verheiratet. Der amerikanische Rassenhygieniker Sprague führt auf die Wirkung dieses Beispiels wohl nicht mit Unrecht zum Teil die geradezu trostlose Fortpflanzungsverhältnisse der amerikanischen Akademikerinnen zurück.

Nun wird man vielleicht sagen, solche Tatsachen zeigten eben, daß den Lehrerinnen wie überhaupt den Beamtinnen die Ehe gestattet und ermöglicht werden müsse. Durch die Weimarer Verfassung von 1919 sind ja alle Ausnahmebestimmungen für weibliche Beamte aufgehoben worden, allerdings nicht aus rassenhygienischen Gründen, sondern aus Gründen der individualistischen „Gerechtigkeit". Wie sich die praktische Durchführung in den einzelnen Ländern gestalten wird, ist im Augenblick noch nicht zu übersehen. Auch Rassenhygieniker wie Schallmayer und Hirsch sind für die Aufhebung des Zölibats der Beamtinnen eingetreten; und es ist ja ohne weiteres einleuchtend, daß durch die Ehelosigkeit Hunderttausender von Beamtinnen, die den Durchschnitt der Bevölkerung an körperlicher und geistiger Tüchtigkeit wesentlich überragen, der Rasse unersetzliche Erbwerte verloren gehen. Meines Erachtens überwiegen aber die Nachteile der Aufhebung des Zölibats der Beamtinnen die Vorteile beträchtlich. Die Ausübung des Berufes als Lehrerin oder sonstige Beamtin ist mit der Aufzucht einer zur Erhaltung der Familie genügenden Zahl von Kindern ja doch nicht vereinbar. Folglich werden die Ehen der Beamtinnen kinderlos oder doch sehr kinderarm sein. „Beruf und Kind" genügt nicht; Beruf und Kinder aber sind schwerlich vereinbar. Die Männer der Beamtinnen — und es würde ohne Zweifel eine Auslese von Männern sein — nehmen natürlich an der Unfruchtbarkeit ihrer Frauen teil, während sie in der Ehe mit anderen Frauen eine ausreichende Kinderzahl erzeugen könnten. Da bei einem Frauenüberschuß wie wir ihn haben, durch eine Beamtin, die heiratet, im allgemeinen einem andern Mädchen die Möglichkeit zur Ehe entzogen wird, so wird dadurch die Frauenfrage auch in individualsozialer Hinsicht ihrer Lösung kaum näher gebracht. Auch bisher schon konnten die Beamtinnen ja heiraten; nur mußten sie dann den Beruf aufgeben. Und das liegt unzweifelhaft auch im Interesse der Rasse. Je mehr von diesen Mädchen rechtzeitig heiraten, desto besser. Daher ist es auch rassenhygienisch durchaus zu billigen, daß Beamtinnen, die vor dem 30. Jahre heiraten, das Aufgeben des Berufes durch eine entsprechende Abfindung erleichtert wird.

Die Frauenfrage in den gebildeten Ständen kann nicht durch die Eröffnung immer neuer Berufsmöglichkeiten gelöst werden, sondern nur dadurch, daß man den Mädchen Möglichkeiten zur Eheschließung schafft. Und das geschieht am besten durch frühzeitige und ausreichende Besoldung der wirklich tüchtigen jungen Männer. Und auch jenen Mädchen, die aus irgendeinem Grunde für die Ehe nicht geeignet und daher auf einen Beruf angewiesen sind, hilft man am besten dadurch, daß man möglichst vielen ihrer Konkurrentinnen die Ehe ermöglicht. Auch jene politisch tätigen Frauen, die in erster Linie die persönlichen Interessen der ledigen Frauen im Auge haben, haben daher allen Grund, sich für eine rassenhygienisch richtige Ordnung der Anstellung und Besoldung der Beamten einzusetzen.

g) Forderungen zur Steuergesetzgebung.

Eines der wichtigsten Gebiete rassenhygienischer Wirtschaftsreform ist das des Steuerwesens. Die bisherige Steuerpolitik des Staates wirkt ebenso wie die bisherige Besoldungspolitik der Fortpflanzung der Tüchtigen geradezu entgegen. In einer vielköpfigen Familie müssen von demselben Einkommen viel mehr Mitglieder leben als in einer kleinen; auf ein Mitglied einer großen Familie kommt also bei gleichem Gesamteinkommen der Familie ein viel geringerer Anteil daran als auf das einer kleinen. Da nun bei unserer Einkommensteuer die Steuersätze mit dem Einkommen stark ansteigen, so wird — abgesehen von den kleinsten Einkommen — von dem, was ein Familienmitglied zu verzehren hat, um so mehr weggesteuert, je größer die

Familie ist. Der Umstand, daß für jedes minderjährige Kind ein gewisser Betrag (z. Z. 1800 Mk.) von der Steuer freigelassen wird, ist durchaus nicht geeignet, diese Ungerechtigkeit auszugleichen. Besonders in den höheren Einkommens- und Steuerstufen werden die Junggesellen und Kinderlosen auf diese Weise ganz ungebührlich vor den Kinderreichen bevorzugt.

Ganz besonders ungerecht ist es, wenn das Einkommen oder das Vermögen beider Ehegatten bei der Steuerveranlagung zusammengerechnet wird. Zu dem sogenannten Reichsnotopfer von 1920 hatte z. B. ein Ehepaar von einem Vermögen von einer Million Mark ebensoviel wie ein Junggeselle abzugeben, nämlich 246000 Mark; zwei ledige Personen dagegen nur 182000 Mark. Ein solches Ehepaar hatte also, bloß weil es verheiratet war, eine Sonderabgabe von 64000 Mark, d. h. eine besondere Ehesteuer zu entrichten. Selbst größere Familien hatten eine fast ebensogroße Abgabe wie Junggesellen mit gleich großem Vermögen zu leisten, ein Ehepaar mit 3 Kindern von einer Million z. B. 222000 Mark. Das ist natürlich kein angemessenes Verhältnis.

Wenn heute ein Mann, der ein Einkommen von 24000 Mark hat, eine Frau heiratet, welche ein Vermögen mit in die Ehe bringt, das ebenfalls ein Einkommen von 24000 Mark an Zinsen einbringt, so muß das Ehepaar 9060 Mark Einkommensteuer bezahlen. Wenn beide ledig blieben, so hätten sie dagegen zusammen nur etwa halb so viel Einkommensteuer zu zahlen, nämlich 4560 Mark. Die Ehesteuer beträgt in diesem Falle also 4500 Mark. Diese Sonderbesteuerung der Ehe steht unzweifelhaft in Widerspruch mit der Deutschen Reichsverfassung, in der es unter Artikel 119 heißt: „Die Ehe steht als Grundlage des Familienlebens und der Erhaltung und Vermehrung der Nation unter dem besonderen Schutz der Verfassung". „Die Reinhaltung, Gesundung und soziale Förderung der Familie ist Aufgabe des Staates und der Gemeinde. Kinderreiche Familien haben Anspruch auf ausgleichende Fürsorge." Es darf wohl die Erwartung ausgesprochen werden, daß die erwähnten Steuerbestimmungen, in denen sich eine wirkliche Rückständigkeit zeigt, bald beseitigt werden.

Zum allermindesten muß gefordert werden, daß jedes steuerbare Einkommen oder Vermögen in so vielen gleichen Teilen veranlagt werde, als Familienmitglieder davon leben. Nach diesem Grundsatze, der meines Wissens zuerst von Schloßmann ausgesprochen worden ist, würde das Vermögen einer fünfköpfigen Familie von einer Million Mark z. B. in fünf Teilen zu je 200000 Mark zum Reichsnotopfer zu veranlagen gewesen sein; und die Abgabe würde nur 130000 statt 222000 Mark betragen haben. An Einkommensteuer würde eine fünfköpfige Familie mit 48000 Mark steuerbarem Einkommen nach diesem Grundsatze nur 4200 Mark statt 9060 zahlen. Wenn man dagegen einwenden wollte, daß bei größeren Einkommen eine so erhebliche Berücksichtigung der Familiengröße nicht durchführbar sei, so würde das völlig irreführend sein. Es kann niemals gerechtfertigt werden, daß die Familien innerhalb der gleichen Einkommensstufe gegenüber den Junggesellen benachteiligt werden; und wenn der Gesamtertrag der Steuern dann zu gering werden sollte, so müßten eben alle Sätze entsprechend erhöht werden. Wenn aber der Staat die Ehe und Familie wirtschaftlich derartig benachteiligt, so wirkt das trotz der schönen Worte in der Reichsverfassung eben auf die Zerstörung der Ehe und Familie hin.

Wenn hier die Veranlagung der Steuern in einer der Familiengröße entsprechenden Zahl von Teilen befürwortet wird, so soll damit nicht etwa das System der Einkommens- und Besitzsteuern verteidigt werden. Aber deren grundsätzliche Mängel liegen mehr auf wirtschaftlichem als auf rassenhygienischem Gebiet, weil sie dem Sparsinn der Bevölkerung entgegenstehen und auf eine unsolide Gestaltung der Volkswirtschaft hinwirken. Wenn gar alles Einkommen, welches über das Existenzminimum hinausgeht, weggesteuert würde, wie allen Ernstes kürzlich gefordert worden ist, so würden selbstverständlich nur noch wenige Menschen über das Existenzminimum hinaus etwas leisten; und da sehr viele auch dazu infolge Krankheit oder sonstiger Schwäche nicht in der Lage sind, so würde für die Volksgesamtheit das Existenzminimum natürlich nicht mehr erreicht werden. Die Folge wäre also allgemeine Verelendung. Wenn auch nicht im gleichen Grade, so wirken aber doch grundsätzlich alle Steuergesetze, welche das Einkommen und den Besitz stark belasten in derselben Richtung. Viel zweckmäßiger wäre es, nicht die Einkünfte und Rücklagen, sondern vielmehr den Aufwand steuerlich zu erfassen, wie z. B. Zeiler dargelegt hat.

Bedenklich sind auch alle indirekten Steuern, weil sie zum größten Teil auf Lebensbedürfnissen ruhen und daher besonders die größeren Familien belasten. Das gilt z. B. auch von der Umsatzsteuer, welche noch dazu für das ganze Wirtschaftsleben eine schwere Hemmung bedeutet. Die Kapitalertragsteuer, welche in schematischer Weise von allen Kapitalzinsen 10% ohne Rücksicht auf die Höhe des Einkommens und die Größe der Familie erfaßt, ist geradezu das Musterbeispiel einer unsozialen und unorganischen Steuer.

Es wäre zu wünschen, daß dem Vorschlage Zeilers gemäß an Stelle des Vielerlei der bestehenden Steuern eine einzige große Steuer und zwar eine Gesamtverbrauchssteuer trete. Auch die rassenhygienischen Forderungen, welche an jede Steuerpolitik zu stellen sind, würden im Rahmen der Zeilerschen Reform besonders leicht zu verwirklichen sein. Zeilers Forderung einer selbsttätigen Anpassung des Beamtengehaltes, von der oben gesprochen wurde, scheint ja ihrer Verwirklichung nahe zu sein. Möchten auch seine Gedanken zur Steuerpolitik, die eine Lösung von genialer Einfachheit zeigen, bald allgemeine Anerkennung finden.

Während vor wenigen Jahren noch die Forderungen einer rassenhygienischen Gestaltung des Steuerwesens ohne wesentliche praktische Bedeutung waren, weil die Steuern früher überhaupt so niedrig waren, daß sie keinen besonderen bevölkerungspolitischen Einfluß haben konnten, ist das nun ja ganz anders geworden. Heute kann eine gerechte Berücksichtigung der Familiengröße bei der Steuer sehr wohl dazu beitragen, die Bedenken gegen die Erzeugung von Kindern zu vermindern; und da dies in erster Linie bei wirtschaftlich Leistungsfähigen von Belang ist, so wird eine bevölkerungspolitische Steuerpolitik auch im Sinne günstiger Auslese wirken.

h) Die rassenhygienische Gestaltung des Erbrechts.

Durch eine rassenhygienische Gestaltung der Besoldungsordnung und des Steuerwesens würden in weiten Kreisen der tüchtigsten Bevölkerungsgruppen zwar wesentliche Beweggründe übermäßiger Geburtenverhütung ausgeschaltet werden; in den wohlhabenden und reichen Kreisen würde aber die Rücksicht auf die Erbteilung ihre verhängnisvolle Bedeutung im Sinne äußerster Beschränkung der Kinderzahl dadurch nicht verlieren. Dem Bestreben, daß einem oder zwei Kindern das Erbe nicht durch Erzeugung weiterer Kinder geschmälert werde, kann nur dadurch begegnet werden, daß man seine Erfüllung durch eine einschneidende Umgestaltung des Erbrechts unmöglich macht.

Öfter ist sogar die Meinung vertreten worden, daß das Bestehen eines Erbrechts überhaupt der Tüchtigkeit der Rasse schädlich sei, weil dadurch ein Teil der Menschen schon von Geburt an wirtschaftlich günstiger gestellt sei als ein anderer und die Auslese daher unter ungleichen Bedingungen vor sich gehe. Es ist aber nicht abzusehen, weshalb gerade die rein individuelle soziale Auslese für das Gedeihen der Rasse förderlich sein solle, die Familienauslese, welche im Laufe der Generationen erfolgt, aber nicht. Wenn tüchtige und sparsame Familien die Möglichkeit haben, mit Hilfe der Hinterlassung ihres Vermögens auf die Nachkommen sich besser zu erhalten als andere, so liegt das durchaus im Sinne einer gesunden Auslese. Bei völliger Aufhebung des Erbrechts würden die Vorsorglichen und wirtschaftlich Tüchtigen sich noch mehr als heute scheuen, Kinder in die Welt zu setzen. Aber das Eigentum der Familie muß auch wirklich der Erhaltung der Familie dienen, und wenn es bei dem bestehenden Erbrecht zu ihrem Aussterben beiträgt, so widerspricht das seinem Sinne. Nun kann aber das Erbrecht sehr wohl in den Dienst der Erhaltung gestellt werden. Es handelt sich daher nicht um eine Aufhebung des Erbrechts, sondern um seine Erfüllung.

Gruber hat im Jahre 1913 folgende Gestaltung des Erbrechts vorgeschlagen: Wenn vier oder mehr Kinder oder deren Nachkommen vorhanden sind, soll das Erbe auf diese übergehen; wenn nur drei Kinder vorhanden sind, erhalten diese zusammen nur drei Viertel des Erbes, zwei Kinder nur 2 Viertel, ein Kind nur ein Viertel. Die übrigen Vermögensteile sollten in diesen Fällen an Seitenverwandte fallen und unter diesen nach Maßgabe der Kinderzahl verteilt werden. Wenn derart ein Kind nie mehr als ein Viertel des elterlichen Vermögens erben könnte, so würde eine Beschränkung der Kinderzahl auf weniger als vier aus Rücksicht auf die Erbteilung natürlich keinen Sinn mehr haben. Das Familienvermögen würde nur in demselben Maße erhalten werden, in dem die Familie selber sich erhielte. Jedes gesunde Ehepaar aber hätte es in der Hand, durch Aufzucht einer gewiß mäßigen Zahl von Kindern ihr ganzes Vermögen zu erhalten. Das Vermögen wäre dann gewissermaßen Eigentum nicht eines Individuums, sondern einer Großfamilie; und für die engere Familie wäre es eine Art von Lehen, das an die Familienerhaltung gebunden wäre.

Von anderen Bevölkerungspolitikern, wie z. B. Bertillon in Frankreich, ist ein Erbrecht des Staates vorgeschlagen worden, das im Falle ungenügender Kinderzahl einzutreten hätte, und Zeitungsnachrichten zufolge geht man in Frankreich bereits praktisch an die Ausarbeitung eines derartigen Gesetzes heran. Bei uns hat der sozialdemokratische Politiker Quessel auf einem Parteitage die Forderung vertreten, daß ein Kind nicht mehr als ein Drittel des elterlichen Vermögens solle erben dürfen und daß bei Vorhandensein von nur zwei Kindern ein Drittel an den Staat fallen solle, bei einem Kinde zwei Drittel, bei Kinderlosigkeit das ganze Vermögen. Etwas weniger weit sind Kuczynski und Mansfeld gegangen, welche dafür eingetreten sind, daß in Fällen, wo nicht mindestens drei Kinder oder deren Abkömmlinge hinterlassen werden, das Reich Anspruch auf den Pflichtteil eines Kindes haben solle, was bei einem Kinde die Hälfte des elterlichen Vermögens und bei zweien ein Viertel ausmachen würde.

Geeignete Vorschläge einer rassenhygienischen Gestaltung des Erbrechts sind seit Jahren gemacht worden. Sie begegneten aber in den Kreisen der Besitzenden meist einer sehr lebhaften Abneigung. Man wies auf die außerordentlichen Härten hin, welche die Abgabe eines großen Teils des Familieneigentums in vielen Fällen zur Folge hätte, und die ja auch gewiß nicht gering anzuschlagen sind. Man glaubte die Einrichtung des erblichen Eigentums dadurch überhaupt angetastet. Die Urteilsfähigeren sahen zwar ein, daß etwas zur Erhaltung der besitzenden Familien geschehen müsse; aber dazu müßten eben andere Wege gefunden werden, meinten sie. Anzugeben wußten sie allerdings keine andern Wege, die zum Ziele führen könnten. Man gewann den Eindruck, daß die meisten sich eher mit dem Aussterben der Familien abzufinden bereit waren als mit einer Beschränkung des Erbrechts der Kinderarmen. Alles andere solle die Rassenhygiene machen, nur das nicht. Man wollte nicht begreifen, wie es stand, rassenbiologisch und — politisch. Da kam die Revolution und brachte auch auf dem Gebiete des Erbrechtes eine revolutionäre Gesetzgebung. Unter dem Namen einer „Steuer“ wurde die Konfiskation großer Teile des Familienvermögens bei Todesfällen verfügt. Die Härten dieser Gesetzgebung sind viel größer als die einer Erbrechtsreform, wie sie von rassenhygienischer Seite vorgeschlagen worden war, weil sie alle Familien trifft, auch die kinderreichen, und weil der Tod eines Ehegatten auch bei Gütergemeinschaft als Anlaß zu einer teilweisen Konfiskation des Vermögens angesehen wird. Durch eine rassenhygienische Gestaltung des Erbrechts würden alle Familien mit 3 und mehr Kindern überhaupt nicht betroffen werden. Wenn aber nur ein oder zwei Kinder vorhanden wären, so würden diese dadurch doch nicht schlechter gestellt werden als wenn sie einer Geschwisterzahl von drei oder mehr bei gleichem Familienvermögen angehörten. Bei der „Erbanfallsteuer“ vom 1. September 1919, welche von dem damaligen Finanzminister Erzberger durchgebracht wurde, wird aber die Zahl der Kinder überhaupt nicht direkt berücksichtigt, sondern nur mittelbar insofern ein wenig, als die Abgabe mit der Größe des Erbes zunimmt. Die gleichzeitig erlassene „Nachlaßsteuer“, welche freilich viel weniger einschneidend, weil weniger hoch ist, nimmt auf die Familie überhaupt keine Rücksicht. Auch beim Tode eines der Ehegatten wird ein Erbfall angenommen, und der überlebende Ehegatte muß einen mehr oder weniger großen Teil des gemeinsamen Vermögens abgeben. Beim Tode des andern Ehegatten wird dann den überlebenden Kindern ein weiterer großer Teil des Vermögens genommen. Diese allgemeine Einschränkung des Erbrechts ist im Gegensatz zu einer rassenhygienischen Regelung unorganisch und familienzerstörend. Die wirtschaftlich tüchtigen Familien werden dadurch noch mehr als durch die rein privatwirtschaftliche Ordnung zur äußersten Kinderarmut gedrängt. Auch volkswirtschaftlich muß eine solche Gesetzgebung auf die Dauer außerordentlich schädlich wirken. Wirtschaftstüchtige Familien, welche dazu in der Lage sind, werden einem Staate mit einer derartigen Hemmung der wirtschaftlichen Möglichkeiten den Rücken kehren. Die Deutschen im Auslande haben inzwischen schon zum großen Teil ihre deutsche Staatsangehörigkeit aufgegeben; und in Zukunft werden Deutsche, welche im Auslande zu Wohlstand kommen, das regelmäßig tun. Die schließliche Folge wird eine weitgehende Verarmung der deutschen Volkswirtschaft sein, welche natürlich auch eine Verelendung der handarbeitenden Massen mit sich bringen wird.

Nur der Grundbesitz kann sich der Konfiskation nicht durch die Auslandsflucht entziehen. Wie die seit 1919 bestehende Einschränkung des Erbrechts auf den Grundbesitz wirken wird, möge an einem Beispiel gezeigt werden. Ein mittleres Landgut, das vor dem Kriege etwa einen Wert von 500000 Goldmark hatte, wird im Falle des Todes eines der Eltern zu einem Ertragswert gerechnet, der schon heute etwa 5 Millionen Papiermark betragen dürfte. Stirbt entweder die Mutter oder der Vater, so wird bereits ein großer Teil des Besitzes für verfallen erklärt, indem in der Praxis das Gut wohl mit einer entsprechend hohen staatlichen Hypothek belastet werden wird. Stirbt auch der andere Elternteil, so wird abermals ein großer Teil des Familienvermögens eingezogen. Wenn nur ein Kind als Erbe vorhanden ist, so bleibt ihm nach dem Tode beider Eltern nicht ganz die Hälfte des Vermögens. Aber auch wenn z. B. drei Kinder vorhanden sind, erben diese nicht viel mehr, nämlich nur etwa 56% des Vermögens. Von einer wirklich ausgiebigen Berücksichtigung der Kinderzahl, wie sie die Rassenhygiene verlangen muß, ist also keine Rede. Bei einer Belastung mit einer Hypothek von der Hälfte des Wertes können sich die meisten Güter natürlich nicht halten, und bei großen Gütern geht die Konfiskation sogar noch viel weiter.

Der Erfolg dieser Gesetze wird also sein, daß in wenigen Jahrzehnten die meisten großen und mittleren Güter in die Hände von Schiebern, Wucherern und Ausländern geraten sein werden. Die angestammten Familien aber werden davon verdrängt.

Angesichts dieser Sachlage muß die Rassenhygiene meines Erachtens folgende Forderungen aufstellen: Die Erbabgabe, welche durch die Gesetze vom Jahre 1919 vorgesehen ist, wird in ihrem vollen Umfange nur erhoben, wenn nicht mehr als ein Kind vorhanden ist. Sind zwei Kinder vorhanden, so ermäßigt sich die Abgabe auf die Hälfte. Beim Vorhandensein von drei oder mehr Kindern hat keinerlei Konfiskation von Familienvermögen stattzufinden. Beim Tode des einen von zwei Ehegatten, welche in Gütergemeinschaft leben, gilt ein Erbfall überhaupt nicht als gegeben.

Es ist sehr bezeichnend für die bestehende Gesetzgebung, daß die Ehegemeinschaft fast immer nur zuungunsten der Ehegatten bei der Steuer berücksichtigt wird. Beim „Reichsnotopfer“ und bei der Einkommensteuer wird sie zum Anlaß einer Erhöhung der Abgaben, wie auf S. 149 gezeigt wurde. Bei den Erbabgaben dagegen wird es so gehalten, als bestehe gar keine Gemeinschaft der Gatten, weil auch dadurch wieder die Abgaben erhöht werden. „Die Ehe steht als Grundlage des Familienlebens — — — —“ (vgl. S. 149).

Hätte man uns Rassenhygienikern zur rechten Zeit Gehör geschenkt und eine rassenhygienische Gestaltung des Erbrechts eingeführt, die auch mit Vorschlägen einsichtiger Sozialisten, wie dem angeführten Quessels, sich weitgehend berührte, so wäre uns die unorganische und zerstörende Erbgesetzgebung von 1919 wohl erspart geblieben. Früher empfand man unsere Forderungen als „sozialistisch“. Heute wird man unsere Forderungen, die nach wie vor auf dasselbe hinauslaufen, wahrscheinlich „kapitalistisch“ schelten. Sie sind weder das eine noch das andere. Wir sind überhaupt nicht auf eine bestimmte Wirtschaftsordnung eingeschworen, sondern uns liegt an der Rettung unserer Rasse. Wir hoffen, aber, daß wir in den Kreisen des

Besitzenden in Zukunft mehr Verständnis als früher finden werden. Die Umgestaltung der bisherigen Erbgesetzgebung in dem angegebenen Sinne muß in der nächsten Zeit geradezu eine Hauptaufgabe der Rassenhygiene sein.

Man wird vielleicht einwenden wollen, daß der Hauptzweck der Erbschaftsabgaben von 1919, die Erschließung ausgiebiger Geldquellen für den Staat, nicht genügend erreicht werde, wenn Familien mit drei oder mehr Kindern abgabefrei bleiben. Der Geldbedarf des Reiches (bzw. der Entente) gestatte das nicht. Dagegen ist zu sagen, ähnlich wie schon oben bei der Steuergesetzgebung, daß auf solche Weise niemals die Außerachtlassung der Gerechtigkeit und der Selbsterhaltung begründet werden kann. Auch ist zu bedenken, daß die Erbabgaben durch die Entwertung des Papiergeldes ganz automatisch viel höher geworden ist, als dem Geldwert, mit dem man im Jahre 1919 rechnete, entsprach. Der Goldwert von Grundbesitz oder ähnlichen Sachwerten ist kein wesentlich anderer als damals, wohl aber der Wert in Papier, nach dem die Abgaben gerechnet werden. Alle Abgaben aber sollten sich vernünftigerweise nach dem wirklichen Wert und nicht nach papierenen richten.

Im übrigen ist die Forderung der Rassenhygiene nach einer organischen Gestaltung des Erbrechts nicht an die Grenzen der deutschen Republik gebunden. Die Grenzen der Rasse sind weiter als die des Staates. Vielleicht wird sie eher in andern Ländern, wo man mehr Einsicht in die Notwendigkeiten der organischen Selbsterhaltung und auch mehr die politischen Machtmittel dazu hat, durchgeführt werden können.

Eine Reform der Erbschaftssteuer ist streng genommen nicht das, was wir wollen. Jede Besteuerung des Kindeserbes widerspricht eigentlich der organischen Auffassung des Eigentums; denn wenn man alles Eigentum als Familieneigentum ansieht, so findet bei einem Erbgang von den Eltern auf die Kinder überhaupt kein Besitzwechsel statt, der Anlaß zu einer Besteuerung geben könnte. Das Richtige wäre daher eigentlich nicht eine Neuregelung der Erbschaftssteuer, sondern eine Änderung des Erbrechts selber. Die Einrichtung des erblichen Eigentums ist an und für sich von unersetzlichem volkswirtschaftlichen Werte, und ein Eingriff darin darf nicht leicht genommen werden. Daher kann auch jene Konfiskation großer Vermögensteile, welche das sogenannte „Reichsnotopfer" darstellt, nicht gebilligt werden, zumal wenn dabei so unorganisch vorgegangen wird, daß von dem Vermögensanteile eines Familienmitgliedes um so mehr konfisziert wird, je mehr Angehörige er hat, wie es tatsächlich geschehen ist. Um zwei kurz hintereinander folgende Konfiskationen großer Vermögensteile zu vermeiden, würde sich eine Regelung empfehlen, daß in den nächsten 25 Jahren bei Erbfällen in Familien von zwei und mehr Kindern der zum Reichsnotopfer gezahlte Betrag angerechnet würde. Auf diese Weise würde dessen unsoziale Verteilung noch nachträglich bis zu einem gewissen Grade ausgeglichen werden können. Die Befreiung der Familien mit drei und mehr Kindern von der Erbabgabe wird dadurch aber nicht überflüssig. Es wäre zu hoffen, daß 25 Jahre nach Eintritt einer rassenhygienischen Regelung des Erbrechts die meisten Ehepaare sich durch Aufzucht einer genügenden Zahl von Kindern daran angepaßt haben würden. Dann wäre der eigentliche Zweck erreicht, und Einziehung großer Vermögensteile würden nur noch selten nötig sein; denn bedauerlich sind solche immer, und nur wenn größeres Unheil dadurch abgewandt werden kann, können sie gerechtfertigt werden.

Um der Berufung auf Fälle unverschuldeter Kinderlosigkeit die Spitze abzubrechen, dürfte es angezeigt sein, daß adoptierte Kinder rechtlich den eigenen gleichgestellt würden. Dann hätte jedes wohlhabende Ehepaar die Möglichkeit, die Mindestzahl von Kindern, wenn auch nicht selber zu erzeugen, so doch aufzuziehen. Allerdings müßte die Annahme an Kindesstatt gegenüber den geltenden Bestimmungen, die einseitig privatkapitalistisch orientiert sind, zu diesem Zwecke wesentlich anders geregelt werden.

Die Kultur der Familie, auf deren Vernachlässigung bei uns z. B. auch der sozialistische Sozialhygieniker Grotjahn so eindringlich den Finger gelegt hat, muß auch in der Wirtschaftsgesetzgebung ihre Grundlage finden. Wenn aber heute vielfach verlangt wird, daß uneheliche Kinder den ehelichen auch im Erbrecht völlig gleichgestellt werden sollen, wie es in einigen Ländern z. B. Finnland tatsächlich Gesetz geworden ist, so läuft das der Kultur der Familie zuwider. Jeder weitere Schritt zur Gleichstellung der Unehelichen trägt zur Auflösung der Familie bei. Vom rassenhygienischen Gesichtspunkt ist auch zu bedenken, daß gerade wirtschaftlich günstig gestellte uneheliche Väter — bzw. solche, die von unehelichen Müttern als Väter angegeben werden — dadurch in der Eheschließung und Fortpflanzung beeinträchtigt werden. Der Rassenhygieniker muß daher die bisherige gesetzliche Regelung, nach der uneheliche Kinder mit dem Vater rechtlich als nicht verwandt gelten, gutheißen.

i) Vorschläge zum Siedelungswesen.

Vielfach kann man noch die Ansicht vernehmen, daß die bäuerliche Bevölkerung einer übermäßigen Geburtenbeschränkung nicht verfallen werde, weil der Landwirt eine größere Zahl von Kindern als Arbeitskräfte geradezu brauche. Das bedeutet eine völlige Verkennung der wirtschaftlichen und psychologischen Sachlage. Wo der Grund und Boden frei veräußerlich und teilbar ist, führt die Rücksicht auf die Erbteilung auch die besitzende Landbevölkerung auf die Dauer unweigerlich zu einer so weitgehenden Beschränkung der Kinderzahl, daß ihr Bestand nicht mehr erhalten bleibt. In Frankreich ist die bäuerliche Bevölkerung kinderärmer als die industrielle, und diese Tatsache ist zum guten Teil auf eine Bestimmung des Code Napoléon zurückzuführen, nach der das elterliche Erbe gleichmäßig unter die Kinder verteilt werden muß. Auch in Siebenbürgen, wo 80% der Bevölkerung aus besitzenden Bauernfamilien besteht, herrscht durchaus das Zweikindersystem. Das Anerbenrecht, bei dem der Hof ungeteilt auf eines der Kinder, gewöhnlich den ältesten Sohn übergeht, wirkt zwar nicht so verhängnisvoll wie die gleiche Teilung; aber auch dort scheuen sich die Eltern natürlich, außer dem gut gestellten Kinde noch mehrere besitzlose zu hinterlassen. Daher reicht z. B. in den evangelischen Gebieten Nordwestdeutschlands auch die Kinderzahl der selbständigen Landwirte heute nicht mehr zur Erhaltung der Familien aus. Gerade die besitzende Landbevölkerung aber wäre recht eigentlich berufen, die Quelle der Rassentüchtigkeit zu bilden; und sie hat diese Aufgabe auch in allen vergangenen Jahrhunderten erfüllt. Es muß daher alles getan werden, um diese letzte Quelle vor dem Versiegen zu bewahren. Einen Weg zur Lösung dieser wichtigsten aller Aufgaben im Leben des Volkes glaube ich in dem Vorschlag der „bäuerlichen Lehen“ gefunden zu haben.

Der Staat sollte auf Grund eines Vorkaufsrechts, wie es auch im Reichssiedelungsgesetz von 1919 vorgesehen ist, geeignete Grundstücke erwerben und diese an ausgesucht rassentüchtige Familien geben mit der Bestimmung, daß das Gut nur solange in der Familie weitervererbt werde, als die Familie eine ausreichende Kinderzahl habe. Bei kleineren Höfen könnte man drei Kinder als Mindestzahl festsetzen, bei größeren vielleicht vier. Die Lehen müßten natürlich unteilbar und unveräußerlich sein und dürften mit Hypotheken nur bis zu einem geringen Grade zum Zwecke der Anschaffung von Betriebsmitteln belastet werden. Im übrigen würde der Inhaber auf einem solchen Lehen ebenso schalten und walten können wie auf einem freien Eigentum, und es würde auch seinen Kindern und Kindeskindern erhalten bleiben, solange die Familie eine zu ihrer vollen Erhaltung genügende Kinderzahl hätte. Daß unter diesen Umständen die Lehensinhaber, von wenigen Ausnahmefällen abgesehen, auch immer eine zur Erhaltung der Familie ausreichende Kinderzahl haben würden, daran kann wohl kein Zweifel sein.

Es wäre durchaus billig, wenn die Inhaber bei Übernahme größerer Lehensgüter eine entsprechende Anzahlung zu machen hätten. Andererseits wäre auch nichts dagegen einzuwenden, wenn kleinere Lehensgüter an tüchtige Bewerber auch ohne Anzahlung gegen einen untilgbaren und unkündbaren Bodenzins vergeben würden. Wenn dieser den Eltern je nach der Zahl der vorhandenen Kinder auf Lebensdauer ganz oder teilweise erlassen würde, wie v. Gruber vorgeschlagen hat, so würde das ein weiterer gewichtiger Beweggrund für die Lehensbauern sein, die zur vollen Erhaltung der Familie nötige Kinderzahl aufzuziehen. Diese Befreiung von der Bodenrente entspräche durchaus der staatlichen Gerechtigkeit, da die Eltern durch Aufzucht mehrerer tüchtiger Kinder dem Staat einen größeren Dienst leisten würden, als sie durch Zahlung der Bodenrente tun könnten.

Selbstverständlich müßten die Lehensinhaber von jeder Erbabgabe befreit sein. Um einen Erwerb freien veräußerlichen Eigentums würde es sich ja auch im Erbgange nicht handeln. Mit einer allgemeinen Reform des Erbrechts im rassenhygienischen Sinne hat der Plan der bäuerlichen Lehen nichts zu tun. Die Befreiung der Familien mit 3 und mehr Kindern von allen Erbabgaben ist zwar auch allgemein gerade beim Grundbesitz von allergrößter Bedeutung, insofern als die bestehende Gesetzgebung gerade hier ganz besonders familien- und wirtschaftszerstörend wirkt. Grundsätzlich aber könnte der Plan der bäuerlichen Lehen, welcher sich mit bewußter Absicht nur auf eine beschränkte Zahl von Grundstücken, die allmählich ausgedehnt werden könnte, einstellt, auch unabhängig von einer allgemeinen Reform des Erbrechts durchgeführt werden. Es wäre sogar wünschenswert, daß, solange die gegenwärtig gesetzlichen Erbabgaben bestehen, an Stelle der Erbabgabe eine Umwandlung des Besitzes in ein bäuerliches Lehen gestattet würde. Sehr viele Grundbesitzer würden ohne Zweifel Gebrauch davon machen, und auf diese Weise würde es möglich sein, ohne Zwangsenteignungen bald eine erhebliche Zahl von Gütern unter Lehensrecht zu stellen. Und wenn es gelungen sein wird, die Befreiung der Familien mit 3 und 4 Kindern von allen Erbabgaben durchzusetzen, was hoffentlich bald der Fall sein wird, so würden viele Familien mit einem oder 2 Kindern immer noch gern von der Möglichkeit Gebrauch machen, an Stelle einer Erbabgabe den Besitz unter Lehensrecht zu stellen.

Unerläßlich wäre vor allem eine sorgfältige Auslese unter den Lehensanwärtern; und da bei der Landnot in Deutschland die Nachfrage das Angebot stark übersteigen würde, wäre eine weitgehende Auslese auch ohne weiteres möglich. Diese Auslese hätte sich nicht nur auf allgemeine körperliche und geistige Gesundheit und Tüchtigkeit zu erstrecken, sondern es müßte auch die wirtschaftliche Tüchtigkeit und die Eignung für die Landwirtschaft gebührend berücksichtigt werden. Später würden bei der Vergebung neuer Lehen besonders die tüchtigen Nachkommen von Lehensinhabern zu berücksichtigen sein.

Die Auslese sollte auch womöglich nicht nur einmal bei der Vergebung der Lehen statthaben, sondern womöglich in jeder Generation in der Form, daß jeweils der körperlich und geistig Tüchtigste unter den Nachkommen das Erbe anzutreten hätte. Jedenfalls sollten körperlich oder geistig mißratene Nachkommen von der Erbfolge ausgeschlossen werden. Die Außerachtlassung dieser Vorsichtsmaßregel hat ja z. B. auch mehr wie alles andere zum Sturz der Monarchien in Europa beigetragen.

Der Gesichtspunkt der Auslese muß auch bei der Festsetzung der Größe der Lehen entscheidend berücksichtigt werden. Es muß besonders davor gewarnt werden, zu kleine Lehen einzurichten. Zwergsiedelungen führen zur Züchtung genügsamer Chinesennaturen. Unternehmungstüchtige Menschen, wie unser Volk sie braucht, wollen ein genügend weites Feld zur Betätigung ihrer Kräfte haben. Die Lehen sollten daher jedenfalls nicht kleiner als etwa 10 Hektar sein, im allgemeinen aber größer. Größer als 100 Hektar würden sie wohl leider nur in Ausnahmefällen sein können. Solche Ausnahmen sollten aber nicht ausgeschlossen werden, vor allem nicht, wenn größere Güter freiwillig in Lehen umgewandelt würden. Die Geschichte hat bewiesen, daß Familien, die zur Führung des Volkes geeignete Männer stellen, auf die Dauer am besten auf größeren Landgütern gedeihen. Die Namen Bismarck, Hindenburg, Ludendorff und viele andere zeugen davon.

Obgleich für uns die rassenhygienische Wirkung des Bodenrechtes an erster Stelle steht, darf man selbstverständlich auch die rein wirtschaftliche nicht vernachlässigen. Da ist vor allem zu betonen, daß die Wirtschaftsweise der Großbetriebe für die Erzeugung vieler Bodenprodukte zweckmäßiger ist als die der Kleinbetriebe. Ohne landwirtschaftliche Großbetriebe würde die Versorgung der Großstädte und der Industriegebiete mit einheimischen Lebensmitteln überhaupt nicht möglich sein. Volkswirtschaftliche Gründe sprechen also ebenso entschieden wie rassenhygienische gegen die unterschiedslose Aufteilung des Großgrundbesitzes. Andererseits wird die rassenhygienische Bedeutung des größeren Grundbesitzes beeinträchtigt, wenn mehrere große Güter demselben Besitzer gehören. Dort könnten eben mehrere Führerfamilien ihre wirtschaftliche Grundlage finden. Es sollte daher unzulässig sein, daß mehrere Güter in einer Hand sind. Wenn der Grund und Boden des Volkes als bloße „Kapitalsanlage" für Einzelne dient, so ist das ein Mißbrauch. Aus demselben Grunde sollte ein einzelnes Gut nur so groß sein dürfen, als es der Besitzer noch selber verwalten kann.

Das Reichssiedelungsgesetz vom 11. August 1919 läßt rassenhygienisch viel zu wünschen übrig. Vor allem ist es rassenhygienisch ungünstig, daß die zu schaffenden Siedelungen die Größe einer „selbständigen Ackernahrung" nicht überschreiten dürfen. Lieber wenige unternehmungstüchtige Landwirte als viele Kulinaturen. Auch kann die Vergebung der Siedelungen als veräußerliches Eigentum nicht gutgeheißen werden; denn das im Gesetz vorgesehene Wiederkaufsrecht der „gemeinnützigen" Siedelungsunternehmen genügt nicht, um eine rassenhygienisch günstige Wirkung zu verbürgen. Ebenso ist von dem Reichsheimstättengesetz wohl eine günstige individualhygienische Wirkung, nicht aber eine besondere rassenhygienische, zu erwarten.

Bei meinem Plan der bäuerlichen Lehen handelt es sich nicht um ein zweifelhaftes Experiment mit dem gesamten Grund und Boden, wie das von so vielen mehr oder weniger revolutionären Systemen der Bodenreform gilt; es würde sich vielmehr bald zeigen, ob sich ihre weitere Ausdehnung auf einen allmählich immer größeren Teil des Bodens empfehlen würde, und ich zweifle nicht, daß sich schon nach wenigen Jahrzehnten eine segensreiche Wirkung auf die Rassentüchtigkeit der Bevölkerung geltend machen würde. Und wenn auch die städtischen Familien nach wie vor dem Aussterben verfallen mögen, so würde nach verhältnismäßig wenigen Generationen die Mehrzahl der Bevölkerung aus Nachkommen der ausgesucht rassentüchtigen Lehensbauern bestehen. Auch die geistige Begabung der Bevölkerung würde auf der Höhe erhalten, ja, bei entsprechender Auswahl der Lehensanwärter sogar gesteigert werden, während sie heute infolge des Aussterbens der begabten Familien in schnellem Sinken ist. So ist der Gedanke der bäuerlichen Lehen die letzte Zuflucht der Rassenhygiene.

Ich kann mit Freude feststellen, daß dieser Gedanke die Zustimmung der hervorragendsten Rassenhygieniker gefunden hat. Alfred Ploetz, der Begründer der deutschen Rassenhygiene, hat ihn befürwortet. Wilhelm Schallmayer, der seine Lebensarbeit dem Ausbau der rassenhygienischen Lehre gewidmet hat, hat ihn sich zu eigen gemacht. Max v. Gruber, der Vorsitzende der Deutschen Gesellschaft für Rassenhygiene, ist in den Grundzügen dafür eingetreten. Hermann Siemens hat ihn vollinhaltlich übernommen. Hermann Muckermann, der seiner Zeit führend vorauseilende Jesuitenpater, der von religiöser Grundlage aus unermüdlich und tatkräftig dem deutschen Volk die Gesundung der Rasse als sozialmoralische Pflicht predigt, hat ihn warm befürwortet.

Ein Mißstand, der sich in manchen Gegenden Deutschlands herausgebildet hat, ist die Bewirtschaftung der Güter durch landfremde, besonders polnische Arbeiter. Im Jahre 1910 gab es 1260000 fremde Wanderarbeiter in Deutschland, davon etwa die Hälfte in der Landwirtschaft. Es muß unter allen Umständen verhindert werden, daß die fremden Arbeiter, deren Zahl gegenwärtig glücklicherweise viel geringer ist als vor dem Kriege, in Deutschland ansässig werden. Andernfalls würde Deutschland in kurzer Zeit eine slavische Siedelungskolonie sein. Es ist eines der bedenklichsten Zeichen, daß in der Nachkriegszeit Arbeitermangel auf dem Lande besteht, während es in den Städten Hunderttausende von Arbeitslosen gibt. Es wird angegeben, daß der Zuckerrübenbau in manchen Gegenden Deutschlands ohne fremde Arbeiter einfach nicht möglich sei. Schon im Jahre 1920 wurden daher wieder Tausende polnischer Arbeiter dafür herbeigeholt. Dabei haben wir nicht einmal für die eigenen Volksgenossen genügend Arbeitsmöglichkeiten. In Anbetracht der wirtschaftlichen Notlage, in die das deutsche Volk durch den unglücklichen Ausgang des Krieges geraten ist, wird eben in Zukunft ein erheblich größerer Teil der Bevölkerung als vorher seinen Unterhalt auf dem Lande suchen müssen. Die Zulassung fremder

Arbeiter sollte daher fortschreitend beschränkt und nach einer Reihe von Jahren ganz aufgehoben werden. Güter, die sich ohne landfremde Arbeiter wirklich nicht halten könnten, sollten dann vom Staate angekauft und in Lehensiedelungen umgewandelt werden; denn höher als private Wirtschaftsinteressen muß das der Rasse stehen.

k) Die Beeinflussung der Wanderungen.

In der Beeinflussung der Wanderbewegungen liegt eine der wichtigsten Aufgaben sozialer Rassenhygiene. In Nordamerika handelt man seit Jahren praktisch in diesem Sinne. Die Einwanderung von allerhand Minderwertigen, so von Schwachsinnigen, Epileptikern, auch „geheilten" Geisteskranken, Psychopathen, Alkoholikern, Tuberkulösen, Analphabeten und allen Personen, die mit einer gewissen Wahrscheinlichkeit der Armenpflege zur Last fallen könnten, in das Gebiet der Vereinigten Staaten ist überhaupt verboten. Allein i. J. 1914 wurden über 33000 Einwanderungslustige zurückgewiesen. Auch die Einwanderung von Ostasiaten („Gelben") ist verboten. Es wäre dringend erwünscht, daß auch bei uns die Einwanderung einer scharfen Kontrolle im Sinne der Rassenhygiene unterworfen würde. Die Einwanderung von Osteuropäern wäre am besten ganz zu unterbinden.

Selbstverständlich muß dabei Rücksicht genommen werden auf die Art, wie andere Staaten die deutschen Einwanderer behandeln. Es bedarf daher besonderer Verträge mit den einzelnen Staaten. Aber die einfache Freigabe der Einwanderung kann aus der Rücksicht auf die deutschen Auswanderer durchaus nicht begründet werden. Wenn z. B. eine Million Deutsche in Polen zugelassen würden, und wir müßten dafür eine Million Polen und Ostjuden aufnehmen, so würde das für unser Vaterland nur vom Übel sein und auch durchaus nicht im Interesse der deutschen Juden liegen.

Andererseits braucht freilich auch die Auswanderung tüchtiger Volksgenossen nicht unter allen Umständen ein Verlust für die Rasse zu sein. Die Ausbreitung ihrer bäuerlichen Siedelungen ist vielmehr der sicherste Weg zur Ausbreitung einer Rasse. Selbst wenn die Auswanderer im Laufe der Zeit ihre Sprache wechseln, brauchen sie der Rasse nicht verloren zu gehen. Der Rasse gehen sie nur verloren, wenn ihre Familien aussterben, und das ist nur in tropischen Ländern regelmäßig der Fall. Die Auswanderung nach Mexiko, Brasilien und ähnlichen Ländern kann daher vom Rassenstandpunkt nur bedauert werden. Demgegenüber wäre eine Auswanderung in Länder gemäßigten Klimas auch dann noch vorzuziehen, wenn die Auswanderer dort ihre Sprache aufgeben. Die Erhaltung der Rasse ist wichtiger als die Erhaltung der Sprache. Es ist sehr dankenswert, daß man bei uns seit 1919 ein Reichswanderungsamt eingerichtet hat; dieses könnte durch zweckmäßige Leitung der Auswanderung außerordentlich segensreich im Sinne der Rassenhygiene wirken. Dazu ist aber nötig, daß nicht nur wirtschaftliche und politische Rücksichten den Ausschlag geben, sondern vor allem rassenhygienische.

Das gegebene Ziel für deutsche Auswanderer dürfte in Zukunft Rußland und Sibirien sein. Spätestens nach einer Reihe von Jahren wird der Bolschewismus dort abgewirtschaftet haben oder sich bonapartisieren. Das kommende Rußland wird voraussichtlich im eigensten Interesse sich zum deutschen Volke freundlich stellen und die deutsche Kolonisation in Osteuropa und Sibirien recht gern sehen, weil es tüchtige Menschen braucht. So wird vielleicht die furchtbare Verwüstung, welche der Bolschewismus an der Rassentüchtigkeit des russischen Volkes angerichtet hat, dem deutschen Volke gerade neue Lebensmöglichkeiten eröffnen. Die lichtvollste Seite der sonst so überwiegend dunklen politischen Geschichte des deutschen Volkes war die Kolonisation im Osten, welche unter den niedersächsichen Kaisern um die Mitte des 10. Jahrhunderts begann und die sich bis auf Friedrich den Großen fortsetzte. Der unheilvolle Drang nach Westen und auf das Weltmeer hinaus hat ja mit dem Zusammenbruche der Politik Wilhelms II. wohl endgültig seinen tragischen Abschluß gefunden. Im Osten allein liegen wirkliche Zukunftsmöglichkeiten für das deutsche Volk, und es ist besser, daß jährlich dorthin eine Million Deutscher auswandert, als daß sie ungeboren bleibt.

l) Die rassenhygienische Bedeutung der Wirtschaftsordnung.

Die Wurzeln der Rassengesundheit sind mit den wirtschaftlichen und sozialen Zuständen, ja mit der Wirtschafts- und Gesellschaftsordnung untrennbar verwachsen. Diese aber kann der Rassenhygieniker nicht ohne weiteres umgestalten. Dort liegt einer der Hauptgründe, weshalb die Hygiene bisher tatsächlich sich noch nicht zur Rassenhygiene entwickelt hat, obwohl sie ihrem ganzen Wesen nach auf diesen Abschluß hinstreben muß. Die bisherige Hygiene beschränkte sich zum großen Teil auf Aufgaben, deren praktische Durchführung der Hygieniker selbst in die Hand nehmen konnte, wie etwa die Bekämpfung der epidemischen Krankheiten; und soweit er nicht selbst praktisch zugreifen konnte, gab man den Forderungen der Hygiene im allgemeinen doch willig statt. Das ist nun leider gerade bei vielen der wesentlichsten Forderungen der Rassenhygiene durchaus nicht ohne weiteres der Fall. Der Rassenhygieniker kann nur einen sehr kleinen Teil der Aufgaben der Rassenhygiene durch eigene Arbeit der Lösung zuführen. In der Hauptsache muß er sich auf eine aufbauende Kritik der wirtschaftlichen und gesellschaftlichen Zustände unter dem Gesichtspunkte der Rassengesundheit beschränken. Die Rassenhygiene muß daher nicht nur Gesellschaftskritik, sondern bis zu einem gewissen Grade auch Politik sein, freilich nicht im Sinne der Parteipolitik. „Es gibt keine vernünftige Sozialpolitik, die nicht im wesentlichen Rassenhygiene wäre“ (Gruber). Da der rassenhygienische Gedanke hoch über aller Parteipolitik steht, so sollte er eigentlich in die Verfassung aufgenommen werden, ja als deren erster und wichtigster Satz.

Die bisherigen politischen Parteien, welche praktisch hauptsächlich der Vertretung der wirtschaftlichen Interessen ihrer Anhänger dienen und in enger Verquickung damit gewisse Welt- oder Lebensanschauungen verfechten, kümmern sich um die Rassengesundheit überhaupt kaum. Dabei setzt aber jede Partei mehr oder weniger unbewußt voraus, daß eben durch Erfüllung ihres Parteiprogrammes zugleich auch die Gesundung der Rasse verbürgt werde. Es dürfte also nicht allzu schwer sein, die politischen Parteien wenigstens äußerlich zur Anerkennung des rassenhygienischen Ideals zu veranlassen. Freilich würde damit nicht viel gewonnen sein, weil jede Partei eben doch keinen besseren Weg zur Förderung der Rassengesundheit als den von ihrer Parteidogmatik vorgeschriebenen gelten lassen würde.

Der Rassenhygieniker kann weder vom „Kapitalismus“ noch vom „Sozialismus“ in ihren bisherigen Formen Heil erwarten. Beide Arten der Wirtschaftsordnung haben ihre Vorzüge und ihre Nachteile.

Der Privatkapitalismus hat vor dem Sozialismus die antreibende Wirkung auf die Gütererzeugung voraus. Die Möglichkeit, zu Wohlstand oder Reichtum zu kommen, veranlaßt die Menschen zu immer neuen Anstrengungen auf wirtschaftlichem Gebiet. Nicht nur die Kraft der Unternehmer, sondern auch die der abhängigen Arbeiter wird bei privatkapitalistischer Wirtschaftsordnung aufs äußerste im Dienste der Erzeugung ausgenützt. Das wirkt natürlich insofern günstig, als jede Rasse zu ihrem Gedeihen der wirtschaftlichen Grundlage bedarf. Aber der Individualkapitalismus hat eine furchtbare Kehrseite: er frißt seine eigenen Kinder und zwar seine Lieblingskinder zuerst, wie man wohl gesagt hat. Er bringt die wirtschaftlich erfolgreichen Familien zum Aussterben, wie wir gesehen haben, und untergräbt damit seine eigenen Grundlagen. Der Individualkapitalismus richtet die Rassentüchtigkeit zugrunde. Das ist das stärkste Argument gegen ihn, obwohl es unter den Anklagen der Sozialisten zu fehlen pflegt.

Aber auch der Sozialismus in seiner bisherigen Form vermag die erste und unerläßlichste Aufgabe aller Kultur, die Erhaltung der Rassentüchtigkeit, nicht zu lösen. Das liegt allerdings nicht im Wesen des Sozialismus als der Lehre von der Vergesellschaftung der Produktionsmittel begründet, sondern in seiner Verquickung mit der Lehre von der Gleichheit aller Menschen. Wenn die Tüchtigen die Früchte ihrer hochwertigen Arbeit nicht wenigstens zum größten Teil selber ernten können, so werden sie sich natürlich hüten, diese hochwertige Arbeit weiterhin zu leisten; und wenn sie die Ersparnisse von ihren Einkünften nicht ihren Kindern hinterlassen können, so werden sich gerade die vorsorglichen Menschen, welche am wertvollsten für die

Gemeinschaft sind, scheuen, Kinder in die Welt zu setzen, weil sie fürchten müßten, daß diese in der allgemeinen Masse der Mittelmäßigen und Minderwertigen untergehen würden.

Die Sozialisten neigen immer dazu, über der Verteilung der Güter die Erzeugung zu vernachlässigen; das gilt auch hinsichtlich der Erzeugung der Menschen. Es ist daher kein Zufall, daß die sozialistische Lehre mit der neumalthusianischen einherzugehen pflegt. Diese aber führt tatsächlich, wenn auch entgegen der Absicht ihrer Vertreter zur Untergrabung der Rassentüchtigkeit, wie wir oben gesehen haben. Ein Sozialismus aber, der die Frage der Erhaltung und Mehrung der Rassentüchtigkeit nicht zu lösen vermag, hat ebenso wie der Individualkapitalismus sein Dasein verwirkt.

Die volle Sozialisierung aller Güter ist ein schöner Traum, der seit je auch viele edle Herzen bewegt hat. Aber die allermeisten Menschen sind nicht „reif" zur Sozialisierung, und sie können es auch durch bloße Aufklärung und Erziehung nicht werden. Manche Sozialisten geben das zwar zu, erwarten aber eben von der Durchführung der sozialistischen Wirtschaftsordnung eine Umwandlung der Menschen im Sinne der sozialen Gesinnung und Eignung. Wer dagegen die überragende Bedeutung der Erbanlagen für die seelische Ausstattung der Menschen kennt, der weiß, daß das Illusion ist. Gewiß gibt es heute schon — oder heute noch? — nicht wenige Menschen, die der freien Einordnung und der selbstlosen Arbeit im Dienste des Gemeinwesens und der Kultur fähig sind. Und eine sorgsame Rassenhygiene könnte diese zur Vermehrung bringen, bis schließlich die große Mehrheit der Bevölkerung aus derart sozialen Menschen bestände. Dann würde auch der volle Sozialismus möglich werden. Die Rassenhygiene ist daher der einzige Weg zu einem wahren Sozialismus der Zukunft. Nicht aber ist der Sozialismus von heute ein Weg zur Rassenhygiene. Der aufrichtige Sozialist, dem das Wort Sozialismus mehr ist als ein Mittel zum politischen Erfolge, muß daher zur Rassenhygiene kommen.

Der Sozialismus, welchen Platon vor mehr als zwei Jahrtausenden vertreten hat, war rassenhygienisch orientiert. Der englische Forscher Wallace, der Mitbegründer der Selektionstheorie, war einer der ersten modernen Rassenhygieniker und zugleich Sozialist. Auch Ploetz, Schallmayer und Gruber, die bahnbrechenden Führer der Rassenhygiene in Deutschland, haben sich alle mehr oder weniger zu einem organischen Sozialismus bekannt, während sie dem Gleichheitssozialismus selbstverständlich völlig fernstehen. Der Sozialhygieniker Grotjahn, dem die Rassenhygiene ebenfalls manches verdankt, ist zugleich sozialdemokratischer Politiker. Einzelne sozialdemokratische Politiker, wie David, sind sogar eben auf Grund ihres Sozialismus zur Rassenhygiene gekommen.

Die Rassenhygiene muß eine Wirtschaftsordnung erstreben, die weder individualkapitalistisch noch individualsozialistisch, sondern die sozialorganisch ist. Das Eigentum ist gewiß nichts Heiliges, das an sich unantastbar wäre. Aber ebensowenig darf Allen Alles gehören. Es muß vielmehr eine solche Verteilung des Volkseinkommens angestrebt werden, wie sie für das organische Gedeihen der Rasse am förderlichsten ist.

Durch die Aufhebung der Metallwährung und den in der Folge immer weitergehenden Verlust der Kaufkraft des Papiergeldes haben zahlreiche Familien, deren Besitz in Wertpapieren oder Hypotheken bestand, ihr Vermögen zu mehr als neun Zehnteln verloren, während die Besitzer von Grundstücken, Fabriken oder Waren davon nicht betroffen worden sind. Diese Enteignung eines Teiles der Bevölkerung war nicht nur ungerecht vom Standpunkte sozialer Gerechtigkeit, sondern auch rassenhygienisch schädlich. Ganz besonders schwer hat dadurch der gebildete Mittelstand gelitten, der einen großen Teil aller höher begabten Familien umschließt. Man kann durchaus nicht sagen, daß diejenigen, welche nicht rechtzeitig eingesehen haben, daß z. B. eine Hypothek nur unter der Geltung einer Metallwährung einen bleibenden Wert hatte, geistig minderbegabt seien und daher von findigeren Volksgenossen mit Recht überflügelt würden. Sehr viele solide und sozial wertvollste Menschen, die sich ein Menschenalter abgemüht und für ihr Alter und später für ihre Kinder ein kleines Vermögen erspart hatten, konnten es einfach nicht fassen, daß gerade sie durch die Gesetzgebung um den Ertrag ihrer Arbeit gebracht wurden. Zu der im Grunde so naheliegenden Notstandsmaßnahme sozialer Gerechtigkeit, daß Schulden aus der Goldzeit während der Papierzeit nicht ohne Zustimmung des Gläubigers abgezahlt werden dürften, haben weder die sozialistischen noch die bürgerlichen Parteien rechtzeitig den Weg gefunden.

Wie es vermieden werden kann, daß einzelne Volkskreise viel schwerer als andere unter dem Darniederliegen der Volkswirtschaft zu leiden haben als andere, hat meines Erachtens Zeiler gezeigt, dessen Entwurf einer selbständigen Anpassung der Beamtengehälter weiter oben besprochen wurde. Ebenso wie die Beamtengehälter mit dem gesamten Volkseinkommen steigen und fallen sollten, sollte das nach Zeiler auch bei allen Renten, Zinsen und sonstigen Ansprüchen regelmäßig wiederkehrender Natur der Fall sein.

Es ist z. B. ein völlig ungesunder Zustand, daß eine Hypothek, die vor wenigen Jahren vielleicht die Hälfte des Ertragswertes eines Grundstückes ausmachte, nun mit einem Zwanzigstel des Ertragswertes abgezahlt werden kann, wie es tatsächlich vielfach der Fall ist. Andererseits wäre es freilich auch unbillig, wenn ein Gläubiger den vollen Goldwert, welchen er vor Jahren ausgeliehen hat, heute zurückfordern dürfte; es wäre unbillig, weil das Gesamteinkommen des Volkes so stark gesunken ist. Die einzig gesunde

Regelung wäre vielmehr die, daß alle regelmäßigen Zahlungen ihrem Goldwert nach sich im gleichen Maße wie das durchschnittliche Volkseinkommen zu vermehren oder zu vermindern hätten.

Dann erst wäre es vermieden, daß durch das Fallen oder Steigen der Kaufkraft des Geldes einzelne Kreise ohne eigene Schuld verarmen, andere ohne eigenes Verdienst reich werden würden. Das läge im Sinne eines Sozialismus, der ohne Hemmung der Erzeugung alle Volksgenossen in gerechter Weise an dem gesamten Volkseinkommen teilhaben lassen und der zugleich auch dem Wohle der Rasse dienen würde.

Die absolute Papierwährung, welche von phantastischen Weltverbesserern sogar als Mittel wirtschaftlicher Gesundung hingestellt worden ist, und eine kurzsichtige Steuerpolitik, welche immer wieder die Rücklagen erfassen will, haben dem Sparen seinen Sinn genommen. Dort liegt eine der wesentlichsten Ursachen der Verschwendungs- und Vergnügungssucht der Gegenwart. Dazu kommt, daß die unverhältnismäßig hohen Einkünfte der ledigen Arbeiter durch Steuern nur wenig mehr als die der Familienväter beschnitten werden. Der nicht nur rassen-, sondern auch individualhygienisch so verheerenden Tabak- und Alkoholseuche sowie der geschlechtlichen Zügellosigkeit wird man schwerlich eher Herr werden, als bis eine vernünftige Steuerpolitik, die nicht die Rücklagen, sondern den Aufwand erfaßt (vgl. S. 150), dem Sparen wieder einen Sinn gibt. Auch ernste Sozialisten haben früher zwar einen möglichst hohen Konsum für erwünscht und Sparrücklagen für unsozial angesehen; heute dürfte aber wohl jeder vernünftige Mensch einsehen, daß der Weg zur Gesundung in umgekehrter Richtung führt.

Die Staatsform ist für das Gedeihen der Rasse nicht entscheidend. Die verschiedenen möglichen Staatsformen haben je ihre besonderen Vorzüge und Nachteile. Die Gefahr der erblichen Monarchie liegt darin, daß ein unfähiger oder krankhafter Mensch zur Herrschaft kommen kann, in dessen Hände dann die folgenschwersten Entscheidungen gelegt sind. Die Gefahr der Demokratie liegt darin, daß die Entscheidung in die Hände der Masse kommen kann. Die Masse aber ist immer geneigt, Leidenschaften und Illusionen zu folgen, während sie das, was ihrem wahren Besten dient, nicht zu erkennen vermag. Die ungelöste Aufgabe ist, wie die Verständigsten, vor allem die Sachverständigsten zur Führung des Staates kommen können. Das hat schon Platon, der ebensosehr Rassenhygieniker als Philosoph war, betont. Wie dieses Ziel heute allerdings zu erreichen wäre, ist nicht abzusehen. Jedenfalls ist die Gestaltung der sozialen Auslese für die leitenden Stellen wichtiger als die Frage der Staatsform. Die soziale Auslese aber hängt aufs engste mit dem Erziehungs- und Bildungswesen zusammen.

m) Rassenhygienische Staatserziehung.

Unser Erziehungswesen bietet nicht nur vom rassenhygienischen, sondern auch vom individualhygienischem Gesichtspunkt aus ein recht unerfreuliches Bild dar. Um auch hier eine aufbauende Kritik üben zu können, müssen wir uns klar darüber sein, was Erziehung leisten kann und was nicht. Wir haben im ersten Bande dargelegt, daß die geistigen Fähigkeiten im wesentlichen erblich bedingt sind. Allerdings können manche dieser Fähigkeiten durch Übung und Erziehung vorübergehend und zum Teil auch dauernd gestärkt werden. Das Gedächtnis kann in der Jugend mancherlei Kenntnisse aufnehmen, wodurch die Möglichkeit geistiger Leistung stark erhöht werden kann. Gegen die Dummheit aber kämpfen bekanntlich die Götter selbst vergebens; und die Erzieher sollten dabei besseren Erfolg haben? Bei starker Inanspruchnahme des Gedächtnisses leidet die Aufnahmefähigkeit. Eine „Stärkung des Gedächtnisses" durch Übung ist nicht möglich, sondern höchstens eine vorübergehende Verstärkung der Merkfähigkeit. Sicher aber ist eine Stärkung der Vergeßlichkeit durch „Übung" möglich. Wenn den jungen Köpfen immer wieder neuer Gedächtnisstoff dargeboten wird, so ist es geradezu lebensnotwendig, daß sie lernen, diesen Stoff möglichst bald wieder abzustossen. Bei dauernder Überlastung des Gedächtnisses entsteht schließlich Zerstreutheit. Eine der wesentlichsten Forderungen an die Erziehung muß also sein, daß die geistige Aufnahmefähigkeit erhalten bleibt. Gedächtnisstoff soll daher grundsätzlich so wenig wie möglich geboten werden, aber natürlich auch nicht weniger. Selbstverständlich muß auch die Volksschule außer den Fertigkeiten des Lesens, Schreibens und Rechnens eine gewisse Kenntnis von Tatsachen übermitteln. Hier muß aber sorgfältig das Mindestmaß des Unerläßlichen eingehalten werden. Die Hauptaufgabe der Erziehung ist nicht Übermittlung von Wissensstoff, sondern die Gewöhnung an Arbeit und Pflichterfüllung, an sittliche Anschauungen und sittliches Verhalten. Eine weitere Hauptaufgabe der Schule ist die Mitwirkung bei der sozialen Auslese durch Sonderung der tüchtigen und der untüchtigen jungen Leute möglichst schon von Kindheit an (vgl. S. 53).

Über der geistigen Erziehung darf die körperliche Entwicklung nicht vernachlässigt werden. „Es sollte als unstatthaft betrachtet werden, vor Vollendung des Körperwachstums mehr als die erste Tageshälfte auf schulmäßige geistige Übungen zu verwenden. Der Nachmittag sollte der Erholung und dem Bewegungsspiel gehören, und Hausaufgaben sollten auf schulfreie Tage beschränkt werden." (Schallmayer). Dringend zu wünschen wäre auch eine Ausdehnung der Ferienzeit für unsere Schulen. In Schweden z. B. haben die Schulen ebensolange Ferien wie die Hochschulen, nämlich im ganzen etwa 4½ Monate, davon 3 Monate im Sommer; und ein Vergleich der Bildung des schwedischen mit der des deutschen Volkes würde schwerlich zu ungunsten des schwedischen ausfallen. Auch im Interesse der Stärkung der rassenhygienisch so überaus bedeutsamen

Familiengemeinschaft wäre eine ähnliche Regelung bei uns dringend zu fordern. Eltern, welche gezwungen sind, ihre Kinder auswärts auf die Schule zu geben, werden bei uns dadurch fast ganz von ihren Kindern getrennt.

Einer vernünftigen Gestaltung des Erziehungswesens steht bei uns freilich vorerst noch ein fürchterlicher Wust mittelalterlicher Vorurteile gegenüber.

Der wesentliche Wert eines Menschen gilt unseren Zeitgenossen ebenso wie den alten Sophisten als lehrbar bzw. erlernbar, jedenfalls erwerbbar. „Wer immer strebend sich bemüht", der werde bestimmt das Höchste erreichen; so meint man. Das höhere Menschentum gilt einerseits als Werk des Erziehers, andererseits als das des Zöglings, jedenfalls als eine Folge individueller Anpassung. So steht unser Erziehungswesen zum großen Teil noch im Banne des Lamarckismus, freilich mehr eines naiven als eines bewußten. Im Kopfe vieler Erzieher spukt die Illusion einer Erblichkeit der Erziehungserfolge herum. Ohne daß es klar ausgesprochen zu werden pflegt, setzt man vielfach voraus, daß die Erziehungsarbeit die Menschheit im Laufe der Generationen auf immer höhere Stufen führen könne. Der Erzieher wäre so gewissermassen der Schöpfer des Übermenschen und andererseits auch der Zögling, der in immer strebendem Bemühen an der eigenen Vervollkommnung arbeitet. Das schmeichelt zwar der menschlichen Eitelkeit, es muß aber als völlige Illusion erkannt werden. Die geistige Durchschnittsverfassung der gegenwärtigen Menschen würde dann ein sehr schlechtes Licht auf die Erziehung in vergangenen Generationen werfen, aber zu Unrecht. In Wirklichkeit entscheiden Auslesevorgänge über die geistige Veranlagung der Bevölkerung, wie wir gesehen haben.

Einen besonders unerfreulichen Anblick bieten dem Rassenhygieniker unsere höheren Schulen oder Mittelschulen, wie man in Süddeutschland sagt. Infolge einer auf das Mittelalter zurückgehenden Überlieferung herrschen dort immer noch philologische und historische Bildungsstoffe vor, die auch für die allgemeine Bildung den naturwissenschaftlichen Stoffen ganz und gar nicht ebenbürtig sind. Auch die Schulung des logischen Denkens geschieht viel zweckmäßiger an naturwissenschaftlichen und mathematischen Gegenständen als an sprachlichen. Die Naturwissenschaften gehören daher in den Mittelpunkt der höheren Schule. Wenn man Sprachen lehrt, so soll man das nur aus praktischen Rücksichten tun, wozu freilich auch der Anschluß an die Kultur der letzten Vergangenheit gehört. Jedenfalls aber sind Englisch, Russisch und Spanisch wichtiger als Lateinisch, Griechisch und Französisch. Die antike Kultur ist tot, und die französische hat keine Zukunft. Das Ideal der Antike auf unsern höheren Schulen ist einfach lächerlich. Die alten Hellenen lernten weder tote Sprachen noch die Geschichte alter Kulturen; im Mittelpunkt ihres Erziehungswesens stand vielmehr die Körperbildung. Es liegt mir übrigens durchaus fern, die Körperübungen etwa den geistigen Fächern als gleich wichtig an die Seite stellen zu wollen. Die körperliche Entwicklung der Jugend sollte vielmehr durch Einschränkung der Unterrichtszeit gefördert werden. An Stelle des überkommenen Turnunterrichtes sollten Bewegungsspiele, Sport und Wanderungen gepflegt werden. Auch in den höheren Schulen sollten die Nachmittage grundsätzlich von Unterricht und Hausaufgaben freibleiben. Das ist durchaus möglich, wenn der überflüssige philologische und historische Bildungswust mit rücksichtslosem Ernst ausgemerzt wird.

An die Stelle des toten Wissens müssen wirklich lebendige Lehrgegenstände treten. Der deutsche Unterricht sollte Sprachschulung sein und nicht aesthetisierende Literaturkunde. Die Forderung „nationaler" Erziehung darf nicht zur Anlegung von Scheuklappen gegenüber dem Wesen anderer Völker führen. Der geographische Unterricht wäre daher auszubauen, Staatsbürgerkunde und Wirtschaftslehre einzuführen. Ganz besonders wichtig aber ist die Ausgestaltung des biologischen Unterrichts.

„Es steht fest, daß es in Zukunft keine zureichende allgemein menschliche und staatsbürgerliche Bildung mehr gibt ohne naturwissenschaftliches, ohne biologisches Verständnis" (v. Gruber). Die Kenntnis der biologischen Grundtatsachen und Gesetze muß sogar als die unerläßlichste aller Vorbedingungen zum Verständnis der Lebensnotwendigkeiten eines Volkes angesehen werden. Unbedingt gefordert werden muß auch die Einführung von Unterricht in der Hygiene einschließlich der Rassenhygiene auf den höheren Schulen. Nicht nur über Alkoholismus und Geschlechtskrankheiten, sondern auch über die grundlegenden Tatsachen der Rassenbiologie muß schon die reifere Jugend unterrichtet werden; denn was Hänschen nicht lernt, lernt Hans nimmermehr. Erst wenn die Grundbedingungen der Rassentüchtigkeit der Mehrzahl der Gebildeten geläufig sind, können wir hoffen, unserm Niedergang Einhalt zu tun und ihn in Aufstieg zu wandeln.

Bisher hat man die Biologie geradezu ängstlich von der Schule ferngehalten, weil man den „Darwinismus" als gefährlich für Religion, Sittlichkeit und Staat ansah; und man wird ihn in Zukunft vielleicht fern halten, weil man ihn gefährlich für den „Sozialismus" ansieht, was natürlich nicht weniger kurzsichtig ist. So wird Feigheit und Verknöcherung im deutschen Bildungswesen, wie es mitschuld an unserm Niedergang war, vielleicht auch ein schweres Hemmnis des Wiederaufstiegs sein.

Man zerbricht sich heute vielfach den Kopf, wie man für die Vorteile, welche früher der Militärdienst für die körperliche Ausbildung mit sich brachte, in Zukunft einen Ersatz schaffen könnte, und man hat den Vorschlag gemacht, ein Pflichtjahr für Leibesübungen einzuführen. Ich halte die Nachteile einer solchen Einrichtung für größer als die Vorteile. Die rassenhygienischen Nachteile des früheren Militärdienstes, welche vor allem in einer

Verzögerung der Berufsausbildung und damit der Eheschließung für die Wehrfähigen bestanden, würden auch einem solchen Ersatzjahr anhaften. Eine direkte günstige Beeinflussung der Rassentüchtigkeit durch Leibesübungen, die manche Befürworter dieser Einrichtung offenbar als selbstverständlich voraussetzen, ist ja in Anbetracht der Nicherblichkeit erworbener Eigenschaften ohnehin in das Reich der Fabel zu verweisen. Wir können uns den Luxus eines besonderen Pflichtjahres für Leibesübungen in unserer Lage auch gar nicht leisten.

Auch ein von anderer Seite vorgeschlagenes allgemeines Arbeitsjahr würde m. E. überwiegend nachteilig sein. Es dürfte schwerlich zweckmäßig sein, jährlich Hunderttausende junger Leute an einer Stelle aus ihrer Berufsarbeit zu nehmen, um sie an anderer Stelle unter staatlicher Aufsicht zur Arbeit anzuhalten. Man weiß ja, wie unwirtschaftlich derartige staatliche Unternehmungen selbst früher schon arbeiteten. Das würde nun in vermehrtem Maße der Fall sein, wenn für viele Hunderttausende junger Leute jährlich Arbeitsgelegenheit beschafft werden müßte, wo wir ohnehin schon ein Heer von Arbeitslosen haben. Besonders ungünstig würde die Wirkung für die geistigen Arbeiter sein, die ein Jahr lang aus ihrer Berufsausbildung herausgerissen und natürlich erst entsprechend später zur Familiengründung kommen würden. Für die körperliche Ausbildung muß vielmehr durch Sport und Leibesübungen während des Studiums gesorgt werden. Wenn ein solches Dienstjahr auch auf das weibliche Geschlecht ausgedehnt werden sollte, so würde man erst recht nicht wissen, wie man die jungen Mädchen zweckmäßig beschäftigen könnte. Wenn man aber das Dienstjahr auf das männliche Geschlecht beschränken würde, so würde dadurch die rassenschädliche Berufskonkurrenz des weiblichen Geschlechtes noch gefördert werden.

Von sozialistischer Seite wird öfter verlangt, daß grundsätzlich alle Staatsbürger ihren Unterhalt durch körperliche Arbeit verdienen sollten. Darin offenbart sich eine erstaunliche Verkennung der Bedeutung der geistigen Arbeit. Diese kann eben einfach nicht so nebenbei geleistet werden. Die Durchführung der genannten Forderung würde daher auf eine Vernichtung der geistigen Kultur hinauslaufen. Wohl aber ist zu fordern, daß die geistigen Arbeiter in Zukunft mehr Zeit zu körperlicher Betätigung bekommen. Gerade bei geistiger Arbeit ist eine wirkliche Arbeitszeit von mehr als 8 Stunden mit den Forderungen der Hygiene nicht vereinbar, und was speziell die Rassenhygiene betrifft, so ist es durchaus nicht von vornherein von der Hand zu weisen, daß übermäßige geistige Arbeit direkt schädlich auf die Erbmasse wirken könne. Der Schutz der geistigen Arbeiter, und speziell der hochbegabten, ist eine Hauptaufgabe der Rassenhygiene.

So hoch der Wert körperlicher Bewegung in freier Luft für das Gedeihen der Jugend ist, so muß doch andererseits vor einer Überschätzung der

Leibesübungen, zumal der in ein schulmäßiges System gebrachten, gewarnt werden. Man tut heute vielfach so, als seien Leibesübungen das entscheidende Mittel zur „körperlichen Ertüchtigung der Jugend“. Das mag in den meisten Fällen aus ehrlicher Begeisterung und Unkenntnis geschehen; nicht selten aber sind ganz offenbar auch geschäftliche Interessen im Spiel. In Wahrheit aber sind Maßnahmen selektiver Rassenhygiene von unvergleichlich größerer Bedeutung für die körperliche Ertüchtigung des Nachwuchses als alle Leibesübungen. Das muß einmal ganz unzweideutig ausgesprochen werden.

n) Rassenhygienische Lehre und Forschung.

Man wird gegen die Forderung rassenhygienischen Unterrichts an den Schulen vielleicht einwenden, daß dafür keine geeigneten Lehrkräfte vorhanden seien. Das ist natürlich richtig; aber man sollte eine Unterlassungssünde nicht durch eine andere begründen. Es gilt vielmehr unverzüglich geeignete Ausbildungsgelegenheiten zu schaffen. Der geeignetste Lehrer der Hygiene und Rassenhygiene an der Schule würde der Schularzt sein. Nun sind aber unsere Ärzte bisher zum größten Teil selber nicht in der Rassenhygiene beschlagen. Trotz ihrer unvergleichlichen Bedeutung für das Gedeihen des Volkes besteht an den allermeisten Universitäten noch nicht einmal Gelegenheit zur Ausbildung in der Rassenhygiene. Hier muß also zunächst Wandel geschaffen werden. Es muß gefordert werden, daß die Rassenhygiene für Mediziner, Volkswirtschaftler, Juristen und Erzieher Pflichtfach werde. Für Ärzte wäre eine vierstündige Vorlesung über Rassenhygiene zwei Semester lang gewiß nicht zu viel; in der ersten wäre etwa die menschliche Erblichkeits- und Entartungslehre, in der zweiten die praktische Rassenhygiene zu behandeln. Für die übrigen genannten Studierenden würde wohl eine zweistündige Vorlesung durch zwei Semester genügen. Da die Ahnungslosigkeit auch unserer „Gebildeten“ gegenüber den Grundbedingungen der Rassengesundheit das schlimmste Hindernis für eine Besserung der Verhältnisse ist, so ist die Einräumung einer ihrer Bedeutung entsprechenden Stellung der Rassenhygiene an den Hochschulen geradezu auch die vordringlichste Forderung *praktischer* Rassenhygiene.

Wenn wir heute noch nicht genügend viele sachverständige Gelehrte für rassenhygienische Professuren haben, so würden solche doch im Laufe ganz weniger Jahre vorhanden sein, sobald nur erst einmal tüchtigen jungen Kräften die Möglichkeit eröffnet würde, in diesem Fach zu Brot zu kommen. Heute ist es geradezu leichtsinnig, wenn ein junger Forscher sich diesem Fache widmet, ohne Aussicht, davon auch nur für seine Person leben zu können, von Familiengründung gar nicht zu reden. Der soziale Staat, welcher die privaten Mittel, die bisher in den Dienst der Rassenhygiene gestellt werden konnten, zum größten Teil beseitigt hat, hätte allen Anlaß, hier Ersatz zu schaffen.

Unmittelbar könnten heute einige außerordentliche Professuren mit Lehraufträgen für Rassenhygiene geschaffen werden. Diejenigen von diesen Lehrern der Rassenhygiene, welche sich in dieser Tätigkeit als befähigt für größere Aufgaben erweisen, könnten dann ordentliche Lehrstühle bekommen. In wenigen Jahren würde dann ein genügend großer fachmännisch ausgebildeter Nachwuchs vorhanden sein, daß an allen Universitäten und anderen Hochschulen rassenhygienische Lehrstühle mit geeigneten Kräften besetzt werden könnten.

Dringend an der Zeit wäre auch die Errichtung einer oder einiger rassenhygienischer Forschungsanstalten. Hier kann selbst der Hinweis auf die traurige wirtschaftliche Lage unseres Vaterlandes nicht als durchschlagender Gegengrund gelten. Wenn man i. J. 1919 Mittel zur Gründung einer besonderen „Hochschule (!) für Leibesübungen" in Berlin hatte, so sollten auch die Mittel für ein rassenhygienisches Institut vorhanden sein.

Die Gliederung einer rassenhygienischen Anstalt könnte etwa folgendermassen aussehen: Als Lehranstalt würden ihr theoretische Vorlesungen und praktische Übungen zufallen. Für Lehrzwecke wäre auch eine Bibliothek zu schaffen, welche möglichst alle Werke, die für die Rassenhygiene wichtig sind, die sich aber heute an keiner Stelle vereinigt finden, zu umfassen hätte. Dazu käme eine Lehrmittelsammlung, vor allem von Bildertafeln und von statistischen Tabellen. Als Forschungsanstalt hätte sie die Aufgabe, statistische und genealogische Forschungen zu treiben, den rassenbiologischen Zustand der Bevölkerung möglichst eingehend zu erforschen. Außer einem sozialanthropologischen Laboratorium wäre auch ein Laboratorium für Tierexperimente, besonders zur Aufklärung der Idiokinese, einzurichten; außerdem ein sozialpolitisches Seminar. Die Bedürfnisse der Bibliothek für Forschungszwecke würden natürlich über die für Lehrzwecke erheblich hinausgehen. Drittens könnte die rassenhygienische Anstalt auch direkt der Volkswohlfahrt dienen. Zur Aufklärung der Bevölkerung könnten öffentliche Vorträge dienen, weiter eine Schausammlung u. a. In dieser Abteilung fände zweckmäßig auch eine Ehe- und Familienberatungsstelle ihren Platz. Dadurch würde die Verbindung mit der Praxis aufrechterhalten; und das dabei gewonnene wissenschaftliche Material käme zugleich der Forschungsabteilung zugute. Wo sich bei der Familienberatung interessante Befunde ergäben, könnte die Forschungsabteilung daran anknüpfen und sie weiter verfolgen.

Neben der Gewinnung neuen Tatsachenmaterials ist die Sammlung und Verarbeitung des schon vorhandenen und des von andern Forschungszweigen beigebrachten Materials kaum weniger wichtig. In der Pathologie, der Anthropologie, der Biologie, der Hygiene, der medizinischen Statistik und den klinisch-medizinischen Fächern ist ein ungeheures Material vorhanden, das der rassenhygienischen Bearbeitung harrt, und dauernd wird von jenen Fächern neues Material, das rassenhygienisches Interesse hat, beigebracht. Auch das in England, Amerika und Skandinavien gewonnene rassenhygienische Tatsachen- und Erfahrungsmaterial wäre in viel größerem Umfange, als das bisher privaten Forschern möglich ist, der deutschen Rassenhygiene nutzbar zu machen. Einen Anfang zur Sammlung und Sichtung des rassenhygienischen Materials stellte die von v. Gruber und Rüdin geschaffene Sammlung von Bildertafeln und statistischen Tabellen für die Dresdner Hygieneausstellung im Jahre 1911 dar, welche in einem Katalog von Gruber und Rüdin erläutert ist.

Die Lehrer und Forscher auf dem Gebiete der Rassenhygiene würden infolge ihrer verhältnismäßig unabhängigen Stellung auch die geeigneten geistigen Führer der rassenhygienischen Bewegung sein, und von ihnen würde am besten auch die Initiative zu staatlichen Maßnahmen ausgehen.

Es ist nämlich nicht zu hoffen, daß ein wirklicher Fortschritt von einer Regierung oder ihren Beamten ausgehe. Im Jahre 1919 hat ein Medizinalbeamter in einem Ministerium eines deutschen Staates einmal folgenden Satz drucken lassen: „Der Staat kann und darf nur solche sozialhygienische Maßnahmen einführen, die sich anderwärts in der Praxis bewährt haben." Wir wollen hoffen, daß das nicht die offizielle Auffassung ist; denn das würde bedeuten, daß man im „neuen" Deutschland die Rückständigkeit zum staatlichen Prinzip erhöbe. Staatliche Beamte pflegen immer unangenehm berührt zu werden, wenn auf irgendwelche Mißstände hingewiesen wird; sie empfinden das gewissermaßen als Vorwurf, daß sie oder die Regierung ihre Pflicht nicht getan hätten. Öfter gewinnt man fast den Eindruck, als stelle der Staat eigens besoldete Optimisten an, die in der Rolle von Statistikern und Hygienikern von Zeit zu Zeit beweisen müssen, daß durchaus kein Grund zur Beunruhigung vorliege. Wenn die Rassenhygiene auf die schweren Schäden in unserem sozialen Leben hinweisen muß, so soll das keinen Vorwurf gegen irgendeine Regierung bedeuten. Jene Dinge, welche über das Gedeihen der kommenden Geschlechter wie keine andern entscheiden, lagen eben bisher völlig außerhalb des Gesichtskreises unserer Gebildeten. Einen Vorwurf werden wir erst erheben, wenn man sich auch in Zukunft der Einsicht und dem Fortschritt verschließt.

Im Mai 1921 hat der schwedische Reichstag in großzügiger Weise die Mittel für eine rassenbiologische Lehr- und Forschungsanstalt bereitgestellt. Damit ist die erste staatliche Anstalt für Rassenbiologie ins Leben gerufen. Ihre Leitung ist in die bewährten Hände von Professor Hermann Lundborg gelegt, und wir hoffen zuversichtlich, daß man in wenigen Jahren bei uns wird sagen können, daß diese Maßnahme sich in Schweden, d. i. „anderwärts in der Praxis bewährt habe".

In Deutschland gibt es bisher nur eine Professur für menschliche Erblichkeitslehre, nämlich in Berlin, angegliedert an das anatomisch-biologische Institut. Da der Inhaber dieses Lehrstuhls, Prof. H. Poll, auch die Anwendung der Erblichkeitslehre in Medizin und Hygiene zu seinen Aufgaben rechnet, so kommt diese Professur tatsächlich auf eine rassenhygienische hinaus. Wenn diese Einrichtung wegen der in Berlin bestehenden besonderen Verhältnisse auch gutgeheißen werden mag, so ist es im übrigen doch nicht angezeigt, rassenhygienische Lehrstühle an anatomische Institute anzugliedern. Die Zellforschung ist nur eine Hilfswissenschaft der Erblichkeitslehre und nicht einmal eine unentbehrliche. Im Mittelpunkt hat vielmehr die statistische Forschung zu stehen. Methodologisch gehört die Rassenhygiene mit der sozialen Hygiene zusammen. Soweit daher noch nicht selbständige rassenhygienische Institute errichtet werden können, sollten rassenhygienische Abteilungen den hygienischen Instituten angegliedert werden.

o) Die Notwendigkeit medizinalstatistischer Registrierung der Bevölkerung.

Gegen Maßnahmen praktischer Rassenhygiene wird immer wieder der Einwand erhoben, wir wüßten noch zu wenig von den Gesetzen der Erblichkeit, um derartige Maßnahmen verantworten zu können. Es soll nicht bezweifelt werden, daß dies bei denen, welche diesen Einwand erheben, tatsächlich zutrifft; allgemein trifft es für unsere Wissenschaft gewiß nicht mehr zu. Richtig ist aber immerhin, daß wir über die Erbbeschaffenheit der Bevölkerung im ganzen und der meisten einzelnen Familien leider bisher nur wenig wissen. Diesem Übelstande könnte aber abgeholfen werden. Unsere Kenntnis der allgemeinen Gesetze der Erblichkeit ist durchaus genügend, um an die Feststellung der erblichen Veranlagung der Bevölkerung erfolgreich herangehen zu können. Gerade die, welche immer auf die Lücken unseres Wissens hinweisen, sollten also dafür eintreten, daß diese Lücken so bald wie möglich geschlossen werden.

Die Kenntnis des gesundheitlichen Zustandes der Bevölkerung und der rassenbiologischen Beschaffenheit der einzelnen Familien ist ja nicht nur für die Rassenhygiene, sondern auch für die sonstige Hygiene, für die ärztliche Behandlung, ja im Grunde sogar für alle staatlichen Maßnahmen von allergrößter Bedeutung. Daher ist eine fortlaufende medizinalstatistische Registrierung der gesamten Bevölkerung ein dringendes Erfordernis. Schon bei der Geburt sollte für jedes Kind ein amtlicher Gesundheitsbogen angelegt werden, auf dem alle Tatsachen, die für die gesundheitliche Beurteilung des Kindes von Wichtigkeit wären, einzutragen wären, also auch Angaben über den Gesundheitszustand der Eltern und Geschwister. Schon jetzt bestehen ja an den meisten größeren Orten Säuglingsfürsorgestellen, in denen von jedem Säugling ein Personalbogen geführt wird. Diese Einrichtung müßte nur auf die gesamte Bevölkerung ausgedehnt werden, und die Bogen müßten auch später fortgeführt, amtlich gesammelt und aufbewahrt werden. Eine allgemeine Kontrolle der Kinder könnte bei Gelegenheit der Impfung vorgenommen werden. Später würden die Personalbogen dann durch die Schulärzte fortzuführen sein. Bei den Untersuchungen und Eintragungen wäre nicht nur der Gesundheitszustand, sondern auch die sonstige Beschaffenheit, sowohl die körperliche wie die geistige, zu berücksichtigen, insbesondere auch die Art und der Grad der Begabung sowie die Charaktereigenschaften. Daher müßten gerade während der Schulzeit nicht nur die Befunde des Schularztes, sondern auch die Urteile der Lehrer eingetragen werden. Während jener Zeiten des Lebens, wo nicht wie während der Schulzeit eine dauernde Überwachung stattfindet, müßten periodische Untersuchungen durch beamtete Ärzte stattfinden. Schallmayer ist für alljährliche Ergänzung der Personalbogen eingetreten; ich glaube jedoch, daß man sich vorerst mit Untersuchungen in etwa drei- oder fünfjährigen Zwischenräumen begnügen könnte. Zur Ergänzung der Registrierung würde die oben geforderte ärztliche Meldepflicht für Geschlechtskrankheiten sehr wichtig sein.

Eine derartige Registrierung hat schon Galton als eine der wesentlichsten Grundlagen praktischer Rassenhygiene erkannt. Bei uns ist besonders Schallmayer schon im Jahre 1891 für „erbbiographische Personalbogen" eingetreten. Es lag natürlich auch in seinem Sinne, daß nicht nur die Erbanlagen, sondern auch die sonstigen Tatsachen über Gesundheit und Krankheit aufgezeichnet werden sollten; insofern ist also der Name zu eng, ebenso wie der von anderer Seite vorgeschlagene Name „Gesundheitsbogen".

Die so entstehenden Personenbogen müßten an amtlichen Zentralstellen familienweise geordnet und aufbewahrt werden. Diese Familienregister würden nach einer Reihe von Jahren sehr wertvolle Aufschlüsse über das Vorkommen und die Verteilung aller wichtigen Krankheiten und auch der meisten krankhaften Erbanlagen Aufschluß gestatten, während gegenwärtig die Medizinalstatistik mangels zuverlässiger Unterlagen über einige grobe Feststellungen überhaupt nicht hinausgehen kann.

Bisher enthalten die Personenregister der Standesämter im wesentlichen nur Aufzeichnungen über die Tatsache und die Zeit der Geburt, der Eheschließung und des Todes. Auch in Württemberg, das als einziger von allen deutschen Staaten Familienregister besitzt, erstrecken sich die

Aufzeichnungen nicht weiter. Mit Recht hat daher der Statistiker Burgdörfer verlangt, daß die bei den Standesämtern zu führenden Personenregister überall zu Familienregistern ausgebaut würden, welche die wesentlichen gesundheitlichen und rassenbiologischen Tatsachen enthalten müßten. Solche Familienregister würden nicht nur die oben geschilderten Schwierigkeiten der Beurteilung der Ehetauglichkeit zum größten Teil beseitigen, sondern auch dem praktischen Arzte äußerst wertvolle Hinweise für die Feststellung und Behandlung von Krankheiten geben können. Auch für die wissenschaftliche Erforschung der menschlichen Erbanlagen würde ein unvergleichliches Quellenmaterial gegeben sein.

p) Die rassenhygienische Gestaltung des Medizinalwesens.

Zur Durchführung dieser Forderungen erscheint die Schaffung eines besonderen Reichsgesundheitsministeriums unerläßlich. Die Gesundheit eines Volkes ist die Grundlage aller andern Güter. Folglich muß der Staat die Gesundheitspflege an die erste Stelle aller seiner Maßnahmen stellen, und es sollte selbstverständlich sein, daß auch die Leitung der staatlichen Fürsorge für die Volksgesundheit in der Hand von Fachleuten, d. h. von Ärzten liegen muß, nicht aber eines Parteimannes oder eines Vertreters eines anderen Faches. Frankreich hat bereits ein Gesundheitsministerium, ebenso mehrere andere Staaten.

Die Entwicklung der Volksgesundheitspflege geht gegenwärtig hauptsächlich in der Richtung der immer weiteren Ausdehnung der ärztlichen und hygienischen Fürsorge für Säuglinge, Kleinkinder, Jugendliche, Tuberkulöse, Geschlechtskranke u. a. Diese Fürsorge ist auch vom rassenhygienischen Gesichtspunkt durchaus zu billigen. Den eigentlichen Kern der sozialen Hygiene muß aber die Rassenhygiene im engeren Sinne bilden. Ohne rassenhygienische Maßnahmen ist eine wirkliche Gesundung der Bevölkerung eine unlösbare Aufgabe. Es ist daher zu fordern, daß die gesamte hygienische Fürsorge unter rassenhygienischen Gesichtspunkten betrieben werde. Nicht unklare Gefühlsregungen, sondern klare Erkenntnis der Lebensnotwendigkeiten der Volksgemeinschaft müssen uns auch hier leiten. Uns tut eine Rationalisierung der sozialen Hygiene not. Wenn alle Fürsorgezweige weiter ausgebaut und unter einheitlicher Leitung durch ein Gesundheitsministerium zusammengefaßt werden, so kann die oben geforderte medizinalstatistische Registrierung der gesamten Bevölkerung keine besonderen Schwierigkeiten und auch keine übermäßigen Kosten mehr machen. Jedenfalls würden die Aufwendungen sich durch den Gewinn an Volksgesundheit überreich bezahlt machen.

Es ist auch im rassenhygienischen Interesse sehr zu begrüßen, daß auf diese Weise ein immer größerer Teil der Ärzte in den Dienst der Krankheitsverhütung treten würde, denn die Heilung einmal ausgebrochener

Krankheiten ist in der Regel doch nur unvollkommen oder gar nicht mehr erreichbar. Im Interesse der Einheitlichkeit der gesamten Volksgesundheitspflege sollten die sozialhygienisch tätigen Ärzte womöglich alle vom Staate und nicht, wie es jetzt meist geschieht, von den Gemeinden besoldet werden. Diese Entwicklung geht in der Richtung auf eine allmähliche Verstaatlichung des ärztlichen Standes hin, wie sie Schallmayer schon i. J. 1891 gefordert hat. Es kann gar keinem Zweifel unterliegen, daß die ausschließliche Bezahlung der Ärzte nach einzelnen Leistungen nicht im Interesse der Volksgesundheit liegt. Bei privatwirtschaftlicher Bezahlung werden durch jede wesentliche Besserung der Volksgesundheit die Einkommensmöglichkeiten der Ärzteschaft geschmälert. Folglich muß der Staat dafür sorgen, daß durch die Gesundung der Bevölkerung, welche eine seiner vordringlichsten Aufgaben ist, nicht die Existenz der Ärzte untergraben wird. Denn wenn der ärztliche Stand ruiniert wird, so muß natürlich auch die Volksgesundheit schweren Schaden leiden. Eine weitsichtige Volksgesundheitspflege ist also ohne angemessene Berücksichtigung der Interessen des ärztlichen Standes gar nicht möglich. Zur Lösung dieser Aufgabe aber wird eine gewisse Verstaatlichung oder, wenn man will „Sozialisierung" des ärztlichen Standes schwerlich zu umgehen sein. Auch die Ärzte, welche sich in ihrer Gesamtheit immer durch soziales Fühlen ausgezeichnet haben, werden es auf die Dauer nicht wollen können, daß sie in einer wirtschaftlichen Lage bleiben, die durch Besserung der Volksgesundheit gedrückt, durch ihre Verschlechterung aber gehoben wird.

Schallmayer hat daher gefordert, daß in Zukunft überhaupt keine neuen Privatärzte mehr zugelassen werden sollten, und daß der ganze ärztliche Nachwuchs vom Staate angestellt werden solle. Im einzelnen hat Schallmayer auch wohldurchdachte Vorschläge gemacht, wie bei dieser Neuregelung das Vertrauensverhältnis zwischen Arzt und Kranken gewahrt werden, wie eine freie Arztwahl ermöglicht werden und wie einer unnötigen Inanspruchnahme der Ärzte vorgebeugt werden könnte.

Das Gedeihen der Ärzte und ihrer Familien hat natürlich auch unmittelbar die allergrößte rassenhygienische Bedeutung; denn der ärztliche Beruf wird in Zukunft einer der hauptsächlichsten sein, welche begabten Familien die Erhaltung durch geistige Arbeit ermöglichen. Die sozialhygienische Literatur schweigt sich über die Erhaltung der Familien der Fürsorgeärzte zwar aus; vom rassenhygienischen Gesichtspunkt ist deren Gedeihen aber nicht weniger wichtig als das Gedeihen jener, für welche sie sorgen. In dieser Beziehung ist vor allem eine Regelung der Zulassung zum ärztlichen Beruf unter dem Gesichtspunkt strenger Auslese nach der Tüchtigkeit unumgänglich, wie sie weiter oben auch für die übrigen akademischen Berufe gefordert wurde.

q) Was kann der Staat für die nordische Rasse tun?

Wir haben im theoretischen Teil die unersetzliche Bedeutung der nordischen Rasse für die europäische Kultur erörtert und andererseits auf die unmittelbar drohende Gefahr ihres Aussterbens hingewiesen. Die Besprechung der Mittel und Wege praktischer Rassenhygiene dagegen haben wir so gehalten, als ob es eine nordische Rasse gar nicht gäbe. Es ist aber nicht unsere Absicht, diese Frage hier totzuschweigen. Gegenüber gewissen Rassenschwärmern, die nicht genügend mit den wirklichen Verhältnissen rechnen, muß betont werden, daß ein Staat, dessen Bevölkerung aus sehr verschiedenen Rassenbestandteilen besteht, einen von diesen Bestandteilen weder bevorzugen kann noch darf. Vor einer Überschätzung der äußerlichen Rassenmerkmale wie Haar- und Augenfarbe, Körperlänge und Kopfform muß ausdrücklich gewarnt werden. Die Erbanlagen, welche diese äußeren Merkmale bedingen, machen nur einen verhältnismäßig recht kleinen Teil der gesamten Erbmasse einer Rasse aus. Ein dunkelhaariger Deutscher kann ebensogut nordische Eigenschaften der Seele haben wie ein blonder. An den seelischen Anlagen liegt doch wohl mehr als an den äußeren Merkmalen; und jene sind auch in viel größerer Gefahr als diese. Blonde Haare und blaue Augen wird es noch nach Jahrtausenden in Europa geben, die nordische Seele aber stirbt. Und wir können die nordische Seele nicht retten, indem wir blonde Haare und blaue Augen züchten, sondern der Staat dient ihrem Leben am besten, indem er die Familien, nach Maßgabe ihrer allgemeinen Leistungsfähigkeit für das Volksganze, aber ohne Rücksicht auf ihre äußeren Rassenmerkmale, in der Erhaltung fördert. Schallmayer hat sich sehr scharf gegen Bestrebungen, welche auf eine Vermehrung des nordischen Blutsanteils in der deutschen Bevölkerung abzielen würden, ausgesprochen; andererseits aber dürfte es auch nicht in Schallmayers Sinne sein, daß der nordische Anteil unserer Bevölkerung abnehme, wie es tatsächlich der Fall ist. Die Rassenhygiene dient der Erhaltung aller Rassen und damit auch der nordischen. Und wenn die Rassenhygiene ihr besonderes Augenmerk auf die Erhaltung der höher begabten Familien richtet, so kommt das auch ohne jede Bevorzugung äußerer Rassenmerkmale der nordischen Rasse zugute. Eine Bevorzugung eines bestimmten Typus dagegen würde in unserer gemischten Bevölkerung natürlich zu schweren Mißhelligkeiten führen, und daher muß eben im Interesse der Rasse vor der Überschätzung äußerer Merkmale gewarnt werden.

Darum ist es aber nicht nötig, die Bedeutung der nordischen Rasse für die Kultur totzuschweigen. Schallmayer befürchtete von einem Eintreten für die nordische Rasse eine Verstärkung der Feindschaft unter den Sprachnationen, während er im Interesse der Rassenhygiene eine internationale Staatenvereinigung für wünschenswert hielt. In Wahrheit folgt aber auch aus dem Interesse der nordischen Rasse durchaus nicht eine feindliche

Einstellung gegen Bevölkerungen von fremder Sprache. Allen Völkern europäischer Kultur ist ja ein gewisser Anteil nordischer Rasse gemeinsam, und gerade von jenen Völkern, auf die wir Deutschen auch ohne jede Rücksicht auf die Rassenverwandtschaft in erster Linie angewiesen sind, haben einige nicht weniger nordisches Blut als das deutsche.

Am stärksten ist das Rassenbewußtsein heute in Nordamerika lebendig. Das Zusammenleben vieler verschiedener Sprachnationen von europäischer Herkunft, die Anwesenheit von Millionen Negern und schließlich auch die Gefahr, welche von dem Eindringen der ostasiatischen Mongolen droht, hat zu einem lebendigen Zusammengehörigkeitsgefühl aller „Weissen" geführt. Wir wissen ja allerdings, daß es eine „weisse Rasse", so wie man sie sich gewöhnlich vorstellt, gar nicht gibt. Was den sogenannten „Weissen" gemeinsam ist, das ist vielmehr positiv nur ein mehr oder weniger großer Anteil nordischen Blutes und negativ das Freisein von Negerblut. In Amerika ist man denn auch ganz offenbar auf dem Wege, zum Bewußtsein der Gemeinschaft der nordischen Rasse zu kommen, besonders seit Madison Grant in eindrucksvoller Weise auf ihren drohenden Untergang aufmerksam gemacht hat. Da Amerika gegenwärtig nicht nur die größte Weltmacht ist, sondern auch die einzige, mit der wir Deutschen, wenn auch kein freundliches Einvernehmen, so doch ein friedliches Zusammenarbeiten erwarten dürfen, so kann uns der nordische Rassengedanke auch politisch nur förderlich sein. Von Amerika aus wurde schon jahrelang vor dem Kriege für einen Bund der weissen Völker Stimmung gemacht; und es ist ewig schade, daß in Europa nicht rechtzeitig Verständnis dafür vorhanden war. Auch heute noch würden die gemeinsamen Interessen der nordischen Rasse in einem Völkerbunde unter Amerikas Führung wohl am besten gewahrt sein. Die Zeit der blonden Internationale ist freilich noch nicht gekommen. Wer aber unter Berufung auf vermeintliche Rassenunterschiede den Haß der Sprachnationen schürt, der hat das tragische Schicksal unserer Rasse noch nicht begriffen, nicht erlebt.

Wir sind übrigens nicht etwa der Meinung, daß die äußere Politik sich einfach nach der Rassenverwandtschaft richten solle. Der Staatsmann darf seine Stellungnahme lediglich auf nüchterne Abwägung dessen, was seinem Staate zum Besten dient, nicht aber auf Gefühle gründen, auch nicht auf Gefühle des Rassenhasses oder der Rassensympathie. Im übrigen aber müssen wir von dem Staatsmann der Zukunft die Einsicht verlangen, daß das Gedeihen der Rasse die unerläßlichste Grundlage des Gedeihens des Staates ist, und daß er sowohl seine innere als auch seine äußere Politik darnach einrichte.

Der greise Faust läßt Ödland kultivieren, um darauf vielen Millionen Menschen ein tätig-freies Leben zu ermöglichen, und Goethe hat bei der Aufstellung dieses Ideals offenbar die Kolonisationsarbeit Friedrichs des Großen vor Augen gehabt. Es soll auch gar nicht bestritten werden, daß zur

Zeit Goethes, als es noch viel unbesiedeltes Land in unserem Vaterlande gab, dessen Erschließung ein annehmbares Ziel für den faustischen Menschen darstellte. Aber man muß sich hüten, dieses Ziel schematisch auf die Gegenwart zu übertragen. Wenn der selige Faust heute mit ansehen müßte, wie als Vollendung seines Werkes die letzten Reste von Moor und Heide, die letzten Reste der deutschen Heimatnatur, dem Götzen Nützlichkeit geopfert werden, er würde einen Rückfall bekommen und den Teufel beschwören, etwas dagegen zu tun. Aber ganz im Ernst: Die Verchinesung Europas ist nicht der Gipfel der faustischen Kultur, sondern ihr Ende. Das Ziel des faustischen Menschen muß heute die Rettung der faustischen Rasse sein, und nur der Staatsmann, der diese durchsetzt, wird einmal mit Recht von sich sagen können:

„Es kann die Spur von meinen Erdetagen

Nicht in Äonen untergeh'n.“

---

3. Private Rassenhygiene.

a) Die rassenhygienische Gestaltung des persönlichen Lebens.

Die private Rassenhygiene muß sich vorerst notgedrungen auf jenen verhältnismäßig kleinen Teil der Bevölkerung, der über eine tiefere Einsicht verfügt, beschränken. Man mag diese Beschränkung bedauern, man kann aber der Mehrheit nicht einfach die zu rassenhygienischem Handeln nötige Urteilsfähigkeit beibringen. Da bestehen eben Grenzen, die in der Erbverfassung der Menschen liegen. Wenn später einmal rassenhygienische Anschauungen bei den Einsichtigen Allgemeingut geworden sein werden, dann kann man hoffen, daß auch die Massen jener, die kein selbständiges Urteil haben, nachfolgen werden. Vorerst aber ist die Anwendung privater Rassenhygiene auf die Höherbegabten nicht nur allein möglich, sondern sie ist auch gerade bei diesen besonders vordringlich, weil unserer Bevölkerung gerade durch deren Aussterben die allgemeine Verpöbelung droht.

Dieses Buch wendet sich ja vornehmlich an die studierende Jugend. Es soll daher auch in erster Linie betrachtet werden, wie der junge Mann, der sich auf einen geistigen Beruf vorbereitet, sein Leben im Sinne der Rassenhygiene gestalten kann. Da ist vor allem wichtig, daß er die Sorge für das von ihm getragene Erbgut nicht aus den Augen verliere. Wer selbst gesund und tüchtig ist und von ebensolchen Eltern stammt, der hat die Pflicht, sein Erbgut auch weiterhin zu bewahren. Ein unerläßliches Mittel zu diesem Ziele ist, möglichst früh eine auskömmliche Lebensstellung zu erringen, die die Gründung und Erhaltung einer Familie ermöglicht. Man braucht darum kein Streber zu sein; vielmehr wird die Arbeit für das eigene Fortkommen gerade dadurch, daß sie als Mittel zu einem überpersönlichen Ziel erfaßt wird, ihres selbstsüchtigen Charakters entkleidet. Andererseits muß auch vor geistiger Überarbeitung gewarnt werden, die möglicherweise unmittelbar schädlich auf die Erbmasse wirken könnte. Wenn nicht wenige der begabtesten Gelehrten und Forscher sich im Dienste der Wissenschaft aufreiben, so kann das vom Standpunkte der Rassenhygiene nicht gutgeheißen werden. Die richtige Abwechselung zwischen Arbeit und Erholung, zwischen geistiger und körperlicher Betätigung ist daher nicht nur eine Forderung der Individualhygiene, sondern auch der Rassenhygiene.

Die Berufswahl steht ja während des Studiums im allgemeinen nicht mehr in Frage. Immerhin aber kommen innerhalb einer Berufsgruppe öfter noch verschiedene Möglichkeiten in Betracht. Daher sei ausdrücklich betont, daß ein wirtschaftlich einträglicherer Beruf einem weniger einträglichen, auch wenn dieser angesehener ist, im allgemeinen vorzuziehen ist. Gewarnt werden muß vor einem Berufswechsel, wenn dieser nicht wirklich nötig ist. Viele Söhne gebildeter Familien sehen sich heute veranlaßt, einen mehr körperlichen Beruf zu suchen; aber nur einem Teil von ihnen gelingt die Anpassung an die Bedingungen schwerer körperlicher Arbeit. An und für sich sind landwirtschaftliche Berufe rassenhygienisch am meisten zu empfehlen. Dem geistigen Arbeiter ist es aber in der Regel nicht mehr möglich, sich an das Leben und die Arbeit des Landwirtes zu gewöhnen. Selbst in früher Jugend gelingt das Söhnen städtischer Familien nicht leicht. Leider besteht bei der modernen Berufsberatung hier und da die Neigung, schwächlichen und psychopathischen jungen Leuten gerade landwirtschaftliche Berufe zu empfehlen. Das liegt indessen weder im Interesse der Betreffenden noch in dem der Rasse. Der Landwirtsberuf muß in erster Linie den tüchtigen Söhnen der Landwirte vorbehalten bleiben. In den vergangenen Jahrzehnten haben begabte Landwirtssöhne nur allzu sehr in geistige Berufe gedrängt. Dem wird ja nun die furchtbare Not der geistigen Berufe ein Ziel setzen. Aber auch ganz bewußt muß darnach gestrebt werden, daß gerade die begabten jungen Landleute dem Berufe ihrer Väter erhalten bleiben. Es ist viel besser, daß ein wissenschaftliches oder künstlerisches Talent nicht ausgebildet wird, als daß es infolge der Ausbildung dem Aussterben verfällt.

Im allgemeinen ist es für alle Stände am besten, wenn die Söhne im Berufe des Vaters oder doch in einem verwandten bleiben. Man soll nicht vergessen, daß der soziale Aufstieg zum Aussterben zu führen pflegt. Wo Zweifel über eine zweckmäßige Berufsberatung bestehen, können die Berufsberatungsstellen, wie sie jetzt wohl auch bei allen Hochschulen bestehen, öfter vor Irrwegen bewahren. Auch die moderne psychologische Untersuchung kann dabei von Nutzen sein. Neben den wirtschaftlichen, den rein ärztlichen und den psychologischen Gesichtspunkten sollten bei der Berufsberatung in Zukunft aber auch rassenhygienische gebührende Berücksichtigung finden.

Wenn die Rückkehr städtischer Familien zum Bauernberuf im allgemeinen auch nicht möglich ist, so bietet doch andererseits das Land und die Kleinstadt auch für manche geistige Berufe Lebensmöglichkeiten, die dem Leben in der Großstadt nicht nachstehen, z. B. für den Landarzt, den Geistlichen, den Rechtsanwalt. Wenn das Einkommen auf dem Lande auch geringer ist, so ist andererseits die Lebenshaltung billiger, und die Kinder wachsen unter viel gesünderen Bedingungen auf. Der Glanz der modernen „Kulturzentren“ ist für die Familien verderblich wie das Licht für die Motte; und wem die Augen über diese Kultur aufgegangen sind, dem fällt der Verzicht darauf nicht schwer. Wer aber gleichwohl gezwungen ist, in der Großstadt zu leben, der sollte, wenn irgend möglich, außerhalb des Stadtinnern wohnen und die größerer Mühe des Weges zur Arbeitsstätte aus Rücksicht auf das Gedeihen der Familie auf sich nehmen.

Besonders schwierig liegt die Berufsfrage für die Töchter gebildeter Familien. Am besten ist es selbstverständlich, wenn gesunde und tüchtige Mädchen möglichst früh heiraten und möglichst viele Kinder aufziehen. Jeder andere Beruf für das weibliche Geschlecht muß im Vergleich zum Mutterberuf als minderwertig gelten, und vereinbar sind beide ja doch nicht. Leider wird nun aber infolge der Kriegsverluste und der wirtschaftlichen Notlage der geistigen Berufe in der nächsten Zeit ein sehr großer Teil der Mädchen aus gebildeten Familien ehelos bleiben müssen. Es kann daher nicht gefordert werden, daß die Mädchen einfach zu Hause bleiben und auf den Mann warten, der vielleicht doch niemals kommt. Gerade die wertvolleren jungen Mädchen werden vielmehr etwas Tüchtiges lernen wollen, damit sie sich selbst ernähren können. Nur sollen sie nicht vergessen, daß dies im Grunde nur ein kümmerlicher Ersatz für die Erfüllung ihrer eigentlichen Aufgabe ist, und sie sollen achtgeben, daß nicht gerade die Berufsausbildung sie daran hindert. Sie tun daher gut, ihre hauswirtschaftliche Ausbildung nicht zu vernachlässigen und im übrigen eine solche Berufsausbildung zu wählen, die zugleich möglichst große Aussichten auf Heirat bietet. Die Fortführung eines Berufes durch eine verheiratete Frau unter Verzicht auf Kinder widerstreitet selbstverständlich den Forderungen der Rassenhygiene in hohem Grade. Im Vergleich dazu täte ein Mädchen immer noch besser, gar nicht zu heiraten; denn dann entzieht sie wenigstens einem anderen nicht die Gelegenheit zur Ehe.

Wenn das Erbe der Väter unversehrt den Nachkommen übergeben werden soll, so darf es vor allem nicht idiokinetischen Schädigungen ausgesetzt werden. Auch inmitten der rassenhygienisch so ungesunden Lebensverhältnisse, unter denen die modernen Bevölkerungen leben, kann der Einzelne einer Schädigung seiner Erbmasse weitgehend vorbeugen, und diese Aufgabe ist einer unausgesetzten Aufmerksamkeit wert. An erster Stelle ist die Vermeidung des Alkoholmißbrauches zu fordern. Es soll zwar nicht behauptet werden, daß „mäßiges" Trinken die Erbmasse schädigen müsse; aber der mäßige Genuß geht nur zu leicht in den unmäßigen über. Mit Rücksicht auf die Wirkung des Beispiels muß vom rassenhygienischen Standpunkt die völlige Enthaltsamkeit befürwortet werden. Nur wenn immer weitere Kreise sich dazu entschließen, ist zu hoffen, daß die Macht der Trinksitten und des Alkoholkapitals gebrochen wird. Das wissen die Vertreter des Alkoholkapitals recht gut, und sie treten daher stets für die „Mäßigkeit" ein. Entsprechendes wie vom Alkohol gilt auch vom Tabak, wenn auch vielleicht in geringerem Grade. Am besten ist es, wenn die jungen Leute gar nicht erst anfangen zu rauchen. Dann macht die Enthaltung keinerlei Schwierigkeiten.

Noch größere Gefahren drohen dem gesunden Erbgut von den Geschlechtskrankheiten. Von den Schäden, welche die

Geschlechtskrankheiten der Gesundheit des Einzelnen bringen, kann in diesem Zusammenhange, so schwer sie auch sind, abgesehen werden. Hier handelt es sich vielmehr um die Unfruchtbarkeit, welche die Gonorrhoe beim Manne und vor allem bei der Frau bewirken kann, und um die Schädigung der Nachkommenschaft, welche die Syphilis zur Folge hat. Diese Gefahren, welche bei der rassenhygienischen Beurteilung der „sexuellen Frage" ganz im Vordergrund zu stehen haben, sind um so größer, als es sich bei den geschlechtlichen Trieben nicht um künstlich angewöhnte Bedürfnisse wie beim Rauchen und Trinken, sondern um durchaus normale und natürliche handelt, deren Befriedigung gerade dem gebildeten jungen Manne während der Jahre, wo sie sich am lebhaftesten geltend machen, auf einwandfreie Weise einfach unmöglich zu sein pflegt. Eine Lösung der „sexuellen Frage" in dem Sinne, daß das unmittelbare Lustbegehren mit den Interessen des dauernden Wohles des Einzelnen und mit den Lebensinteressen der Rasse völlig versöhnt werden können, ist unter unsern ungesunden Lebensverhältnissen schlechterdings nicht möglich. Eine „neue Moral", die heute allerdings auch schon etwas abgegriffen anmutet, lehrt, daß nur jener Geschlechtsverkehr, der das Glück anderer Menschen schädige oder der zur Erzeugung kranker Nachkommen führe, zu verwerfen sei. Nun bringt aber fast jeder außereheliche Geschlechtsverkehr die Gefahr der Ansteckung in mehr oder weniger hohem Maße mit sich. Die meisten Ansteckungen erfolgen heute nicht durch die bezahlte Prostitution, sondern in freien Verhältnissen. Den beteiligten Mädchen droht außer der Ansteckung auch der Verlust ihres guten Rufes und damit die Ausschaltung von der Ehe. Man darf auch hier nicht übersehen, daß die Lebensführung des Einzelnen auch mittelbar von großem Einfluß ist, indem das schlechte Beispiel auch andere in Gefahr bringt, während das Beispiel der Selbstbeherrschung auch bei andern den Willen dazu stärkt. Die geschlechtliche Sittlichkeit wird nicht ohne Grund in den Mittelpunkt der Sittlichkeit überhaupt gestellt; und die sittlichen Anschauungen zumal auf geschlechtlichem Gebiet sind von einschneidendster Bedeutung für die Gesundheit der Rasse.

Schon daraus folgt, daß durch Anwendung von Schutzmitteln gegen die Ansteckung dem außerehelichen Geschlechtsverkehr das Bedenkliche nicht genommen werden kann. Immerhin ist die Vernachlässigung von Schutzmitteln dabei natürlich besonders schwer zu mißbilligen. Doch sachgemäße Anwendung von Schutzmitteln, insbesondere des Kondoms und des Einträufelns von Silberlösungen, kann die Ansteckung mit Gonorrhoe ziemlich sicher vermieden werden, leider weniger sicher die mit Syphilis, gegen welche am ehesten noch eine Chininsalbe zu schützen scheint; und die tausendfältige Erfahrung der Ärzte zeigt, daß die Anwendung sehr oft in ungenügender Weise erfolgt. Die Empfehlung von Schutzmitteln ist daher eine verantwortungsvolle Sache, weil einerseits deren

Anwendung zwar die Gefahr vermindert, andererseits aber im Vertrauen auf die Schutzmittel die Gefahr nur zu leicht unterschätzt wird. Bei Würdigung aller Umstände kann vom rassenhygienischen Standpunkt nur eindringlich zur Enthaltsamkeit bis zur Eheschließung geraten werden. Es muß auch ausdrücklich betont werden, daß irgendwie ernstliche Störungen der Gesundheit durch Enthaltsamkeit nicht entstehen können, obwohl das gern behauptet wird. Daß vorübergehende Störungen des subjektiven Wohlbefindens vorkommen, besonders bei psychopathischen Personen, soll nicht bestritten werden, diese wiegen aber federleicht im Vergleich zu den furchtbaren Gefahren der Geschlechtskrankheiten. Auch die Gefahren der Selbstbefriedigung sollten nicht übertrieben werden; gegenüber außerehelichem Geschlechtsverkehr ist diese immerhin das kleinere Übel. Im übrigen müssen sich die jungen Leute eben an den Gedanken gewöhnen, daß die Befriedigung der Triebregungen höheren Zielen untergeordnet werden muß; und wo diese Befriedigung ohne schwere Schäden und Gefahren doch nicht möglich ist, da dient die Enthaltsamkeit zugleich auch dem größtmöglichen persönlichen Glück, mag ihre Durchführung unmittelbar auch noch so schwer sein. Der gesunde junge Mann soll sich immer bewußt sein, daß er berufen ist, das Erbgut seiner Ahnen den künftigen Geschlechtern zu überliefern; und wer eine Vorstellung von all dem herzbrechenden Unglück hat, das durch Einschleppung von Syphilis und Gonorrhoe in die Ehe verursacht wird und andererseits von der Leere und Verfehltheit des ehelosen Daseins, der wird die Versuchung auch überwinden können. Im übrigen ist es wichtig, schon die Versuchung nach Möglichkeit zu vermeiden, was freilich in der modernen Großstadt, wo zahlreiche Geschäftsunternehmungen, Kinos und Theater von der Erregung geschlechtlicher Begierden und Phantasien geradezu leben, nicht leicht ist. Eine einfache Lebensführung, welche die Erholung in der freien Natur, in Wandern und Sport, sucht, ist daher auch aus rassenhygienischen Gründen warm zu befürworten.

Obwohl es nach den Ausführungen im allgemeinen Teil eigentlich selbstverständlich ist, möge hier ausdrücklich betont werden, daß eine Bereicherung der Erbmasse, auch eine Ausgleichung von Schäden der Erbmasse, nicht in unserer Macht steht. Man hat früher gelegentlich wohl gemeint, daß krankhafte Erbanlagen, die etwa durch Alkoholmißbrauch der Eltern entstanden wären, durch Enthaltsamkeit bei den Kindern wieder in gesunde verwandelt werden könnten, so daß die Enkel dann frei davon wären. Das ist natürlich eine sehr oberflächliche Gedankenverknüpfung, die das Wesen der Idiovariation gründlich verkennt. Die Erfahrungen der Erblichkeitsforschung sprechen eindeutig dafür, daß bestimmte Anlagen in ganz bestimmten Teilen der Erbmasse begründet sind. Wenn nun solche Teilchen zerstört worden sind, so können sie nicht etwa von andern Teilen der Erbmasse aus ersetzt werden, denn dann würden diese ja die gesamten

Anlagen des betreffenden Lebewesens enthalten, während in Wirklichkeit die verschiedenen Anlagen auf verschiedene Teile der Erbmasse verteilt sind. Erbanlagen, die einmal verloren sind, können nicht wieder ersetzt werden. Nicht einmal die willkürliche Zerstörung bestimmter einzelner Erbanlagen haben wir in der Hand, geschweige denn die Möglichkeit zu ihrem Wiederaufbau. Wenn wir einzelne Erbeinheiten aufbauen könnten, so würde auch dem Aufbau vollständiger Erbmassen nichts mehr im Wege stehen, d. h. das Problem des Homunkulus wäre gelöst. Solange man an eine „Vererbung erworbener Eigenschaften" glaubte, mochte man hoffen, durch Übung und Stärkung des Körpers auch die Erbmasse ertüchtigen zu können. Diese Hoffnung muß endgültig zu Grabe getragen werden; und es ist nicht schade darum, weil andernfalls die kommenden Generationen auch mit all den erworbenen Schäden und Gebrechen der früheren belastet wären. Die Beseitigung krankhafter Anlagen aus einem Stamme kann vielmehr lediglich durch Auslese erfolgen. Da die einzelnen Erbanlagen voneinander weitgehend unabhängig sind, so brauchen durchaus nicht auch alle übrigen Erbanlagen, welche in einem Individuum gerade mit einer krankhaften vereinigt sind, mit dieser ausgemerzt zu werden. In den Nachkommen treten die Erbanlagen ja in neuer Weise zusammen. Auf diese Weise ist es möglich, die tüchtigen Anlagen eines Stammes von den untüchtigen zu trennen.

Es ist zu erwarten, daß mit der Ausbreitung rassenhygienischer Gedanken findige Geschäftsleute auftauchen werden, welche allerlei Mittelchen zur günstigen Beeinflussung der Nachkommen anpreisen werden. Bisher ist mir nur das Präparat „Rad-Jo" bekannt geworden, welches hoffenden Müttern aufgeschwatzt wird mit dem Versprechen, daß dann die zu erwartenden Kinder „gesünder, kräftiger entwickelt, hübscher und heiterer" werden. Später werden wahrscheinlich auch besondere Mittel für geistige Begabung und sonstige erwünschte Eigenschaften angepriesen werden. Voraussichtlich werden sich auch viele Kurpfuscher auftun, welche von besonderen Diätregeln, Übungsmethoden und Ähnlichem nicht nur die Heilung erblicher Leiden, sondern auch eine wunderbare Ertüchtigung der Nachkommen versprechen werden. Der Lamarckismus wird wahre Orgien feiern, denn seine Gläubigen werden nicht alle. Demgegenüber ist zu betonen:

Eine Ertüchtigung oder Veredelung der Erbmasse des Einzelnen liegt nicht in menschlicher Macht, und zur Schonung der Erbmasse bedarf es nicht der Heilmittel und Pülverchen, sondern der Vermeidung grober Schädlichkeiten wie des Alkoholismus und der Syphilis. Eine Körperpflege, wie sie die Rassenhygiene fordert, ist einfach und billig.

Während der gesunde Mensch dem Leben der Rasse im allgemeinen durch nichts anderes so wirksam dienen kann als durch Aufzucht gesunder Kinder, liegt die Sache bei kranken Personen natürlich ganz anders. Es muß als ein

Gebot der Rassenhygiene angesehen werden, daß Geschlechtskranke, Schwindsüchtige, Geisteskranke und alle mit schwereren erblichen Leiden behafteten Personen auf die Ehe verzichten, im Falle heilbarer Leiden vorübergehend, im Falle unheilbarer, insbesondere erblicher Leiden, dauernd. Nun sind die Kranken freilich oft gar nicht zur Entsagung bereit. Den meisten fehlt auch die Einsicht in die Schwere ihres Zustandes. Schwindsüchtige neigen immer wieder zu einer zu günstigen Einschätzung ihrer Krankheit. Viele schwere Psychopathen erkennen ihre Seelenverfassung überhaupt nicht als krankhaft, sondern halten sich vielfach im Gegenteil gerade für ganz besonders hervorragend begabt. Unverantwortlich ist es, wenn manche Ärzte bei gewissen Arten der Psychopathie, besonders bei Hysterie, die Ehe als Heilmittel anraten. In der Regel ist die Ehe mit ihren vermehrten Sorgen auch für das persönliche Wohlbefinden der Psychopathen durchaus nicht von günstigem Einfluß; entscheidend muß aber die Rücksicht auf die Nachkommen sein. Andererseits dürfen die Bedenken freilich auch nicht zu weit gehen. Irgendwelche Mängel der Erbmasse sind fast in jeder Familie vorhanden. Dabei kann aber die Hauptmasse der Erbanlagen sehr wohl gesund und erhaltungswert sein. Die rassenhygienische Vorsicht darf jedenfalls nicht dahin übertrieben werden, daß gerade gewissenhafte und vorsorgliche Menschen wegen leichter wirklicher oder vermeintlicher Mängel ehelos bleiben, während die Leichtsinnigen sich vermehren.

Wichtiger als den Kranken die Pflicht zur Ehelosigkeit einzuschärfen, ist es, die Gesunden vor der Eheschließung mit Kranken zu warnen. Besonders wichtig ist die Warnung vor der Ehe mit orgoristischen (hysterisch veranlagten, vgl. 1. Bd. S. 234) Personen. Die Orgoristie eines oder beider Ehegatten ist oft noch verhängnisvoller für das Glück der Ehen als eine in die Ehe eingeschleppte Geschlechtskrankheit. Selbst über die Tatsache einer Ansteckung mit Syphilis können Ehegatten mit gesunden Sinnen schließlich hinwegkommen, das Zusammenleben mit einem schwer orgoristisch veranlagten Gatten kann das Leben aber zur Hölle machen. Dabei ist es dem Laien meist nicht möglich, die krankhafte Veranlagung eines Orgoristen ohne längeres Zusammenleben zu erkennen, zumal es nicht nur weibliche sondern auch männliche Orgoristen oft meisterhaft verstehen, sich mit dem Nimbus besonderer Begabung und besonderen Wertes zu umgeben. Wertvolle Anhaltspunkte kann das Leben in der elterlichen Familie geben; Personen, die dort in ihrem wahren Werte „verkannt“ werden, werden im allgemeinen auch keine guten Ehegatten. Dringend zu widerraten ist auch die Ehe mit Alkoholikern, auch „geheilten“, ebenso mit Morphinisten und Epileptikern. Die Erbmasse wird durch eine „Heilung“ natürlich nicht ausgebessert. Selbstverständlich müssen auch Personen mit organischen Nervenleiden, Schwerhörigkeit auf erblicher Grundlage, Zuckerkrankheit, Gicht, Basedowscher Krankheit und allen schwereren Mißbildungen bei der

Ehewahl gemieden werden. Aber auch Fettsucht, Herzfehler, Neigung zu Gelenkrheumatismus, Asthma, Asthenie, hochgradiger Kurzsichtigkeit, Hypospadie, erblich bedingte Leistenbrüche beeinträchtigen den Wert eines Menschen für die Ehe in höherem oder geringerem Grade. Wenn eine Tuberkulose im frühen Stadium wirklich ausgeheilt ist, so braucht das kein Gegengrund gegen die Ehe zu sein; selbstverständlich ist es aber vorzuziehen, wenn ein Ehebewerber keine Tuberkulose durchgemacht hat.

b) Rassenhygienische Eheberatung.

Die Ehekandidaten selber können sich im allgemeinen über ihre Tauglichkeit zur Ehe und über die Gefahr des Auftretens krankhafter Erbanlagen bei den zu erwartenden Kindern kein zuverlässiges Urteil bilden. Es ist daher anzustreben, daß vor der Eheschließung mehr und mehr die Beratung durch einen sachverständigen Arzt in Anspruch genommen wird. Ein ärztlicher Eheberater wird außer den Kenntnissen, welche man sonst von einem praktischen Arzte voraussetzen darf, über die zur Feststellung der Ansteckungsfähigkeit abgelaufener Geschlechtskrankheiten nötigen Kenntnisse verfügen müssen; er wird auch Erfahrung in der Erkennung von Psychopathien und insbesondere in der Erblichkeitslehre haben müssen.

Wir wollen hier einmal betrachten, mit welcher Wahrscheinlichkeit ein ärztlicher Eheberater Voraussagen in bezug auf die Erbanlagen der Kinder wird machen können. Bei angeborenen dominanten Leiden ist die Sache verhältnismäßig einfach. Wenn einer der Eltern damit behaftet ist, wird etwa die Hälfte der Kinder ebenfalls damit behaftet sein. Jedes Kind hat also die Wahrscheinlichkeit ½ entweder krank oder gesund zu sein. Wenn beide Eltern frei von dominanten Leiden sind, so wird auch keines der Kinder damit behaftet sein, trotz eventueller „Belastung“ durch Großeltern oder Geschwister der Eltern. In diesem Fall kann also auch eine sichere Voraussage in bezug auf das einzelne Kind gemacht werden, was öfter ohne Grund bestritten wird. Aber auch in dem Falle, wo in bezug auf das einzelne Kind nur eine Wahrscheinlichkeitsvoraussage gemacht werden kann, ist diese von nicht zu unterschätzendem Werte. Es gibt kaum ein anderes Gebiet der Medizin, wo derart quantitative Voraussagen gemacht werden können, wie in der Erblichkeitslehre.

Hinsichtlich der rezessiven Erbanlagen gestaltet sich die Voraussage etwas schwieriger. Wenn einer der Eltern mit einem rezessiven Leiden behaftet ist, so bekommen zwar auch alle Kinder die Erbanlage dazu; aber diese bleibt in den Kindern in der Regel überdeckt. Mit welcher Wahrscheinlichkeit bei einem Kinde ein rezessives Leiden in die Erscheinung tritt, das hängt von der Verbreitung ab, welche die rezessive Erbanlage in der Bevölkerung hat. Ist diese gering, dann ist auch die Wahrscheinlichkeit gering, daß der andere Elter die Anlage heterozygot enthalte, und demgemäß ist auch die

Wahrscheinlichkeit, daß in einem Kinde zwei derartige Erbanlagen zusammentreffen, gering. Nur in diesem Falle würde aber das rezessive Leiden bei einem Kinde in die Erscheinung treten. Ist die Verbreitung einer rezessiven Krankheitsanlage in einer Bevölkerung groß, so ist auch die Wahrscheinlichkeit, daß der gesunde Gatte eines rezessiv Kranken die Anlage überdeckt enthalte, verhältnismäßig größer und demgemäß auch die Erkrankungsgefahr eines Kindes. Wenn beispielsweise im Durchschnitt jeder 400. Mensch in einer Bevölkerung mit einem bestimmten rezessiven Leiden behaftet wäre, so würde jede zwanzigste Keimzelle die betreffende Anlage enthalten; denn dann wäre die Wahrscheinlichkeit, daß zwei solcher Keimzellen zusammentreffen $1/20 \times 1/20 = 1/400$. Da jeder Mensch in seiner Erbmasse zwei Sätze von Erbeinheiten enthält, würde etwa jeder zehnte gesunde Mensch eine derartige Erbanlage überdeckt enthalten. Das würde auch für den gesunden Gatten eines rezessiv Kranken gelten. Die Wahrscheinlichkeit, daß ein bestimmtes Kind eines derartigen Kranken ebenfalls krank werde, würde also 1 : 20 sein, was gegenüber der angenommenen allgemeinen Wahrscheinlichkeit von 1 : 400 immerhin eine Steigerung auf das Zwanzigfache bedeutet. Im Falle, daß der gesunde Ehegatte des rezessiv Kranken seinerseits einen Elter mit demselben Leiden hätte, würde sich die Wahrscheinlichkeit des Erkrankens für jedes Kind sogar auf 1 : 2 erhöhen. Wenn zwei gesunde Eltern schon ein Kind mit einem rezessiven Leiden haben, so beträgt die Wahrscheinlichkeit, daß ein weiteres Kind ebenfalls krank werde, 1 : 4. Die Wahrscheinlichkeit, daß ein gesundes Geschwister eines derartigen Kranken die Anlage überdeckt enthalte, beträgt 2 : 3. Auch weitere derartige Wahrscheinlichkeiten sind ja leicht zu bestimmen.

Wenn beide Eltern an derselben rezessiven Krankheit leiden, so werden auch alle Kinder damit behaftet sein. Hier können wir also auch in bezug auf ein einzelnes Kind eine sichere Voraussage machen. Das ist z. B. der Fall, wenn beide Eltern in gleicher Weise erblich taubstumm sind. In diesem Falle besteht eine Schwierigkeit nur darin, daß man öfter nicht wissen wird, ob die Taubstummheit eines der Eltern nicht möglicherweise doch erworben, d. h. paratypischer Natur sei; denn dann würden ja auch alle Kinder hörend sein. Wenn dagegen schon ein Kind zweier taubstummer Eltern taubstumm ist, so ist mit einer Wahrscheinlichkeit, die praktisch der Sicherheit gleichkommt, zu erwarten, daß auch alle künftigen Kinder taubstumm sein werden. Lundborg hat aus dem Material des amerikanischen Forschers Fay 22 derartige Taubstummenehen zusammengestellt, deren sämtliche 112 Kinder ebenfalls taubstumm waren. Ich möchte hier auch noch einmal auf den lehrreichen Stammbaum nach Fay hinweisen (s. S. 167 des 1. Bandes).

Leichter als bei den einfach rezessiven Erbanlagen sind Voraussagen bei den geschlechtsgebunden-rezessiven zu machen. Die Söhne eines rotgrünblinden

Mannes z. B. werden ebenso sicher farbentüchtig sein wie die Söhne eines farbentüchtigen, d.h. etwa mit der Wahrscheinlichkeit 24 : 25 (vgl. Bd. 1 S. 164). Die Töchter eines rotgrünblinden Mannes dagegen haben sicher auch die Anlage zur Rotgrünblindheit, obwohl sie sich in der Regel bei ihnen nicht äußert. Die Söhne derartiger Töchter haben demgemäß wieder die Wahrscheinlichkeit 1 : 2, rotgrünblind zu werden.

Eine Schwierigkeit für die Voraussagen liegt allerdings in dem Umstände, daß Leiden von sehr verschiedenem Erbgange sich äußerlich weitgehend gleichen können. Es ist daher nötig, daß außer den allgemeinen Erfahrungen über ein Leiden auch die Familiengeschichte des gerade zu beurteilenden Falles herangezogen wird. Wenn die Eltern und Großeltern eines Kranken frei von dem Leiden sind, so kann es sich, abgesehen von dem seltenen Falle neuer Idiovariation, nicht um eine dominante Anlage handeln, usw. Wenn die Familiengeschichte in jedem Falle gebührend berücksichtigt wird, so lassen sich in den meisten Fällen daher recht zuverlässige Wahrscheinlichkeitsvoraussagen machen.

Die verhältnismäßig größten Schwierigkeiten ergeben sich hinsichtlich jener erblichen Leiden, die nicht angeboren sind oder schon in der Jugend zum Ausbruch zu kommen pflegen, sondern erst im späteren Leben, wie z. B. gewisse Arten der Muskelatrophie, Zuckerkrankheit, manche Geisteskrankheiten. Wenn einer der Eltern eines Ehebewerbers daran erkrankt ist, so weiß man in der Tat nicht, ob das Leiden nicht auch noch bei dem Ehebewerber in die Erscheinung treten wird. Die Schwierigkeit in diesem Falle ist also weniger eine solche der Erblichkeitsvoraussage als vielmehr der unmittelbaren ärztlichen Beurteilung des Ehebewerbers. Im übrigen ist zu hoffen, daß es in Zukunft mehr und mehr gelingen wird, nach der ärztlichen Untersuchung belasteter Menschen ihre weiteren Aussichten vorauszusagen, also z. B. aus dem Verhalten gegenüber Kohlenhydraten zu beurteilen, ob die Entwicklung von Zuckerkrankheit zu befürchten ist, oder aus der seelischen Verfassung eines Menschen, ob er von dem Ausbruch einer Geistesstörung bedroht ist oder nicht.

Diese Schwierigkeiten ändern aber nichts an der Tatsache, daß wir in nicht wenigen Fällen heute bereits sichere Voraussagen in bezug auf die erbliche Beschaffenheit der Nachkommenschaft machen können und in sehr vielen Fällen Wahrscheinlichkeitsvoraussagen, deren Wert nicht unterschätzt werden darf. Bei der praktischen Eheberatung wird außer der Größe der Wahrscheinlichkeit des Auftretens eines Leidens bei den Nachkommen vor allem auch die Schwere des in der Familie vorkommenden Leidens berücksichtigt werden müssen. Es wird also z. B. ein rezessives Leiden nicht so schwer in die Wagschale fallen dürfen wie ein dominantes von gleicher Schwere; andererseits aber kann ein schweres rezessives Leiden ebenso verhängnisvoll oder noch verhängnisvoller einzuschätzen sein als ein leichteres dominantes. Ein rezessives Leiden wie die erbliche Taubstummheit kann ebenso die Ehetauglichkeit ausschließen wie irgendein dominantes. Der bloßen „Belastung“ mit einem rezessiven Leiden sollte im allgemeinen praktisch kein Gewicht beigelegt werden, wohl aber der Belastung mit einem dominanten Leiden, das erst im Laufe des Lebens zum Ausbruch zu kommen pflegt, an dem also der Ehebewerber selber noch erkranken könnte. Die „Belastung“ mit einem dominanten Leiden, das sich schon von Geburt oder von früher Jugend an äußert, ist dagegen völlig bedeutungslos.

Unter diesem Gesichtspunkt ist auch die Frage der Verwandtenehe zu beurteilen. Durch diese wird die Gefahr des Zusammentreffens zweier gleichartiger rezessiver Erbanlagen und damit des Auftretens rezessiver Leiden bei den Kindern erhöht. Wo Belastung mit rezessiven Leiden besteht, muß daher die Verwandtenehe widerraten werden.

Wenn jemand ein Geschwister mit einer rezessiven Krankheit hat, so ist die Wahrscheinlichkeit, daß er selber die Anlage dazu überdeckt enthält, gleich 2 : 3, daß eine Base sie enthalte, gleich 1 : 4, daß ein bestimmtes Kind aus einer Vetternehe mit dem Leiden behaftet sei, daher gleich 1 : 24, also bedeutend größer als ohne Vetternehe.

Da sehr viele, wenn nicht die meisten Familien unserer Bevölkerung rezessive Krankheitsanlagen überdeckt enthalten, muß sogar im allgemeinen von Vetternehen abgeraten werden. Andererseits ist aber die Gefahr auch nicht so groß, daß eine schon in Aussicht genommene Verwandtenehe darum verhindert werden müßte, wenigstens dann nicht, wenn keine Belastung mit rezessiven Leiden vorliegt. Die Belastung mit dominanten Leiden ist natürlich auch bei Verwandtenehen bedeutungslos, weil eine dominante Anlage an ihrem Träger sich ja regelmäßig äußert.

Nicht selten wird die Mischehe zwischen Menschen verschiedener Sprache, verschiedener Religion, verschiedenen Standes oder verschiedener Rasse als ein geeignetes Mittel angesehen, die Gefahren der „Inzucht“ zu vermeiden, und es läßt sich nicht leugnen, daß die Gefahr des Zusammentreffens gleichartiger rezessiver Krankheitsanlagen dadurch stark vermindert wird. Wenn in einem kleinen Orte ein rezessives Leiden öfter beobachtet wird, so läßt sich die Gefahr seines Auftretens bei den Kindern durch die Wahl eines Ehegatten aus einer andern Gegend viel sicherer vermeiden als bei Heirat innerhalb der eingesessenen Bevölkerung. Dennoch können Mischehen in dem oben umrissenen Sinne nicht empfohlen werden. Ehen zwischen Menschen stark verschiedener Wesensart, Bildung und Weltanschauung pflegen sich auf die Dauer nicht glücklich zu gestalten. Insbesondere muß die Mischehe zwischen stärker verschiedenen Rassen widerraten werden. Die Erbanlagen jeder Rasse sind durch Jahrtausende lange Auslese aneinander angepaßt; durch Mischehen aber wird diese Harmonie gestört. In 28 Staaten der nordamerikanischen Union ist die Mischehe zwischen „Weissen“ und „Farbigen“ verboten, wobei auch die vorhandenen Mischlinge zu den „Farbigen“ gerechnet werden. Bei uns kommt praktisch vor allem die Mischehe zwischen Germanen und Juden in Betracht, zwei Gruppen, die zwar beide raßlich nicht einheitlich sind, die aber doch recht beträchtliche Wesensunterschiede aufweisen. Die germanisch-jüdische Mischehe widerstreitet sowohl dem Interesse des Germanentums als auch dem des Judentums. Wenn jenen, die in vorübergehendem Sinnenrausch oder auch in kühler Berechnung zu einer Mischehe schreiten, alle die bitteren Stunden, welche ihren Nachkommen deswegen bevorstehen, vor Augen stehen würden, so würden die meisten noch umkehren, ehe es zu spät ist.

Verfehlt ist auch die öfter geäußerte Ansicht, daß krankhafte Anlagen durch Aufkreuzung mit besonders gesunden Familien ausgeglichen werden könnten. Die einzelnen krankhaften Erbanlagen bleiben auch in der Mischung unverändert. Außerdem sind die wirklich gesunden und volltüchtigen Familien zu schade für die Vermischung mit kranken; sie sollten daher nach Möglichkeit nur untereinander heiraten, ebenso die minder tüchtigen. Eine Ausnahme von dieser Regel liegt nur dann im Interesse der Rasse, wenn eine wirklich hervorragende Begabung mit einer leichteren krankhaften Veranlagung vereinigt ist. In diesem Falle dient die Verbindung mit einem körperlich besonders gesunden und kräftigen Gatten der Erhaltung der hohen Begabung. Im allgemeinen ist es wünschenswert, wenn beide Gatten ihrem Erbgute nach etwa gleichwertig sind.

Gewarnt werden muß vor der ehelichen Verbindung zweier Personen, die beide dieselbe anscheinend dominante Anomalie aufweisen, auch wenn diese nur leicht ist. Wir kennen nämlich die allermeisten derartigen Anlagen nur im heterozygoten Zustande, und manches spricht dafür, daß viele dieser anscheinend harmlosen Erbanlagen bei homozygotem Vorhandensein schwere Zustände bedingen können (vgl. S. 243 des 1. Bandes).

Besonderer Erörterung bedarf die Frage, ob Männer, die geschlechtliche Infektionen durchgemacht haben, heiraten sollen oder nicht. Was zunächst die Gonorrhoe oder den Tripper betrifft, so muß man bedenken, daß die große Mehrzahl der jungen Männer in der Stadt diese Krankheit ein oder mehrere Male durchmacht. Bei einem großen Teil heilt der Tripper aus, ohne Spuren zu hinterlassen. Bei diesen besteht natürlich auch kein Grund gegen die Eheschließung. Die Feststellung der endgültigen Heilung muß aber dem Arzte überlassen bleiben. Bei einem andern großen Teil der Tripperfälle bleiben leichte Erscheinungen auf lange Zeit oder dauernd zurück, z. B. Schleimfäden im Harn oder ein wenig trübe Flüssigkeit, die sich des Morgens an der Harnröhrenöffnung findet. Trotzdem aber braucht keine Ansteckungsfähigkeit mehr zu bestehen. Findet der sachverständige Arzt trotz wiederholter sorgfältigster Untersuchung in solchen Fällen keine Ansteckungskeime mehr, so ist die Gefahr einer Übertragung auf die Frau trotz Vorhandenseins derartiger Resterscheinungen erfahrungsgemäß verschwindend gering und die Ehe kann gestattet werden. Eheuntauglichkeit dagegen kann nach Tripper außer durch Zurückbleiben von Krankheitskeimen auch durch Unfruchtbarkeit infolge Nebenhodenentzündung bedingt werden; in diesem Falle finden sich keine Samenzellen in der Samenflüssigkeit.

Auch die Tatsache, daß jemand eine Ansteckung mit Syphilis durchgemacht hat, braucht ihn nicht dauernd eheuntauglich zu machen. Wenn schon in den allerersten Wochen nach der Ansteckung eine sachgemäße Behandlung durchgeführt wird, kann schon nach verhältnismäßig kurzer Zeit die Ehefähigkeit wieder hergestellt sein. Wenn es nicht in der allerersten Zeit gelingt, die Syphiliserreger vollständig abzutöten, so kann eine unbedingte Sicherheit später allerdings nicht mehr verbürgt werden. Aber auch dann sollte die Ehe nicht verboten werden, wenn nach sachgemäßer Behandlung mehrere Jahre lang keinerlei Erscheinungen einschließlich der Wassermannschen Reaktion mehr aufgetreten sind. Man muß auch hier bedenken, daß etwa die Hälfte der großstädtischen Männer eine syphilitische Infektion durchmachen. Immerhin ist natürlich die Ehe mit einem Gatten, der eine voll zum Ausbruch gekommene Syphilis durchgemacht hat, auch abgesehen von dessen Gefährdung durch Spätformen der Krankheit und von der Gefahr der Ansteckung auch wegen der Möglichkeit einer stattgehabten Schädigung seiner Erbmasse nicht unbedenklich (vgl. S. 260 des 1. Bandes).

Neisser hat vorgeschlagen, daß die Eltern der Braut sich bei dem Arzt ihres Bewerbers nach dessen Gesundheit erkundigen sollten. Dazu müßten die Eltern aber natürlich zuerst wissen, bei welchem Arzt sich der Bewerber hat behandeln lassen; auch müßte dieser den Arzt ausdrücklich von der Schweigepflicht entbinden. Durch § 300 des Reichsstrafgesetzbuches ist es dem Arzte nämlich verboten, Geheimnisse, die ihm bei Ausübung seines Berufes zugänglich geworden sind, unbefugt zu offenbaren, Diese Gesetzesbestimmung, welche notwendig ist, um das Vertrauen der Kranken in die Verschwiegenheit des Arztes aufrechtzuerhalten, erschwert die Aufklärung über die Ehetauglichkeit eines Bewerbers sehr; denn auch eine Offenbarung, die zum Zwecke der Verhütung von Ansteckung erfolgt, gilt als unbefugt und strafbar. Immerhin hat der Arzt meines Erachtens in solchen Fällen einen Ausweg. Wenn keine Bedenken gegen eine Eheschließung bestehen, so kann er das selbstverständlich aussprechen; wenn dagegen begründete Bedenken bestehen, so wird er die Auskunft unter Berufung auf die Schweigepflicht verweigern, was für vorsichtige Eltern als Warnung ausreicht. Da die Eltern aber in den meisten Fällen gar nicht wissen werden, bei welchem Arzte der Bewerber in Behandlung gestanden hat, so ist die Erlangung ausreichender Kenntnis über dessen Gesundheitsstand heute meistens nicht möglich. Die Verhütung der Ansteckung durch die Ehe ist daher im wesentlichen eine Aufgabe der öffentlichen Rassenhygiene der Zukunft, insbesondere der Einführung einer Meldepflicht für Geschlechtskrankheiten (vgl. S. 116).

In allen Fällen, wo auch nur die Möglichkeit einer Ansteckung besteht, soll die junge Frau in den ersten Tagen und Wochen nach der Eheschließung sorgsam beobachtet werden und bei Auftreten der geringsten verdächtigen Zeichen (z. B. grünlichen Ausflusses) sollte ohne Rücksicht auf entgegenstehende Bedenken sofort auf sachverständige Untersuchung gedrungen werden; denn nach Neisser hat nur die Verschleppung und Nichtbehandlung der frischen Gonorrhöe der Frau all das entsetzliche Unglück zur Folge. Ähnliches gilt auch von der Syphilis.

Die Frage, ob ein geschlechtskrank gewesener Mann einem Mädchen, um das er wirbt, diesen Umstand offenbaren solle, kann nicht unbedingt bejaht werden. Wer der Meinung ist, daß auch in diesem Punkte unbedingte Offenheit zwischen beiden Teilen Pflicht sei, muß daran erinnert werden, daß dadurch viele Ehen verhindert werden würden, die mit ganz überwiegender Wahrscheinlichkeit sich durchaus glücklich gestalten würden. Die Vorstellung, daß der Bewerber geschlechtskrank gewesen sei, würde ohne Zweifel viele Mädchen, und nicht die schlechtesten, von der Ehe abhalten, und sie würden dann entweder ehelos bleiben oder vielleicht nur einen weniger aufrichtigen Mann bekommen. Der Bewerber seinerseits dagegen hätte keinerlei Gewähr, daß über sein Bekenntnis Stillschweigen bewahrt werde, zumal das Mädchen oder ihre Angehörigen ein Interesse daran hätten, den Grund des Auseinandergehens bekannt werden zu lassen. Gerade feinfühlige Männer welche damit rechnen müßten, daß sie eine frühere Krankheit mehrfach bei Bewerbungen offenbaren müßten, würden vielleicht ganz auf die Eheschließung verzichten, was durchaus nicht im Interesse der Rasse läge. Eine sittliche Pflicht zur Offenbarung einer überstandenen Geschlechtskrankheit vor der Ehe kann daher nicht aufgestellt werden. Wohl aber muß verlangt werden, daß der Mann sich von einem sachverständigen Arzte seine Ehetauglichkeit bestätigen lasse. Wenn das geschehen ist, so liegt auch in dem unglücklichen Falle, daß wider alle ärztliche Voraussicht die Frau doch noch angesteckt werden sollte, keine „arglistige Täuschung" vor, welche nach dem Gesetz eine Anfechtung der Ehe begründen würde und ebensowenig eine Strafbarkeit wegen bewußter Gefährdung mit Ansteckung. In jenen leider nicht seltenen Fällen, wo schon vor der Eheschließung eine Ansteckung des einen Teiles durch den ändern erfolgt ist, hat es natürlich keinen Sinn mehr, die Ehe zu widerraten. Wenn die Infizierten untereinander heiraten, so ist das der Volksgesundheit entschieden weniger abträglich, als wenn sie außerhalb der Ehe ihren geschlechtlichen Trieben nachgehen. Allerdings wird in solchen Fällen kaum das Urteil eines Eheberaters angerufen werden. Auch kann wohl gegen die Ehe zweier chronischer Gonorrhoiker oder Syphilitiker untereinander überhaupt nichts Durchschlagendes eingewandt werden, obwohl eine solche Person gegenüber einer gesunden als eheuntauglich angesehen werden muß. Im Falle chronischer Syphilis beider Ehegatten sollte aber die Erzeugung von Kindern vermieden werden. (S. S. 212).

Personen, welche in ihren geschlechtlichen Trieben krankhaft veranlagt sind, sind ungeeignet zur Ehe. Trotzdem heiraten Personen mit Neigung zum gleichen Geschlecht nicht selten aus wirtschaftlichen oder gesellschaftlichen Rücksichten, was nicht gebilligt werden kann. Das bloße Fehlen geschlechtlichen Verlangens bei einem Mädchen ist dagegen kein ausreichender Grund gegen die Ehe, wie z. B. Forel gemeint hat. Bei vielen stellt sich mit dem geschlechtlichen Verkehr auch das Verlangen danach ein. Ein sehr großer Teil aller Frauen (vielleicht ein Viertel oder ein Drittel) läßt dieses freilich dauernd vermissen. Auch das kann indessen nicht ohne weiteres als krankhaft angesehen werden. Diese Frauen sind oft sehr gute und liebevolle Gattinnen und Mütter. Eher kann das Vorhandensein aktiver geschlechtlicher Bedürfnisse, wie sie im männlichen Geschlecht die Regel sind, beim weiblichen als krankhaft angesehen werden. Beim Manne ist das Fehlen geschlechtlichen Verlangens allerdings krankhaft und ein Gegengrund gegen die Ehe.

In Anbetracht der ausgedehnten Anwendung, welche die Röntgenstrahlen heute in der Heilkunde finden und welche augenscheinlich noch stark in Zunahme ist, scheint mir auch ein Hinweis angebracht zu sein, daß die Ehe mit Röntgenärzten, Röntgentechnikern und Röntgenassistentinnen nicht ganz ohne Bedenken ist. Ich erinnere noch einmal an die auf S. 257 des ersten Bandes angeführten Tatsachen. Die Ehetauglichkeit von Personen, die viel mit Röntgenstrahlen gearbeitet haben, ist etwa der von geheilten Syphilitikern zu vergleichen; d. h. sie ist nicht ohne weiteres zu verneinen, aber mit der Gefahr der Unfruchtbarkeit und einer Schädigung der Erbmasse muß doch gerechnet werden. Die Sache ist um so ernster zu nehmen, als es sich ganz überwiegend um überdurchschnittlich begabte Personen aus den gebildeten Ständen handelt. Es wäre zu wünschen, daß in Zukunft sich in der Hauptsache Personen, die aus irgend einem Grunde ohnehin nicht ehetauglich wären, der Röntgenarbeit zuwenden würden.

Es wird vielfach die Forderung vertreten, daß zwei Verlobte gemeinsam von einem ärztlichen Eheberater beurteilen lassen sollen, ob ihrer ehelichen Verbindung ärztliche Bedenken entgegenstehen oder nicht. Ein solches Vorgehen ist auch gewiß zu begrüßen. Noch besser aber wäre es, wenn jeder, der überhaupt daran denkt, sich in absehbarer Zeit zu verheiraten, schon bevor er mit einer Person des andern Geschlechts in nähere Beziehung tritt, den Rat eines ärztlichen Eheberaters in Anspruch nehmen würde; denn wenn schon eine Verlobung stattgefunden hat oder doch in Aussicht genommen ist, so kommt eine sachverständige Untersuchung, besonders wenn sie ungünstig ausfällt, oft schon zu spät. Wenn eine Verlobung wegen Eheuntauglichkeit des einen Teiles gelöst werden muß, so hat das natürlich für beide Teile etwas sehr Mißliches. Auch dann aber sollte die Rücksicht auf die zu erwartenden Kinder allen anderen Rücksichten, seien sie nun wirtschaftlicher, gesellschaftlicher oder persönlicher Art, vorgehen.

Der Eheberater, welcher zur gegenseitigen Beratung zweier Verlobter in Anspruch genommen wird, tut gut, sich von beiden Teilen die schriftliche Ermächtigung dazu erteilen zu lassen, weil er sich ohne ausdrückliche Erlaubnis von seiten des Untersuchten durch Bekanntgabe nachteiliger Befunde an den andern Teil strafbar machen würde. In den meisten Fällen wird die Beruhigung der Ehebewerber über ohne Grund befürchtete Gefahren eine dankbarere Aufgabe sein, als eine Warnung vor der Eheschließung, die meistens doch nicht befolgt werden wird. Aber der Eheberater muß sich stets seiner großen Verantwortung bewußt bleiben, und in Fällen, wo aus einer Ehe mit überwiegender Wahrscheinlichkeit Unheil zu erwarten wäre, muß er die Warnung eben aussprechen. In zweifelhaften Fällen dagegen wird er besser tun, eine Warnung zu unterlassen. Oft wird er sich in seinem Urteil zum Teil auf die Aussagen der Ehebewerber stützen müssen, z. B. über eine vor Jahren durchgemachte geschlechtliche Ansteckung oder Geistesstörung. Ein schriftliches Urteil über die Ehetauglichkeit wird daher im allgemeinen nur dahin lauten dürfen, daß auf Grund sorgfältiger Untersuchung im Verein mit den Aussagen des Untersuchten, sich Bedenken nicht ergeben hätten.

Was die Frage des günstigsten Heiratsalters betrifft, so ist zu sagen, daß das Alter als solches ohne Bedeutung für die Beschaffenheit der zu erwartenden Kinder ist. Wenn gleichwohl die Kinder älterer Personen, insbesondere spät heiratender, vielfach schwächlich und krankhaft sind, so dürfte das in der Hauptsache darauf zurückzuführen sein, daß in diesen Fällen idiokinetische Schädlichkeiten, zumal Alkohol- und Tabakmißbrauch, besonders lange Zeit zur Einwirkung gehabt haben und daß von den spät heiratenden Männern besonders viele Syphilis durchgemacht haben. Wenn andererseits die Kinder sehr junger Mütter (unter 17 Jahren) oft minderwertig sind, so muß man bedenken, daß diese Mütter ebenso wie die zugehörigen Väter eine ungünstige Auslese darstellen. Im übrigen gedeihen die Kinder junger Mütter (unter 25 J.) im Durchschnitt entschieden besser als die älterer, wie z. B. Gini gezeigt hat. Auch hat die erste Geburt in diesem Alter weniger oft ungünstige Folgen für die Mutter als später (z. B. Gebärmuttervorfall). Warum der Körper zur Zeit der Eheschließung vollständig ausgewachsen sein sollte, wie meist verlangt wird, ist nicht ersichtlich. Wenn die äußeren Verhältnisse es erlaubten, wäre also gar nichts dagegen einzuwenden, daß die jungen Männer schon mit 20 Jahren, die Mädchen schon mit 17 oder 18 heiraten würden. Da die Wahlinstinkte des Mannes sehr deutlich auf Jugend gerichtet sind, so sind die Heiratsaussichten der Mädchen um diese Zeit auch viel besser als 10 Jahre später. Die jungen Mädchen sind allerdings mit 18 oder 20 Jahren meist noch nicht zum Heiraten geneigt. Wenn sie aber wüßten, wie verzweifelte Anstrengungen sehr viele Mädchen, die zu Anfang der zwanziger Jahre noch eine große Auswahl hatten, 5 oder 10 Jahre später machen, um überhaupt noch einen Mann zu bekommen, so würden die meisten viel früher finden, daß „der Richtige“ schon da sei.

Dem jungen Manne dagegen kann man, so wie die Verhältnisse heute liegen, im allgemeinen leider nicht zur Frühehe raten. So sehr die Rassenhygiene für soziale und wirtschaftliche Reformen, welche die Frühehe auch in den gebildeten Ständen ermöglichen, eintreten muß, so wenig kann dem jungen Manne geraten werden, vor Erringung einer Lebensstellung, die zum angemessenen Unterhalt einer Familie ausreicht, zu heiraten. Das ist freilich traurig; aber noch viel trauriger ist die Lage eines Familienvaters, der nicht weiß, was aus seinen Kindern werden soll.

Der gebildete Mann tut auch gut, seinen Sinn nicht zu sehr auf die Jüngsten zu setzen. Wenn er in den dreißiger Jahren heiratet und eine Frau nimmt, die 5 oder 10 Jahre jünger ist, so wird er viel größere Aussichten haben, eine Frau mit wirklich wertvollen Erbanlagen zu bekommen, als wenn er um eine ganz junge wirbt, die gewöhnlich noch viel höhere Ansprüche macht. Auch kann die Tüchtigkeit eines Mädchens am Ende des dritten Jahrzehnts viel sicherer beurteilt werden als am Ende des zweiten, wo sie meist nur wenig Gelegenheit gehabt hat, sich zu bewähren. Gewarnt sei vor jener durch Infantilismus bedingten Scheinjugend, welche manchen Mädchen noch am Ende der zwanziger Jahre ein fast kindliches Aussehen verleiht, das erfahrungsgemäß auf Männer oft sehr anziehend wirkt.

Die öfter erhobene Forderung der Gleichaltrigkeit beider Ehegatten kann nicht als Regel vertreten werden, weil der Mann, erst nach Erringung einer Lebensstellung heiratsfähig ist, das Mädchen aber schon nach Eintritt der körperlichen Reife, und weil die körperliche und geistige Entwicklung des Weibes der des Mannes überhaupt vorauseilt. Daß die geistige „Reife“ der Eltern auf die Begabung der Kinder von Einfluß sei, ist ein lamarckistischer Aberglaube (vgl. S. 279 des 1. Bandes).

Dringend zu widerraten sind Verlobungen, bevor der Mann begründete Aussicht auf eine auskömmliche Stellung in naher Zukunft hat. Die jahrelangen Verlobungen enden meist nicht gut. Nicht selten beobachtet man zwischen Verlobten viele Schwankungen hin und her, bald ja, bald nein.

In solchen Fällen liegt es auch im Interesse des Mädchens eine klare Entscheidung herbeizuführen und lieber das Verlöbnis zu lösen.

Die überkommene individualistische Weltanschauung, welcher die Liebe als einzig zulässiger Gesichtspunkt bei einer Eheschließung gilt, empfindet die Berücksichtigung rassenhygienischer Gesichtspunkte dabei vielfach unangenehm, wenn nicht als unsittlich. Demgegenüber ist zu betonen, daß eine Eheschließung ohne andere Rücksichten als die der individualistischen Liebe sehr oft durchaus nicht dem dauernden Glück der Individuen dient. Jene schmachtende Liebe, deren Schilderung die modernen Dichter seit Rousseau und Goethe ihre aufregendsten Wirkungen verdanken, gedeiht am üppigsten auf dem Boden der Orgoristie (hysterischen Veranlagung). Der Verliebte sieht die geliebte Person in Wunschillusionen, hinter denen die Wirklichkeit gerade in diesen Fällen oft nur allzu weit zurückbleibt; ja, öfter schätzt er sie vor allem deshalb so hoch, weil er wähnt, daß er endlich einmal einen Menschen gefunden habe, der ihn ganz verstehen könne, ihn und seine ganze Größe. Keine Rede kann davon sein, daß die Liebe als solche eine günstige Beschaffenheit der Nachkommen verbürge, wie seit Schopenhauers Lehre vom „Genius der Gattung“, Ellen Key und andere Phantasten immer wieder behaupten. Die Grenzen der Bedeutung geschlechtlicher Wahl wurden schon bei Besprechung der Auslese erörtert. Selbstverständlich ist die romantische Liebe auch kein Gegengrund gegen die Ehe, aber Liebe im Sinne der herzlichen Zuneigung, die auch vor den Fehlern des Andern die Augen nicht verschließt, ist eine solidere Grundlage dafür; und diese Liebe verträgt sich durchaus mit einer vorsichtigen und vernünftigen Ehewahl, bei der Gesundheit und Rasse, Abstammung und geistige Begabung, Besitz und wirtschaftliche Lage, Bildung und gesellschaftliche Stellung gebührend berücksichtigt werden. Auch körperliche Anmut, welche bei der Entstehung der Liebe eine so große Rolle spielt, ist nicht gering zu schätzen; sie deutet nicht nur auf körperliche und seelische Gesundheit und Harmonie, sondern sie bedeutet auch ein nicht zu verachtendes Erbgut für die Töchter. Eine Ehe dagegen, bei der körperliche oder geistige Mängel um äußerer Vorteile willen in Kauf genommen werden, ist keine „Vernunftehe“, sondern das Gegenteil davon. Jede Ehe, die ohne Rücksicht auf Gesundheit und Rasse geschlossen wird, sei es um des Geldes oder des Fortkommens willen oder aus „Liebe“, ist unvernünftig. Glücklicherweise ist die „Liebe“ auch kein so unentrinnbares Schicksal, wie es die Wortführer eines ungesunden Zeitalters darstellen; sie wird vielmehr durch die Anschauungen und Einsichten der Menschen sehr wesentlich mitbestimmt. Es ist daher zu hoffen, daß mit dem siegreichen Vordringen rassenhygienischer Anschauungen auch die instinktive Liebeswahl mehr und mehr dem Wohl der Rasse diene.

Die Eignung eines Menschen für die Erzeugung von Kindern hängt nicht nur von jenen Anlagen ab, die an ihm selber in die Erscheinung treten, sondern auch von den Anlagen, welche in der Familie überhaupt vorhanden sind. Dieser Umstand darf aber andererseits nicht zur Überschätzung der Bedeutung der Verwandtschaft führen. Wenn jemand z. B. einen sehr bedeutenden Großvater hat, so ist das noch nicht ausreichend, ihn als besonders geeigneten Ehebewerber zu bestätigen. Größere Bedeutung hat es natürlich schon, wenn alle vier Großeltern hervorragend tüchtige Menschen waren. Niemals aber dürfen die Anlagen der Familie bei einem Menschen stärker berücksichtigt werden als seine eigenen. Auch in sehr tüchtigen Familien können eben einzelne mißratene Glieder vorkommen.

c) Rassenhygienische Familienerziehung.

Die Wege privater Rassenhygiene sind mit einer zweckmäßigen Ehewahl natürlich keineswegs erschöpft. Wenn durch die Ehe eine Familie begründet ist, so beginnen die rassenhygienischen Aufgaben der Ehegatten vielmehr erst recht. Sie müssen alle Einwirkungen meiden, welche die Gesundheit der zu erwartenden Kinder schädigen könnten, insbesondere den Mißbrauch von Alkohol und Tabak. Die Mutter muß es als unbedingte Pflicht betrachten, ihrem Kinde die einzig natürliche Ernährung an der Mutterbrust zu gewähren. Die ganze Aufzucht und Erziehung der Kinder muß in rassenhygienischem Geiste geschehen.

Die Einsicht in die überragende Bedeutung der Erbanlagen für die geistige Entwicklung darf nicht zu einer Vernachlässigung der Erziehung führen. Die Grundfähigkeiten des Geistes können freilich durch Übung und Erziehung nicht wesentlich gesteigert werden; auch ist die Belastung des Gedächtnisses in der herkömmlichen Unterrichtsweise durchaus zu mißbilligen. Die Kinder müssen aber von Jugend auf an Arbeit gewöhnt werden, an körperliche wie an geistige. Die Gewöhnung an die pünktliche Erfüllung alltäglicher Pflichten ist ein wesentlicher Bestandteil der Erziehung. Besonders die Kinder reicher Leute sind in dieser Hinsicht in Gefahr, weil der Gewöhnung an regelmäßige Pflichterfüllung nichts so entgegensteht als das Bewußtsein, es nicht nötig zu haben. Auch die Erziehung zur gesellschaftlichen Sitte ist nicht unwichtig. Wenn auch die überkommenen gesellschaftlichen Anschauungen und Sitten in manchen Punkten töricht und selbst rassenhygienisch schädlich sind, so ist doch nicht zu vergessen, daß die Beherrschung der gesellschaftlichen Formen von großer Bedeutung für das Fortkommen in den gebildeten Berufen ist und nicht zum wenigsten auch für die Ehewahl.

Wenn Eltern ihren Kindern aus innerer Überzeugung eine wahrhaft religiöse Erziehung geben können, so ist das auch rassenhygienisch von höchstem Werte. Die Verankerung der Seele im Ewigen und Göttlichen kann einen unvergleichlichen Halt in allen Wechselfällen und Anfechtungen des Lebens verleihen. Im übrigen gilt es, den Kindern Ehrfurcht vor dem großen

Lebensstrom der Rasse zu erwecken, der in ferner Vorzeit entspringend, in eine ebenso ferne Zukunft fließt. Der junge Mensch soll sich als dienendes Glied in dem großen Organismus der Rasse fühlen lernen. Er soll stolz sein auf seine Ahnen und dankbar für sein organisches Erbgut. Vor allem soll er sich der ungeheuren Verantwortung bewußt werden, die darin liegt, daß ihm dieses hohe Gut zur Weitergabe an die fernsten Enkel anvertraut ist.

In diesem Zusammenhange gehört auch eine geeignete Aufklärung über geschlechtliche Dinge in den Plan einer vernünftigen Erziehung. Sie muß einerseits biologische Belehrung sein. Solange unsere Bildungsanstalten in dieser Hinsicht versagen, tun die Eltern gut, diese Aufklärung an der Hand gemeinverständlicher Schriften selber in die Hand zu nehmen. Andererseits muß die heranreifende Jugend auch über die Gefahren der Geschlechtskrankheiten belehrt werden; und zwar sollte diese Belehrung auch bei den Mädchen nicht zu spät erfolgen. Die ersten Jahre der Geschlechtsreife etwa sind geeignet dazu, während die biologische Unterweisung schon vor dem 10. Jahr beginnen sollte, weil andernfalls zu befürchten ist, daß die „sexuelle Aufklärung“ in recht ungeeigneter Weise erfolgt.

Große Vorsicht ist in der Auswahl der Unterhaltungsliteratur für die Jugend am Platze. Das moderne Schrifttum vertritt ja zum allergrößten Teil keine organischen, sondern rein individualistische Anschauungen, auch ganz abgesehen von der Flut der Schundliteratur, die von der Aufregung der Phantasie lebt. Auch das Kino ist erfahrungsgemäß keine geeignete Bildungs- und Unterhaltungsstätte für die Jugend. In Fällen, wo die Eltern gezwungen sind, ihre Kinder aus dem Hause zu geben, sollten Erziehungsanstalten in der Kleinstadt bevorzugt werden.

Das beste Mittel zur Erziehung der Jugend ist das Beispiel der Erzieher. Die Eltern sollten sich daher in ihrer ganzen Lebensführung der Verantwortung gegenüber der Rasse bewußt sein. Wenn der Vater z. B. unmäßig trinkt oder raucht, so werden Ermahnungen und Strafen bei den Söhnen in dieser Hinsicht auf unfruchtbaren Boden fallen.

Von größtem Einfluß ist der Verkehr mit Spielgefährten für die Erziehung der Kinder und mit Freunden für die reifere Jugend. Die Auswahl der Freunde muß daher sehr vorsichtig erfolgen. In größeren Städten tun die Eltern gut, den Anschluß ihrer jugendlichen Söhne an eine jener Jugendvereinigungen, welche das Wandern pflegen, zu begünstigen. Wenn die Jugend ihre freie Zeit möglichst in der freien Natur zubringt, so kommt das nicht nur unmittelbar ihrer körperlichen Entwicklung zugute, sondern es bewahrt sie auch vor mancherlei Gefahren der Großstadt. Natürlich gibt es auch Jugendbünde, welche eher von schädlichem Einfluß sind. Besonders zu empfehlen ist der Anschluß an eine jener Gruppen, welche der jungdeutschen Bewegung angehören, weil diese aus einer organischen Weltanschauung herausgewachsen ist. Jugendvereine, welche gemeinsame Wanderfahrten beider Geschlechter veranstalten, sind erfahrungsgemäß gewissen Gefahren ausgesetzt; insbesondere drohen den jungen Leuten darin vorzeitige und unerwünschte Verlobungen, zumal die weiblichen Mitglieder dieser Bünde öfter keine günstige Auslese darstellen.

Einsichtige Eltern werden andererseits aber auch rechtzeitig auf die Verheiratung ihrer Kinder, vor allem der Mädchen, bedacht sein. Schon die Erziehung der Mädchen ist so zu gestalten, daß diese vor allem für den Hausfrauen- und Mutterberuf geeignet sind. Ganz verfehlt ist es, wenn manche Eltern meinen, daß irgendein kleines Talentchen, das sich etwa bei einer Tochter zeigt, nun auch unbedingt ausgebildet werden müßte. Wenn es gar bedauert wird, daß ein begabtes Mädchen heiratet, anstatt ihrem Talente, das meist nur ein Talentchen ist, zu leben, so ist das furchtbar kurzsichtig. Vor allem soll man die Mädchen vor der Einbildung zu bewahren suchen, daß sie körperlich oder geistig etwas ganz Besonderes seien. Diese Vorstellung wird nur zu vielen hübschen und begabten jungen Mädchen durch maßlose Überspannung ihrer Ansprüche zum Verhängnis. Die Vorbereitung auf einen Erwerbsberuf, den heute leider die meisten gebildeten Familien für ihre Töchter auf alle Fälle ins Auge fassen müssen, sollte zugleich möglichst große Aussichten auf Verheiratung bieten, zum mindesten aber diese nicht beeinträchtigen. Im übrigen tun die Eltern gut, ihren Töchtern frühzeitig Gelegenheit zu bieten, geeignete Männer, die als Bewerber für sie in Betracht kommen, kennen zu lernen, wie das bei geselligen Veranstaltungen, in Sport- und andern Vereinigungen usw. geschehen kann.

d) Die Selbstbehauptung der Familie.

Sehr wichtig ist es, daß die Eheleute sich über die Tatsache klar werden, daß durch die Aufzucht von einem oder zwei Kindern die Erhaltung der Familie durchaus nicht gewährleistet ist. In dem Kapitel über die Auslese wurde ja die Mindestzahl der Erhaltung des Näheren erörtert. Gruber hat einmal ausgerechnet, daß ein Kreis von Familien, in welchem im Durchschnitt immer zwei Kinder aufwachsen würden, nach 100 Jahren bereits auf etwa ein Drittel seines Bestandes zusammengeschmolzen sein würde. Dabei sind außergewöhnliche Verluste wie die durch Kriege noch nicht einmal berücksichtigt. Gerade der Weltkrieg hat mit erschreckender Deutlichkeit gezeigt, wie falsch die Rechnung des Zweikindersystems auch vom Standpunkte des persönlichen Glückes aus ist. Wie viele Tausende von Eltern haben durch den Tod ihres einzigen oder ihrer einzigen zwei Söhne nicht den wesentlichsten Sinn ihres Lebens verloren! Wo mehr Kinder vorhanden sind, da können sich solche Verluste wieder ausgleichen. Jedes gesunde Ehepaar sollte daher mindestens 3 Kinder aufziehen, wie Grotjahn mit Recht fordert. Darüber hinaus aber sollten alle Eltern, deren erste Kinder gut gedeihen, so viele weitere aufziehen, als mit ihrer wirtschaftlichen Lage nur irgendwie vereinbar ist.

So wie die Dinge heute leider liegen, darf es nicht als Voraussetzung der Erzeugung von Kindern gelten, daß diese in eine gesellschaftlich und wirtschaftlich ebenso günstige Lage wie die Eltern kommen. Wenn dieser Grundsatz als Regel beibehalten wird, so ist das Aussterben der überdurchschnittlich begabten Familien eben unvermeidlich (vgl. S. 90). Drei Kinder sollten von gesunden Ehepaaren vielmehr in jedem Falle als Mindestmaß angesehen werden; und bis diese vorhanden sind, vergeht ja immerhin eine Reihe von Jahren, so daß dann beurteilt werden kann, ob die Mittel zur Aufzucht weiterer reichen. Wenn dagegen erst dann mit der Erzeugung von Kindern begonnen werden soll, so ist es in nur zu vielen Fällen eben zu spät; das gilt insbesondere auch für die geistigen Berufe trotz ihrer wirtschaftlichen Zurücksetzung, ja zum Teil eben deswegen. Von größter Wichtigkeit ist es daher, die bestehenden Mißstände und Ungerechtigkeiten durch soziale Reformen zu beseitigen (vgl. S. 140 ff.).

Allerdings kann einer unbeschränkten Kindererzeugung unter den unglücklichen Lebensverhältnissen der Gegenwart auch nicht das Wort geredet werden. Wenn in gebildeten Familien infolge großer Kinderzahl die Lebenshaltung so gedrückt wird, daß die Söhne keine angemessene Ausbildung erhalten können und die Töchter keinen Mann finden, so ist damit für die Familie wie für die Rasse wenig gewonnen. Solange in dieser Beziehung nicht durch eine großzügige öffentliche Rassenhygiene Wandel geschaffen ist, ist daher eine gewisse vorausschauende Beschränkung der Kinderzahl leider nicht zu umgehen. Aber jede Familie sollte es auch heute schon als sittliche Pflicht empfinden, den ihr zur Verfügung stehenden Lebensraum nach Möglichkeit für ihre eigene Erhaltung auszunutzen. Im Blühen der Familie liegt auch für den Einzelnen das höchste dauernde Glück.

Es gibt ein bekanntes Wort von Nietzsche: „Ehe, so heiße ich den Willen zu Zweien, das Eine zu schaffen, das mehr ist, als die es schufen." So sehr man der rassenhygienischen Auffassung der Ehe, die daraus spricht, auch zustimmen mag, so bedenklich ist daran doch die Betonung des „Einen". Eine Möglichkeit, die Anlagen der zu erzeugenden Kinder zu verbessern, wie sich Nietzsche das in naiv lamarckistischer Weise vorstellte, haben wir nicht. Nicht wenige hoffende Mütter glauben zwar durch fleißiges Ansehen schöner Bilder die Schönheit ihrer Kinder steigern zu können; sie fürchten sich vor dem „Versehen" und fallen auf allerlei unsinnige Rezepte herein, die eine günstige Beeinflussung der werdenden Kinder versprechen. Aber auch unsere seelische Tätigkeit wirkt nicht unmittelbar gestaltend auf unser Ahnenerbe. Der einzige Weg, welcher uns zur Erzeugung von Kindern günstiger Qualität offensteht, geht über die Quantität. Wenn zwei Eltern nur einige wenige Kinder aufziehen, dürfen sie nicht erwarten, daß in diesen die beiderseitigen Erbanlagen sich gerade günstiger zusammenfügen werden als bei ihnen selbst; wohl aber dürfen sie das von einzelnen Kindern unter einer größeren Zahl hoffen. Unter den jüngeren Geschwistern des weltberühmten Forschers und Erfinders *Werner v. Siemens*, der das vierte von 14 Kindern war, übertrafen noch mehrere die Eltern an hoher Begabung. Wenn die Eltern nur drei Kinder gehabt hätten, so wäre darunter kein einziges so hoch begabtes gewesen. *Johann Sebastian Bach* wurde als jüngstes von 8 Kindern geboren, und *Kant*, der als letztes von 13 Kindern geboren wurde, hätte unter der Herrschaft eines Dreikindersystems ebenfalls nicht das Licht der Welt erblickt. Gerade hochbegabte Familien, welchen an der Erhaltung ihrer Begabung liegt, haben daher allen Grund, ihre Kinderzahl nicht auf das Mindestmaß zu beschränken. Die Wahrscheinlichkeit der Geburt hochbegabter Kinder wächst ohne Zweifel im gleichen Verhältnis mit der Gesamtzahl der Kinder.

Nun kann es natürlich aber vorkommen, daß zwei Eheleute für die Erzeugung gesunder Kinder in der Tat wenig oder gar nicht geeignet sind, was ihnen vor der Eheschließung vielleicht noch nicht bekannt war. Die Tatsache, daß ein Kind mißrät, beweist freilich noch nicht die Untauglichkeit der Eltern zur Fortpflanzung, da ja nach den Darlegungen im allgemeinen Teil weitere Kinder sehr wohl gesund sein können. Wenn aber auch ein zweites Kind minderwertig ausfällt oder sonst genügende Anhaltspunkte für Fortpflanzungsuntüchtigkeit der Eltern bestehen, dann sollten weitere Geburten vermieden werden. Es scheint mir nun nicht ratsam zu sein, als Mittel dazu nur geschlechtliche Enthaltsamkeit der Eltern für zulässig zu erklären. Einen Augenblick der Schwachheit kann ein Kind mit lebenslänglichem Siechtum zu büßen haben. Daher kommt man meines Erachtens um die Empfehlung von Verhütungsmitteln nicht herum. In erster Linie kommt der Kondom in Betracht, ein Überzug, der über das männliche Glied gestreift wird; und zwar sind die aus tierischen Blinddärmen gefertigten Überzüge (sogen. „Fischblasen") denen aus Gummi vorzuziehen. Wenn außerdem die Frau nach der Kohabitation eine Ausspülung mit Wasser, das durch Essig angesäuert ist, vornimmt, so kann eine Befruchtung mit großer Sicherheit verhütet werden. Nähere Angaben finden sich z. B. in Grotjahns Buch über die Geburtenregelung. Chemische Mittel sind zu widerraten, da sie unsicher sind und bei ungenügender Wirkung möglicherweise durch Schädigung der Samenzellen gerade Anlaß zur Erzeugung eines minderwertigen Kindes geben könnten. Daß infolge der Anwendung von Verhütungsmitteln bei den Eheleuten irgendwie ernstliche Krankheitszustände entständen, wie von gewisser Seite behauptet wird, ist ausgeschlossen. Auf jeden Fall sind eventuelle Einwirkungen auf die persönliche Gesundheit noch harmloser als die Folgen völliger Enthaltsamkeit.

Die Anwendung von Verhütungsmitteln kann auch angezeigt sein, wenn vorübergehende Zustände zu einer bestimmten Zeit die Erzeugung von Kindern als nicht ratsam erscheinen lassen, z. B. ungünstige Einwirkungen des Berufslebens oder leichtere Erkrankungen. Es empfiehlt sich, die Erzeugung von Kindern auf eine Zeit zu legen, wo beide Ehegatten sich guter Gesundheit erfreuen und nicht durch Überarbeitung oder irgendwelche Schädlichkeiten angegriffen sind. Dringend zu raten ist auch zur Alkoholenthaltsamkeit oder doch zu äußerster Mäßigkeit längere Zeit vor der Erzeugung von Kindern.

Wenn einer von zwei Ehegatten zur Erzeugung von Kindern sich als dauernd untauglich erweist, etwa wegen Unfruchtbarkeit oder schwererer Psychopathie, so kommt die rechtzeitige Trennung der Ehe in Betracht, die leider in solchen Fällen durch unsere Gesetzgebung übermäßig schwer gemacht ist. Praktisch ist eine Ehescheidung meist nur möglich, wenn beide Teile sie wollen. Welche Wege dann einzuschlagen sind, soll hier nicht erörtert werden.

e) Wege rassenhygienischen Wirkens für den Einzelnen.

Wenn im allgemeinen zwar die Familiengründung der gegebene Weg ist, auf dem der gesunde Mensch am meisten für das Wohl der Rasse tun kann, so ist doch andererseits auch den Ehe- und Kinderlosen die Möglichkeit der Arbeit für die Zukunft der Rasse durchaus nicht verschlossen. Kinderlose Ehepaare insbesondere können ja fremde Kinder an Kindesstatt annehmen. Wenn viele Pflegeeltern so schlechte Erfahrungen mit angenommenen Kindern machen, so liegt das in der Hauptsache daran, daß keine genügend vorsichtige Auswahl der Kinder getroffen wurde. Aus Kindern mit üblen Erbanlagen kann auch die beste Erziehung keine edlen Menschen machen. Es kann daher nur zur Annahme von Kindern geraten werden, die beiderseits von tüchtigen und ehrenhaften Eltern stammen. Durch die Aufzucht solcher Kinder aber können kinderlose Leute fast ebensoviel für die Rasse leisten wie die Eltern eigener Kinder; denn die Hauptleistung der Eltern besteht ja nicht in der Erzeugung, sondern in der Aufzucht der Kinder. Es ist sogar zu erwägen, ob nicht zwei Menschen, die beide zur Fortpflanzung ungeeignet wären, trotzdem heiraten und unter Vermeidung eigener Kindererzeugung fremde Kinder aufziehen sollten. Es würde in vielen Fällen ihnen selber wie der Rasse zum Heile sein.

Kinderlose Leute haben auch die Möglichkeit, sich in öffentlich-politischer Tätigkeit für die Lebensinteressen der Rasse einzusetzen. Die Sache der Rassenhygiene braucht unabhängige Vorkämpfer; und wer für weitgesteckte Ziele, die weder den Augenblicksstimmungen der Masse noch den Sonderinteressen irgendeiner Partei entsprechen, eintritt, der kann seine

Person sogar viel unbedingter einsetzen, wenn er allein steht, als wenn er Rücksicht auf eine Familie nehmen muß.

Ärzte, Geistliche, Lehrer haben fast jederzeit Gelegenheit zu rassenhygienischer Belehrung und Erziehung. Besonders eindrucksvoll können Dichter und andere Künstler für die Ausbreitung des rassenhygienischen Ideals wirken.

So hat Popert in seinem Roman „Helmut Harringa" das herzbrechende Unglück, welches der Alkohol und die Geschlechtskrankheiten über die Menschen bringen, zur ergreifenden Darstellung gebracht, und damit viel für die Rassenhygiene geleistet. v. Koschützki hat die verhängnisvollen Folgen einer rassenhygienisch verfehlten Ehewahl in seinem Roman „Siehdichum" in künstlerisch vollendeter Weise geschildert. Die Tragik der Mutter, wie sie z. B. in der Niobesage, im Baldrmythus und in den künstlerischen Darstellungen der Mater dolorosa unser Herz ergreift, wäre noch heute ein würdiger Gegenstand künstlerischer Betätigung. Die erschütternde Tragik, welche im Untergange ganzer Geschlechter liegt, kommt z. B. in Dahns „Kampf um Rom" zum Ausdruck. Die höchste Tragik liegt überhaupt im Untergang des Edlen infolge seiner edlen Artung und nicht so sehr im Untergang des Individuums als in dem der Rasse. Rassenhygienische Gegenstände bieten auch dankbaren Stoff zu künstlerischen Schöpfungen von mehr freundlicher oder heiterer Grundstimmung. Das Glück der Familie und das Mutterideal sind gewiß keine unwürdigen Stoffe für einen Künstler. Wie der überspannte Individualismus der Modernen als Gegenstand wirksamer Satire und Karikatur dienen kann, hat z. B. Schmitz gezeigt. Andererseits laden viele moderne Schriftsteller, welche ihre Erfolge aufregender Erotik verdanken, schwere Schuld gegenüber dem Leben der Rasse auf sich. So manch einer von diesen ist offenbar schuld daran, daß viele von Natur durchaus nicht übel veranlagte Menschen der Ansteckung mit Syphilis verfallen, und damit schuld an unermeßlichem Unglück.

Wirtschaftlich unabhängige Männer und Frauen, die nicht auf den Ertrag anderweitiger Berufsarbeit angewiesen sind, können in der Ausbreitung rassenhygienischer Gedanken ein dankenswertes Betätigungsfeld finden. Nur zu viele aber leben nur als Schmarotzer am Baume der Rasse. Ein reicher Mann kann viele Menschen für seine Ziele arbeiten lassen; das kann schädlich sein; es kann aber auch sehr segensreich für das Gedeihen der Rasse sein. Auch die rassenhygienische Lehre und Forschung ist bisher zum größten Teil nur dadurch ermöglicht worden, daß private Kapitalien in ihren Dienst gestellt wurden. Schon die erste Forschungs- und Lehranstalt ist in England durch eine Stiftung Galtons begründet worden. Zwei amerikanische rassenhygienische Forschungsanstalten sind durch Stiftungen von Frau Harriman und Carnegie gegründet worden. In Deutschland ist die Herausgabe der führenden rassenhygienischen Zeitschrift bisher nur durch die Opferwilligkeit von Alfred Ploetz möglich gewesen. Von Seiten wohlgesinnter reicher Leute würde ohne Zweifel noch sehr viel mehr geschehen, wenn ihnen erst einmal klar würde, daß die Rassenhygiene schlechterdings die Schicksalsfrage für jedes Volk und seine Kultur bedeutet. Es fehlt auch bei uns gewiß nicht an gutem Willen bei vielen reichen Leuten, und oft werden ja große Summen für wohltätige Zwecke gestiftet. Aber diese Wohltätigkeit steht zumeist völlig im Banne der individualistischen Anschauungen, und es ist daher recht fraglich, ob sie dem Wohle der Rasse mehr förderlich als schädlich ist.

Die vordringlichste Aufgabe großzügiger Stiftungen wäre heute die Ausbreitung der rassenhygienischen Erkenntnisse und Gedanken. Den rassenhygienischen Vereinen würde durch ausgiebige Stiftungen erst eine großzügige Werbetätigkeit ermöglicht werden. Eher noch wichtiger wäre die Förderung der rassenhygienischen Lehre an den Hochschulen, welche in dieser Beziehung kläglich im Rückstande sind. Das wäre der beste Weg, um die bodenlose Verständnislosigkeit zu beseitigen, welche heute auch die meisten Gebildeten der Rassenhygiene noch entgegenbringen und an der die Rettungsanstrengungen der wenigen Einsichtigen zu scheitern drohen.

Vielen hochherzigen Stiftern ist die Förderung einer geistigen Bewegung allerdings zu wenig greifbar und sie wollen Erfolge in Fleisch und Blut sehen. So hat die Vereinigung für Familienwohl im Regierungsbezirk Düsseldorf bis zum Jahre 1920 mehr als 360000 Mark als Ehrengaben an Mütter mit mehr als 7 Kindern verliehen. Das ist gewiß sehr wohlgemeint; ein wirklicher Erfolg im Sinne der Rassenhygiene ist indessen kaum davon zu erwarten. Was auf solche Weise im günstigsten Falle geschehen kann, ist doch nur ein Tropfen auf den heißen Stein. Die großzügigen Hilfsmaßnahmen amerikanischer Kreise für unterernährte deutsche Kinder nach dem Kriege tragen zwar wesentlich zur Linderung der augenblicklichen Not bei; eine günstige Wirkung auf die künftige Gesundheit der Bevölkerung, welche die Spender sich wohl davon versprechen, werden sie aber schwerlich haben. Den schlimmsten Schaden, welchen die deutsche Bevölkerung durch den Krieg erlitten hat, hat sie an ihrer Rassentüchtigkeit erlitten; und wenn wohlmeinende Amerikaner für die Heilung der Kriegsschäden wirken wollen, so sollten sie in erster Linie auf die Behebung der Rassenschäden bedacht sein. Dazu aber ist die unerläßlichste Voraussetzung eine großzügige Ermöglichung der Ausbreitung rassenhygienischer Erkenntnis und Erziehung.

f) Wege rassenhygienischen Wirkens in der Gemeinschaft.

Von entscheidender Wichtigkeit ist die Weltanschauung. Mit einer Zivilisation, wie sie sich in den letzten 100 Jahren als Ausfluß der individualistischen Weltanschauung herausgebildet hat, ist das Gedeihen der

Rasse unvereinbar. Und nur wenige Zeitgenossen haben noch ein Gefühl für das unsagbar Entsetzliche, daß unsere Rasse auf dem Wege ist, zu verpöbeln und zu verkommen. Nicht, daß es den Zeitgenossen an Opfermut fehle, ist die größte Gefahr. Millionen haben im Kriege freudig ihr Leben eingesetzt, und Hunderttausende sind auch heute noch von demselben Opfermut beseelt. Im Kriege handelte es sich um die Verteidigung der Unabhängigkeit des Reiches. Es dürfte aber einleuchten, daß das Gedeihen der Rasse ein noch ungleich wesentlicheres Ziel ist. Auch das Gedeihen des Reiches ist ja nur Mittel dazu. Das Gedeihen der Rasse muß das Ziel einer organischen Weltanschauung sein, welche die individualistische zu überwinden berufen ist.

Wie aber kann eine solche Anschauung Allgemeingut werden? Die allermeisten Menschen lassen sich in ihren Anschauungen völlig von ihrer Umgebung bestimmen. Jede Erneuerung der Weltanschauung in der Geschichte ist daher zunächst von kleinen Kreisen ausgegangen. In solchen Gemeinschaften findet der schwache Wille des Einzelnen moralischen Rückhalt gegenüber der ungeheuren Macht der landläufigen Anschauungen. Die Glieder einer solchen Lebensgemeinschaft fühlen sich als Träger eines neuen Ideals, als Vorkämpfer einer großen Sache, als Soldaten in einem heiligen Kriege. Durch das Wachstum und die Ausbreitung der Gemeinschaften kann dann die von ihnen getragene Überzeugung allmählich zur allgemeinen Geltung gebracht werden. Eine solche Gemeinschaft sollte die Internationale Gesellschaft für Rassenhygiene in ihrer ursprünglichen von Ploetz geplanten Form werden. Die Mitglieder sollten nach körperlicher und seelischer Tüchtigkeit ausgewählt und in einem Schutzverbande vereinigt werden, der die rassenhygienische Förderung der in ihm vereinigten Familien zum Ziele hatte. Leider ist dieser Plan an den individualistischen Vorurteilen der Zeitgenossen vorerst gescheitert. Der Zusammenschluß nach Rassentüchtigkeit wurde als Überhebung empfunden. So mußte die Gesellschaft für Rassenhygiene diesen Plan einer Lebensgemeinschaft aufgeben und sich vorerst im wesentlichen auf die Ausbreitung der rassenhygienischen Gedanken in der Bevölkerung beschränken.

Dennoch ist zu hoffen, daß später einmal rassenhygienische Familienverbände und Lebensgemeinschaften möglich sein werden, welche ihre wesentliche Aufgabe darin sehen, in zielbewußter zäher Arbeit, einer tüchtigen Familie nach der ändern die inneren und äußeren Bedingungen des Gedeihens zu schaffen. In einer solchen Gemeinschaft würde jedes Ehepaar infolge des moralischen Urteils der Gemeinschaft bestrebt sein, so viele Kinder aufzuziehen, als seine wirtschaftliche Lage irgend gestatten würde. Tüchtigen jungen Paaren würde durch wirtschaftliche Förderung von Seiten der Gesamtheit die Gründung eines Hausstandes erleichtert werden. Überhaupt müßte die rassenhygienische Gemeinschaft auch im Sinne einer wirtschaftlichen Interessengemeinschaft ausgebaut werden. Die ganze Lebensführung würde bewußt einfach zu gestalten sein. Die Eltern würden es nicht nötig haben, einen über ihre Verhältnisse gehenden gesellschaftlichen Aufwand zu treiben, nur um ihre Töchter an den Mann zu bringen. Die jungen Leute würden vielmehr innerhalb der Gemeinschaft Gelegenheit haben, geeignete Lebensgefährten zu finden, für welche die Tatsache ihrer Mitgliedschaft schon eine weitgehende Gewähr bieten würde, daß sie gesund und tüchtig seien.

Es leuchtet ohne weiteres ein, daß die wesentlichste Vorbedingung einer derartigen rassenhygienischen Gemeinschaft eine scharfe Auslese der Mitglieder ist. Zu neuen Bewegungen drängen sich ja immer in erster Linie Psychopathen. Aber nur wenn die gedachten Gemeinschaften aus einwandfreien Gliedern von vorbildlicher Haltung und Tüchtigkeit bestehen, kann von ihnen eine Erneuerung der Weltanschauung und eine Erneuerung der Rasse ausgehen.

Vorerst werden hauptsächlich wohl nur lose Vereine mit rassenhygienischen Zielen möglich sein, welche ihre Aufgabe in erster Linie in der Verbreitung des rassenhygienischen Gedankens sehen. Ein solcher Verein ist die Deutsche Gesellschaft für Rassenhygiene, welche bestrebt ist, durch Wort und Schrift das Verantwortlichkeitsgefühl gegenüber den kommenden Geschlechtern zu erwecken und zu vertiefen. Ganz ähnliche Ziele verfolgt die englische Gesellschaft für rassenhygienische Erziehung (The Eugenics Education Society), welche i. J. 1908 auf Galtons Betreiben gegründet wurde. In Nordamerika wirkt die amerikanische Gesellschaft für Züchtungskunde (The American Genetic Association) in demselben Sinne.

Eine wirkliche Gesundung der Rasse kann ohne großzügige Maßnahmen und Einrichtungen sozialer Rassenhygiene nicht erreicht werden; diese aber sind zumeist erst dann durchführbar, wenn der rassenhygienische Gedanke einmal Allgemeingut der Bevölkerung oder doch ihrer geistigen Führer ist. Die Einführung rassenhygienischen Unterrichts an den Hochschulen und dann auch den Mittelschulen würde darin zwar Wandel schaffen; leider aber ist auch diese erst möglich, wenn die überragende Wichtigkeit der Rassenhygiene an den maßgebenden Stellen bekannt ist. Solange das noch nicht der Fall ist, ist die private Ausbreitung des rassenhygienischen Gedankens geradezu die wichtigste praktische Aufgabe der Rassenhygiene.

Die rassenhygienischen Gesellschaften müssen den rassenhygienischen Gedanken vor allem lebendig erhalten. Es genügt nicht, daß die Rassenhygiene in Büchern und gelehrten Abhandlungen sicher begründet und niedergelegt ist; sie muß vor allem in die Bevölkerung getragen werden, vorab in die gebildete. Dem dient vor allem die Veranstaltung von Vorträgen. In solchen Werbevorträgen sollten nicht in erster Linie neue

Spezialforschungen behandelt werden; sondern verhältnismäßig wenige Grundgedanken müssen dem Publikum immer wieder nahegebracht werden. Nun will das Publikum freilich immer etwas Neues und Aktuelles hören. Es empfiehlt sich daher, im Anschluß an das jeweilige Interesse des Tages und von den verschiedensten Seiten her, die Zuhörer immer wieder auf das Eine, was zur Gesundung nottut, zu leiten.

Da die öffentliche Meinung heute durch nichts anderes so stark beeinflußt wird wie durch die Presse, so gilt es, rassenhygienische Gedanken auch möglichst oft in die Zeitungen zu bringen, nicht nur in die parteilosen, sondern auch in die der verschiedensten Parteien. Allerdings ist es der Presse durch vielverzweigte Rücksichten sehr erschwert, im Sinne der Gesundung zu wirken. Aber wie die Alkoholinteressenten immer wieder kleine Notizen in die Presse schieben, in denen der „mäßige" Alkoholgenuß in den rosigsten und die Enthaltsamkeit in den schwärzesten Farben geschildert wird, so sollte es auch möglich sein, rassenhygienische Gedanken und Mitteilungen zwischen den sonstigen Text einzustreuen. Das wirkt mehr als alle gelehrten Abhandlungen. Freilich gehören dazu gewisse Beziehungen; auch diese müssen daher erstrebt und ausgenützt werden.

Von nur zu großem Einfluß auf die Anschauungen besonders der Jugend und der Ungebildeten ist bekanntlich auch das Kino. Es sind daher Filmdramen zur Aufklärung über die Gefahren der Geschlechtskrankheiten und des Alkoholismus verfaßt und gespielt worden. Auch mit einem rassenhygienischen Film hat man es schon versucht. Nachdem das Kinowesen einmal einen so großen Einfluß gewonnen hat, wäre es natürlich falsch, wenn man nicht auch versuchen würde, es in den Dienst der rassenhygienischen Propaganda zu stellen. Insgesamt aber wird der Einfluß des Kinos wohl immer überwiegend rassenschädlich sein, da das Geschäftsinteresse immer wieder auf die Aufregung der Phantasie bedacht sein wird.

Eine sehr wichtige Aufgabe ist die Empfehlung und Verbreitung guter rassenhygienischer Schriften. Leider gibt es auch auf dem Gebiete der Rassenhygiene mehr minderwertige und mittelmäßige als wirklich solide und gute Bücher. Überhebliche Psychopathen, denen es an Selbstkritik gebricht, fühlen sich auch in der rassenhygienischen Bewegung vielfach zur geistigen Führung berufen, und das Publikum läßt sich bekanntlich mehr durch aufregende Schundliteratur als durch wirklich solide Bücher imponieren. Ausdrücklich gewarnt werden möge auch vor jenen Büchern und Zeitschriften, welche rassenhygienische Gedanken in einer pikanten sexuellen Sauce bringen. Noch größer als die Zahl der eigentlich üblen Machwerke ist die der gut gemeinten, aber mittelmäßigen Schriften. Selbst von einer Reihe an und für sich leidlicher Schriften über rassenhygienische Dinge muß das Wort gelten: Das Gute ist der Feind des Besseren. Die Zeit, welche heute der Einzelne auf die Beschäftigung mit dem rassenhygienischen Schrifttum verwenden kann, ist ja leider sehr beschränkt. Darum darf vom Guten nur das Allerbeste empfohlen werden. Ich verweise in dieser Beziehung auf das Literaturverzeichnis.

Von allergrößter Bedeutung ist die Mitwirkung der Kirche bei der Ausbreitung des rassenhygienischen Gedankens. Die christliche Nächstenliebe darf sich selbstverständlich nicht nur auf die gerade Gegenwärtigen beschränken, sondern sie muß sich auch auf die noch Ungeborenen erstrecken. Das körperliche und geistige Siechtum, welches den Kindern von Syphilitikern droht, kann dem kirchlichen Sittenlehrer sehr wirksam zur Begründung seiner Forderungen im Kampfe gegen die Unsittlichkeit dienen. Ebenso ergibt sich aus dem Prinzip der christlichen Ethik die Pflicht, daß Personen, von welchen infolge ihrer erblichen Veranlagung mit Wahrscheinlichkeit erblich kranke oder schwache Kinder zu erwarten wären, auf die Erzeugung von Kindern verzichten müssen. Das ist eine Konsequenz sowohl der individuellen als auch der sozialen christlichen Ethik. Die katholische Kirche, welche sich der quantitativen Geburtenpolitik ja schon seit langer Zeit mit unvergleichlichem Erfolge annimmt, ist im Begriffe, diese Einseitigkeit zu überwinden und auch die qualitative gebührend zu berücksichtigen. Besonders der Jesuitenpater Muckermann hat es verstanden, in einer Reihe von Schriften, welche durchaus die Zustimmung der maßgebenden kirchlichen Stellen gefunden haben, in sehr glücklicher und wirksamer Weise für den rassenhygienischen Gedanken zu werben. Wenn in bezug auf einzelne Maßnahmen der Rassenhygiene, wie sie in diesem Buche empfohlen worden sind, die kirchliche Auffassung andere Wege weist, so braucht das meines Erachtens die Freude der gemeinsamen Arbeit an dem großen Ziel nicht zu beeinträchtigen. Es wäre zu wünschen, daß auch die evangelische Kirche, welche ihrem Wesen nach ja durchaus nicht weniger dem Fortschritt zugänglich ist als die katholische, sich ebenfalls mehr wie bisher bewußt rassenhygienischer Arbeit zuwenden möchte.

Leider bestehen da und dort noch völlig unbegründete Vorurteile, als sei die Rassenhygiene ein Ausfluß materialistischer oder naturalistischer Gesinnung. Demgegenüber dürfen wir Rassenhygieniker es mit freudiger Dankbarkeit begrüßen, wenn Pater Muckermann sagt: „Die Rassenhygiene ist eine edle Wissenschaft, aus den reinen Tiefen der Natur geboren und dem Glück der Menschheit geweiht." Der Begründer der modernen Rassenhygiene, Francis Galton, hat sogar der Hoffnung Ausdruck gegeben, daß die Rassenhygiene ein Faktor der Religion werden möge, d. h. nicht etwa ein Ersatz der Religion, sondern ein integrierender Bestandteil der Religion. Und wir glauben verheißungsvolle Zeichen zu sehen, daß diese Hoffnung Galtons schon in unsern Tagen ihrer Erfüllung entgegenzugehen beginnt.

Die Rassenhygiene will ja durchaus nicht der göttlichen Vorsehung ins Handwerk pfuschen, wie man in sonderbarer Verkennung der Sachlage wohl gemeint hat. Nach christlicher Lehre waltet die göttliche Vorsehung ja nicht losgelöst von dem geschichtlichen Geschehen und dem Leben der Menschen, sondern eben in und durch Geschichte und Leben. Der göttliche Funke, der in uns allen glimmt, leuchtet uns heute zu neuen Wegen, die der Menschheit zum Heile dienen; und in diesem Sinne wollen auch wir Rassenhygieniker Arbeiter im Weinberge Gottes sein.

Kurze Erklärung gebräuchlicher Fachausdrücke.

Der Bau der modernen Erblichkeitslehre ähnelt in gewisser Hinsicht bekanntlich dem Turmbau zu Babel. Zumal Anfänger im Baugewerbe scheinen öfter zu meinen, es komme vor allem auf eine Umwortung aller Worte an, um Eindruck zu machen. In diesem Buche dagegen wurde ganz bewußt danach gestrebt, die Ausdrucksweise wie die Darstellung überhaupt so einfach wie möglich zu halten. Ganz zu entbehren aber sind Fachausdrücke nicht, und viel weniger als in diesem kurzen Lehrbuch natürlich noch in Spezialarbeiten. Je mehr die Erblichkeitslehre fortschreitet, desto weniger wird sie in „reinem" Deutsch geschrieben werden können, ebensowenig wie etwa ein Lehrbuch der Chemie. Mehrfach geäußerten Wünschen folgend, habe ich daher den Versuch gemacht, von einer Reihe von Fachausdrücken mit möglichst wenig Worten den wesentlichen Sinn anzugeben. Einfach „übersetzen" lassen sich die Fachausdrücke natürlich nicht. Die gesuchten „Verdeutschungen", welche grimme Feinde von „Fremdwörtern" durch Zusammenfügung deutscher Wortstämme herstellen, sind vielfach nicht nur geschmacklos, sondern oft auch irreführend, weil sie durch das Anklingen an bekannte Worte falsche Begriffsdeutungen begünstigen. Die deutsche Sprache ist ja leider verhältnismäßig arm an ursprünglichen Wortstämmen, was offenbar gerade mit ihrer Neigung zu Zusammenfügungen zusammenhängt. Im Interesse der so notwendigen Verbreitung rassenhygienischer Einsicht, erscheint es aber gleichwohl zweckmäßig, die wichtigsten Grundbegriffe in volkstümlichen Darstellungen mit deutschen Wortstämmen zu bezeichnen. Dabei ist es freilich nicht ganz vermeidlich, daß manche Begriffe etwas in ihrer Schärfe leiden und daß andererseits gebräuchliche Worte kleine Verschiebungen ihres Sinnes erfahren, weil die Umgangssprache eben nicht auf die Bezeichnung der Begriffe, die wir in der Erblichkeitslehre brauchen, eingestellt ist. Es ist aber zu hoffen, daß die Worte allmählich mit ihrem neuen genaueren Sinn zur Deckung kommen. Mehrere solche Worte habe ich schon vor Jahren vorgeschlagen, als Herr Verleger Lehmann mich einmal ersuchte, ihm eine Reihe biologischer Fachausdrücke ins Deutsche zu übertragen. Einige jener von mir vorgeschlagenen Worte (wie „Erbbild", „Erscheinungsbild", „überdeckend", „überdeckbar" u. a.) haben inzwischen schon eine sehr günstige Aufnahme und erfreuliche Verbreitung gefunden, was vor allem den Schriften von H. W. Siemens zu danken ist.

Jene Fachausdrücke, welche wir für zweckmäßig halten, sind fettgedruckt; die übrigen scheinen uns entbehrlich zu sein.

allelomorphe Erbeinheiten (Allelomorphe) = E., welche bei der Mendelschen Spaltung niemals in dieselbe Keimzelle gehen, sondern sich immer trennen.

Allelomorphismus = das Verhalten allelomorpher Erbeinheiten (s. d.). Wenn mehrere Erbeinheiten je gegenseitig dies Verhalten zeigen, spricht man von „multiplem Allelomorphismus". Als „falscher A." wurde eine scheinbare Abstoßung von Erbeinheiten bezeichnet, die sich aus der Koppelung (s. d.) erklärt.

alternative Vererbung = spaltende (Mendelsche) Vererbung. (Öfter werden mit diesem Namen allerdings auch Erscheinungen der Dominanz und Rezessivität im Unterschied zum intermediären Verhalten [s. d.] bezeichnet.)

antagonistische (homologe) Erbeinheiten = allelomorphe E.

Antizipation = Auftreten eines erblichen Leidens in früherem Lebensalter bei Nachkommen als bei Vorfahren (nur scheinbar eine gültige Regel, der Ausdruck daher überflüssig, vgl. Bd. 1 S. 157).

Anteposition = Antizipation (s. d.).

Atavismus = Auftreten von Vorfahrencharakteren (vgl. Bd. 1 S. 251).

autonome Erbeinheiten = unabhängige E. = solche, die sich bei der Mendelschen Spaltung nicht allelomorph und nicht gekoppelt verhalten, sondern sich rein zufällig verteilen.

Blastovariation (blastogene V.) = Idiovariation (s. d.).

Blastophthorie = Schädigung der Keimstoffe (nicht ganz klarer Begriff, vgl. Bd. 1 S. 253).

Biotypus = Elementarrasse = kleinste idiotypisch in sich völlig einheitlich gedachte Gruppe von Lebewesen, zugleich kleinste systematische Unterabteilung der Art.

Chromomere (Einzahl: das Chromomer) = kleinste austauschbare Teilchen der Chromosome (s. d.), vermutlich zusammenfallend mit den Erbeinheiten (Def. Bd. 1 S. 48).

Chromosome (Einzahl: das Chromosom) = färbbare Körperchen im Zellkern, vermutliche Träger der Erbmasse.

Determinante = kleinste Einheit, durch die sich zwei Ide (s. d.) unterscheiden können, also etwa = Elementarunterschied zweier Erbeinheiten.

Dihybridismus = ungeschickte Bezeichnung für Bedingtheit durch zwei autonome Erbeinheiten (vgl. dimer).

dimer = zweiteilig erblich ist ein Merkmal, das praktisch wesentlich durch zwei Erbeinheiten bedingt ist.

diploide Zellen = Z., welche zwei Sätze von Chromosomen bzw. Erbeinheiten enthalten, Beispiel: eine befruchtete Eizelle (vgl. haploide Zellen).

direkte Vererbung = unzweckmäßige Bezeichnung für Erbgang ohne Unterbrechung (s. Bd. 1 S. 251).

dominant = überdeckend heißt eine Erbeinheit im Vergleich zu einer ihr allelomorphen (s. d.), wenn sie diese bei gleichzeitigem Vorhandensein, d. h. im heterozygoten Zustande überdeckt. Def. Bd. 1 S. 28. (Eine dominante Erbeinheit äußert sich also im heterozygoten Zustande ebenso oder doch sehr ähnlich wie im homozygoten).

Dominanz = Überdecken (bezieht sich im Unterschied von der Epistase auf das gegenseitige Verhalten allelomorpher, nicht aber autonomer Erbeinheiten; vgl. „Epistase“ und „Rezessivität“).

epistatisch = überdeckend heißt eine Erbeinheit im Vergleich zu einer andern, ihr nicht allelomorphen, wenn sie diese an der Manifestation hindert.

Epistase = Überdecken (bezieht sich im Unterschied von der Dominanz auf das gegenseitige Verhalten autonomer, nicht allelomorpher Erbeinheiten, vgl. „Dominanz“ und „Hypostase“).

Eugenik = Rassenhygiene (s. Bd. 2 S. 112).

Faktor = oft gleichbedeutend mit Erbeinheit gebraucht, nicht selten aber auch allgemein im Sinne von Einfluß oder Bedingung (z. B. „Faktoren der Umwelt“).

F_1-Generation = erste Filialgeneration = die erste auf die Ausgangsgeneration (Parentalgeneration, s. d.) bei einer Kreuzung folgende (Def. Bd. 1 S. 25).

Fluktuation = Variation mit fließendem (nicht-diskontinuierlichem) Übergang zur Stammform, von manchen Autoren nur für nichterbliche, von andern aber auch für erbliche Variationen gebraucht, daher besser zu vermeiden (vgl. „Paravariation“).

Gameten (Einzahl: der Gamet) = Geschlechtszellen, Keimzellen, zusammenfassende Bezeichnung für Samen- und Eizellen.

Gen (Mehrzahl: die Gene) = Erbeinheit.

Genetik = Erblichkeits- und Variationslehre.

Genotypus = Idiotypus (s. d.).

Geschlechtschromosome = Chromosome, welche in dem einen Geschlecht paarig, in dem andern nur einfach vorhanden sind, wodurch bei den meisten Lebewesen der Unterschied der Geschlechter bedingt ist.

geschlechtsgebundene Erbanlagen = E., die in einem Geschlechtschromosom lokalisiert sind und die daher einen eigentümlichen Erbgang zeigen (vgl. z. B. Bd. 1 S. 55, S. 151, S. 165).

geschlechtsbegrenzte Merkmale = M., die nur in einem Geschlecht in die Erscheinung treten können (vgl. z. B. Bd. 1 S. 182).

gynephore Vererbung = erbliche Übertragung in weiblicher Linie, Teilerscheinung des geschlechtsgebundenen (s. d.) Erbganges; der Begriff ist daher entbehrlich, zumal er Irrtümern Vorschub leistet.

haploide Zellen = Z., welche nur einen Satz von Chromosomen bzw. Erbeinheiten enthalten. Beispiel: Geschlechtszellen vor der Befruchtung (vgl. „diploide Zellen“).

heterophäne Vererbung (polymorphe Vererbung) = wenig zweckmäßige Bezeichnung für die Erscheinung, daß eine Erbeinheit sich unter verschiedenen Bildern äußern kann (vgl. Bd. 1 S. 251).

Heterogametie = Spalterbigkeit, Ungleicherbigkeit = Zustand eines Lebewesens, das aus der Verschmelzung zweier verschiedener Gameten (s. d.) hervorgegangen ist und das daher auch wieder untereinander verschiedene Gameten bildet, wodurch die Mendelsche Spaltung bedingt wird (vgl. „Heterozygotie“ und „Homogametie“).

Heterozygotie = Heterogametie, welcher Ausdruck eigentlich bezeichnender ist (Def. Bd. 1 S. 24).

Homogametie = Reinerbigkeit, Gleicherbigkeit = Zustand eines Lebewesens, das aus der Verschmelzung zweier gleicher Gameten (s. d.) hervorgegangen ist und das daher auch wieder untereinander gleiche Gameten bildet. (Lebewesen, die in bezug auf alle Erbeinheiten zugleich homogametisch wären, gibt es praktisch kaum. Wenn man gewöhnlich von Homogametie oder Homozygotie spricht, so meint man daher nur eine solche in bezug auf bestimmte Erbeinheiten (vgl. „Heterozygotie“).

Homologe Erbeinheiten = Allelomorphe.

Homomerie = Bedingtheit eines Merkmals durch mehrere (nicht-allelomorphe) „gleichsinnige" Erbeinheiten, die sich untereinander gleich oder sehr ähnlich äußern. (Die Homomerie ist also ein Sonderfall der Polymerie; doch wird dieses Wort meist, wenn auch wenig zweckmäßig, im engeren Sinne der Homomerie gebraucht.)

Homozygotie = Homogametie, welcher Ausdruck eigentlich bezeichnender ist (Def. Bd. 1 S. 24).

hypostatisch = überdeckbar heißt eine Erbeinheit im Vergleich zu einer andern, ihr nicht allelomorphen (s. d.), wenn sie durch diese an der Manifestation gehindert wird. Beispiel: Anlage zu rotem Haar gegenüber der zu schwarzem, vgl. Bd. 1 S. 96 (vgl. auch „rezessiv").

Hypostase = Überdeckbarkeit (bezieht sich im Unterschied von der Rezessivität auf das gegenseitige Verhalten autonomer, d. h. einander nicht allelomorpher Erbeinheiten; vgl. „Epistase" und „Rezessivität").

Id = kleinste zwischen zwei Erbmassen austauschbare Einheit, also = Erbeinheit.

idiogene Einflüsse = E., die von der Erbmasse, dem Idioplasma, ausgehen, im Unterschied zu den von der Umwelt ausgehenden peristatischen (idiogen ist daher = idiotypisch bedingt).

Idiokinese = Erbänderung = Verursachung von Idiovariationen (s. d.). (Def. Bd. 1 S. 252).

idiokinetisch = erbändernd heißen solche Einflüsse der Umwelt, welche Idiovariationen verursachen (Def. Bd. 1 S. 252).

Idiophorie = Vererbung im strengsten Sinne.

Idioplasma = Erbmasse.

idioplasmatisch = idiotypisch (s. d.).

Idiotypus = Erbbild = Inbegriff der erblichen Veranlagung.

idiotypisch = erblich im strengsten Sinne = in der Erbmasse begründet.

Idiovariation (kürzer: Idation) = Variation auf Grund einer Änderung der Erbmasse = erbliche Variation (Def. Bd. 1 S. 7).

Imprägnation = Telegonie (s. d.).

indirekte Vererbung = unzweckmäßige Bezeichnung für das Auftreten gleicher erblicher Merkmale in Generationen, die nicht unmittelbar aufeinander folgen (vgl. Bd. 1 S. 251).

Induktion (somatische Induktion) = somatogene Vererbung (s. d.).

intermediär nennt man die Äußerung einer Erbeinheit, wenn diese bei Heterogametie sich weniger stark, aber gleichsinnig bemerkbar macht als bei Homogametie. (Intermediäres Verhalten = unvollständige Dominanz = unvollständige Rezessivität.)

intermediäre Vererbung = unzweckmäßige Bezeichnung für intermediäres Verhalten mendelnder Erbeinheiten; öfter aber auch für eine von der Mendelschen verschiedene angeblich zur Bildung nichtspaltender Mischlinge führende Vererbung gebraucht. (Da für eine solche keine ernsten Anhaltspunkte vorliegen, überflüssiger Ausdruck.)

interferent verhält sich eine Erbeinheit, wenn sie sich bei Heterogametie anders als bei Homogametie und auch nicht einmal gleichsinnig äußert.

Intensitätsfaktoren = Erbeinheiten, welche die Manifestation von andern verstärken; von der Erscheinung der Homomerie bzw. Polymerie nicht scharf zu trennen; der Ausdruck daher entbehrlich.

isogen heißen Lebewesen von gleichem Idiotypus (s. d.).

isophän heißen Lebewesen von gleichem oder doch sehr ähnlichem Phänotypus (s. d.).

Keimplasma = nicht besonders glücklicher Ausdruck für Erbmasse.

kollaterale Vererbung = unzweckmäßige Bezeichnung für das Auftreten gleicher erblicher Merkmale in Seitenlinien (vgl. Bd. 1 S. 251).

Kombination = Mixovariation (s. d.).

Kondition = „was an einem Individuum durch Milieueinflüsse geändert werden kann“. Dieser nicht völlig klare Begriff fällt nahe zusammen mit dem des Paratypus (s. d.), aber nicht ganz; daher besser zu vermeiden.

Konditionalfaktoren = Grundfaktoren, ohne welche andere nicht in die Erscheinung treten können. Da indessen auch die „Grundfaktoren“ sich nicht ohne die andern äußern können, ist die Unterscheidung wohl nicht notwendig.

Konduktoren = Träger verborgener Erbanlagen (praktisch fast nur von gesunden weiblichen Trägern geschlechtsgebunden-rezessiver Erbanlagen gebraucht. Der Ausdruck ist entbehrlich).

kongenital = anerzeugt (das Wort wird oft mißbräuchlich auch für angeborene, aber nicht anerzeugte Zustände gebraucht, vgl. „konnatal").

konnatal = angeboren (z. B. konnatale Syphilis).

Konstellation = wenig zweckmäßige Bezeichnung für Paratypus (s. d.). (Noch unzweckmäßiger ist es, wenn unter Konstellation die „Konstellation der Erbfaktoren" und die Konstellation der Außenfaktoren zusammengefaßt wird, wie ein Autor tut.)

Konstitution = Verfassung = die phänotypische Beschaffenheit, soweit sie dauernd ist und nicht oder nur schwer durch Umwelteinflüsse geändert werden kann. (Es erscheint nicht zweckmäßig, den Begriff der Konstitution auf die erbliche Veranlagung zu beschränken, wie einige wollen, noch weniger auf die Summe der anerzeugten Anlagen, was nicht ganz dasselbe ist.)

Kontraselektion = Gegenauslese (vgl. Bd. 2 S. 7).

Koppelung von Erbeinheiten liegt dann vor, wenn nicht-allelomorphe Erbeinheiten bei der Mendelschen Spaltung häufiger beisammen bleiben als sie sich trennen, d. h. häufiger als in 50% (vgl. Bd. 1 S. 44).

Korrelation = häufigeres Zusammentreffen von Ereignissen (z. B. Merkmalen bei Eltern und Kindern) als nach ihren einzelnen Wahrscheinlichkeiten zu erwarten wäre (vgl. Bd. 2 S. 238).

kryptomere Erbeinheiten = E., die sich bei Reinzucht einer Rasse überhaupt nicht äußern, sondern erst bei Kreuzung mit einer Rasse, welche gewisse die kryptomeren verdeckenden Erbeinheiten nicht besitzt. Kryptomerie also = Hypostase (s. d.).

Lamarckismus = jene Lehre, welche die generelle Anpassung durch individuelle Anpassung erklären zu können glaubt. Als Lamarckismus im engeren Sinne bezeichnet man die unhaltbare Annahme einer Vererbung individuell erworbener Anpassungen oder etwas allgemeiner die Annahme einer „Vererbung erworbener Eigenschaften".

latente Vererbung = unzweckmäßige Bezeichnung für das Verborgenbleiben von Erbfaktoren durch eine oder mehrere Generationen (vgl. indirekte Vererbung).

letale Erbeinheiten = E., durch deren Auswirkung auf früherer oder späterer Stufe des Einzellebens der Tod herbeigeführt wird.

Mechanismus = eine Anschauung, welche alle Erscheinungen des Lebens auf die allgemeine Gesetzlichkeit, wie sie auch in der Physik und Chemie herrscht, zurückzuführen sucht (s. a. Vitalismus).

Mendeln = die Bedingtheit der Erblichkeitserscheinungen durch gesonderte Erbeinheiten, deren jede die Wahrscheinlichkeit ½ hat, am Aufbau eines bestimmten Kindes mitzuwirken. (Für andersartige erbliche Bedingtheit fehlen beim Menschen sichere Anhaltspunkte.)

Mixovariation (kürzer: Mixation) = jene Variation, welche durch das wechselnde Zusammenspiel der Erbeinheiten bedingt ist (Def. Bd. 1 S. 6).

Modifikation = Paravariation (s. d.).

Modifikationsfaktoren = Erbeinheiten, welche andere in ihrer Äußerung beeinflussen.

Monohybridismus = unzweckmäßige Bezeichnung für Bedingtheit eines Merkmals durch eine einzige Erbeinheit (vgl. „monomeres Merkmal").

monoide Vererbung = wenig zweckmäßige Bezeichnung für Monomerie (s. d.).

monomer = einheitlich erblich heißt ein Merkmal, welches praktisch im Wesentlichen nur durch eine einzige Erbeinheit bedingt ist, (Ein monomeres Merkmal kann entweder dominant oder intermediär oder interferent sein.)

Monomerie = Bedingtheit wesentlich durch nur eine Erbeinheit.

multipler Allelomorphismus s. Allelomorphismus.

Mutation = große „sprungweise" erbliche Variation; von vielen Autoren wird aber auch jede erbliche Variation, ohne Rücksicht auf die Größe ihrer Abweichung von der Stammform als Mutation bezeichnet, also dasselbe wie mit Idiovariation (s. d.).

P-Generation = Parentalgeneration (Elterngeneration) = die Ausgangsgeneration bei einer Kreuzung (Def. Bd. 1 S. 25).

Panmixie entweder = wahllose Vermischung oder = Abschwächung der Auslese (entbehrlicher Ausdruck).

Parakinese = Verursachung von Paravariationen (s. d.).

Parallelinduktion = „gleichsinnige" Beeinflussung von Soma (s. d.) und Erbmasse. (Nicht völlig klar gedachter Begriff.)

Paraphorie = Nachwirkung von Paravariationen (s. d.) auf die nächste Generation.

paratypisch = nichterblich.

Paratypus = die Summe der (nichterblichen) Erwerbungen eines Lebewesens. Paratypus also = Phänotypus minus Idiotypus. (Es erscheint nicht zweckmäßig, den Paratypus als Summe der Reaktionsmöglichkeiten, durch die sich ein Individuum von einem erbgleichen unterscheiden kann, zu definieren, wie es geschehen ist, weil ein Paratypus in diesem Sinne ausschließlich vom Idiotypus abhängig sein und folglich praktisch mit diesem zusammenfallen würde.)

Paravaration (kürzer: Paration) = nicht erbliche Variation. (Def. Bd. 1 S. 6).

Peristase = Umwelt.

peristatisch = umweltbedingt nennt man die Einflüsse der Umwelt. (Die peristatischen Faktoren umfassen also die parakinetischen und die idiokinetischen Einflüsse im Gegensatz zu den idiogenen.)

Phänotypus = Erscheinungsbild, die Beschaffenheit eines Lebewesens, wie sie durch das Zusammenspiel idiotypischer und paratypischer Einflüsse gegeben ist. (Phänotypus also = Idiotypus plus Paratypus).

Pisum-Typus = die Erscheinungen der Erblichkeit monomerer dominanter Anlagen.

polygen = polymer (s. d.).

polyide Vererbung = nicht besonders glückliche Bezeichnung für Polymerie (s. d.).

Polyhybridismus = ungeschickte Bezeichnung für Polymerie (s. d.).

polymer = mehrteilig erblich heißt ein Merkmal, das praktisch wesentlich durch mehrere Erbeinheiten bedingt ist (vgl. „monomer").

Polymerie = Bedingtheit eines Merkmals durch mehrere Erbeinheiten. Oft wird das Wort auch in dem engeren Sinne der Homomerie (s. d.) gebraucht, was aber weniger zweckmäßig ist.

polymorphe Vererbung = wenig zweckmäßige Bezeichnung für die Erscheinung, daß eine Erbeinheit sich unter verschiedenen Bildern äußern kann (vgl. Bd. 1 S. 251).

polyphäne Vererbung = wenig zweckmäßige Bezeichnung für die Tatsache, daß eine Erbeinheit sich zugleich in mehreren Merkmalen äußert (vgl. pleiotrope Erbeinheiten).

Population = gegebene Bevölkerung (bei Menschen) oder Bestand (bei Tieren und Pflanzen).

pleiotrope Erbeinheiten = E., die sich zugleich in mehreren Merkmalen äußern (wohl entbehrlicher Ausdruck).

Probanden (Einzahl: der Proband) = Ausgangspersonen einer genealogischen oder erbbiologischen Nachforschung (Def. Bd. 1 S. 246).

Reduktionsteilung = eine Zellteilung während der Keimzellenbildung, bei der die zwei Sätze von Chromomeren (bzw. Erbeinheiten) einer diploiden Zelle (s. d.) auf zwei verschiedene Zellen verteilt werden, so daß diese nunmehr nur je einen Satz enthalten und haploide Zellen (s. d.) sind.

Regression = die Erscheinung, daß Kinder im Durchschnitt in der gleichen Richtung vom Mittelmaß der Bevölkerung abweichen wie ihre Eltern (oft mißverstanden und im umgekehrten Sinne des Rückschlags gegen das Mittel hin angewandt).

reine Linie = die Nachkommenschaft eines Lebewesens bei dauernder ausschließlicher Selbstbefruchtung (Def. Bd. 1 S. 7) (kommt bei Tieren praktisch nicht vor und auch bei Pflanzen in der Hauptsache wohl nur in der Theorie).

rezessiv = überdeckbar heißt eine Erbeinheit im Vergleich zu einer ihr allelomorphen (s. d.), wenn sie sich bei gleichzeitigem Vorhandensein dieser ändern nicht äußert. (Rezessive Erbeinheiten können sich also nur im homozygoten Zustande äußern. Def. Bd. 1 S. 28. Beispiele S. 150 u. 167. Vgl. auch „hypostatisch" und „dominant".)

Soma = Körper = nicht ganz eindeutige Bezeichnung des Körpers eines Organismus mit Ausnahme der Keimzellen und ihrer Stammzellen (öfter auch des Körpers im Unterschied von der Erbmasse).

Somation (Somavariation) = nahezu gleichbedeutend mit Paravariation (s. d.), aber nicht ganz, da der zum Lamarckismus (s. d.)

hinneigende Präger des Wortes ein teilweises Erblichwerden von Somationen für möglich hält.

Somatogene Vererbung (somatische Induktion) = Bezeichnung für die u. E. unhaltbare Annahme einer „Vererbung erworbener Eigenschaften“, welche charakteristisch für den Lamarckismus ist (s. d.).

Synapsis = bezeichnet meist jenen Vorgang, den man eindeutiger Syndese (s. d.) nennt, öfter aber auch einfach eine Zusammenballung der Chromosome (s. d.).

Syndese = bezeichnet den Vorgang einer paarweisen Zusammenlegung der beiden Chromosomensätze, während dessen vermutlich der Mendelsche Austausch der Erbeinheiten erfolgt.

Trihybridismus = ungeschickte Bezeichnung für Bedingtheit durch drei autonome Erbeinheiten (vgl. trimer u. Polyhybridismus).

trimer = dreiteilig erblich heißt ein Merkmal, das praktisch entscheidend durch drei autonome Erbeinheiten bedingt ist.

Telegonie = Nachwirkung früherer Begattungen auf Früchte späterer Befruchtungen (eine unhaltbare Ansicht).

Transformation = polymorphe Vererbung (s. d.).

transgredierend = übergreifend heißt die Paravariation (s. d.) eines Idiotypus (s. d.), wenn sie in einem oder mehreren Ausmaßen über die Grenzen der Paravariation eines andern Idiotypus übergreift, so daß die Paravariationen beider Idiotypen zum Teil in ihren Ausmaßen übereinstimmen.

Variation = Abweichung, Änderung im Typus (vgl. Paravariation, Idiovariation und Mixovariation).

Vitalismus = eine Anschauung, welche den Lebewesen eine Eigengesetzlichkeit zuschreiben zu müssen glaubt, welche nicht aus der allgemeinen Gesetzlichkeit, wie sie in der Physik und Chemie herrscht, folgen soll, welche also im Widerspruch damit stehen müßte (s. a. Mechanismus).

X-Chromosom = Geschlechtschromosom (s. d.).

Y-Chromosom = ein den Geschlechtschromosomen allelomorphes Chromosom, das bei vielen Tieren im heterogametischen Geschlecht neben dem Geschlechtschromosom vorhanden ist.

Zea-Typus = die Erscheinungen der Erblichkeit monomerer intermediärer Anlagen (s. d.).

Zygote = die befruchtete Eizelle, welche aus der Verschmelzung der Eizelle mit der Samenzelle (der beiden Gameten) hervorgeht.

Literatur zum zweiten Bande.

Wie im ersten Bande, so sollen, auch hier in der Hauptsache nur zusammenfassende Darstellungen aufgeführt werden. Für Spezialstudien muß auf die in den Anmerkungen zu den einzelnen Werken erwähnten Literaturlisten und auf die Literaturberichte in den am Schluß genannten Zeitschriften verwiesen werden.

Zunächst seien hier einige Werke genannt, die sich auf die Gegenstände beider Teile des zweiten Bandes, also sowohl auf die Auslese beim Menschen als auch auf die praktische Rassenhygiene erstrecken:

Ploetz, A. Grundlinien einer Rassenhygiene I. Die Tüchtigkeit unserer Rasse und der Schutz der Schwachen. Berlin 1895. (Das großangelegte Werk des Begründers der deutschen Rassenhygiene sei hier wegen seiner historischen Bedeutung an erster Stelle genannt. Es ist natürlich in biologischen Einzelheiten inzwischen überholt, gleichwohl aber in mancher Hinsicht noch grundlegend.)

—— Ziele und Aufgaben der Rassenhygiene. Vierteljahrsschrift für öffentliche Gesundheitspflege. 1910. (Kurze, aber inhaltsreiche Zusammenfassung in Form eines Vertrags.)

Schallmayer, W. Vererbung und Auslese. 4. Aufl. Jena 1920. (Dieses schon im ersten Bande empfohlene umfassende Werk behandelt die Ausleseverhältnisse in der menschlichen Kultur ebenso ausführlich wie die Wege praktischer Rassenhygiene. Mit sorgfältigem und reichhaltigem Literaturverzeichnis.)

—— Über die drohende körperliche Entartung der Kulturmenschheit und die Verstaatlichung des ärztlichen Standes. Neuwied 1891. (Historisch bedeutsam, wenn auch z. T. noch in lamarckistischen Vorstellungen wurzelnd.)

v. Gruber, M. und **Rüdin, E.** Fortpflanzung, Vererbung, Rassenhygiene. München 1911. (Diese wertvolle Materialsammlung diente zugleich als Katalog der rassenhygienischen Gruppe auf der internationalen Hygiene-Ausstellung in Dresden 1911. Obwohl in einigen Fragen überholt, wie z. B. hinsichtlich der Annahme einer „Vererbung erworbener Eigenschaften", auch heute noch von großem Wert. Mit Verzeichnis der Literatur bis 1910.)

v. Gruber, M. Ursachen und Bekämpfung des Geburtenrückgangs im Deutschen Reich. München 1914. (Diese aus einem Vortrag hervorgegangene Schrift gilt zwar in der Hauptsache quantitativer Bevölkerungspolitik, berücksichtigt aber auch die Auslese.)

Grotjahn, A. Geburtenrückgang und Geburtenregelung. 2. Aufl. Berlin 1921. (Sehr ausführliches und gründliches Werk. Seine Stellung zur Empfängnisverhütung erscheint uns allerdings nicht unbedenklich.)

— — Soziale Pathologie. 2. Aufl. Berlin 1915. (Dieses rassenhygienisch orientierte Werk enthält eine wertvolle Zusammenstellung statistischen Materials, das zur Kenntnis der Auslese beim Menschen beitragen kann. Eindrucksvolle Darstellung der Entartungsgefahr.)

Popenoe, P. und **Johnson, R. H.** Applied Eugenics. New York 1920. (Ausgezeichnete populäre und zugleich wissenschaftlich bedeutsame Darstellung sowohl der menschlichen Ausleseverhältnisse als auch der praktischen Rassenhygiene. Mit wertvollen, Angaben besonders über die amerikanische und englische Literatur.)

Galton, F. Hereditary Genius. 2. Aufl. London 1892. Deutsche Übersetzung Leipzig 1910. (Von grundlegender historischer Bedeutung, berücksichtigt auch die menschliche Auslese.)

— — Inquiries into Human Faculty and its Development. London 1883. (Enthält bereits auch sehr bedeutungsvolle praktische Folgerungen.)

Braeucker, W. Die Entstehung der Eugenik in England. Hildburghausen 1917. (Kann auch zur Einführung in die Rassenhygiene warm empfohlen werden.)

Muckermann, H. Kind und Volk. 1. Teil: Vererbung und Auslese. 2. Teil: Gestaltung der Lebenslage. 4. Aufl. Freiburg i. B. 1921. (Das packende rassenhygienische Werk des Jesuitenpaters Muckermann ist zwar in erster Linie für gebildete Laien gedacht, sei aber wegen seiner wissenschaftlichen Gründlichkeit an dieser Stelle empfohlen.)

Weiterhin sei eine Reihe von Schriften genannt, welche sich weniger auf die praktische Rassenhygiene als vielmehr auf ihre theoretischen Grundlagen, vor allem auf die Auslese beim Menschen beziehen:

Steiger, A. Die Entstehung der sphärischen Refraktionen des menschlichen Auges. Berlin 1913. (Dieses schon im 1. Bande genannte Werk erörtert die Frage der Kurzsichtigkeit unter dem Gesichtspunkt der natürlichen und der sozialen Auslese.)

Bluhm, A. Zur Frage der generativen Tüchtigkeit der deutschen Frauen und der rassenhygienischen Bedeutung der ärztlichen Geburtshilfe. Archiv für Rassen- und Gesellschaftsbiologie 1912. (In dieser Arbeit untersucht die dem Rassenhygieniker wohlbekannte erfahrene Ärztin die Fortpflanzungstüchtigkeit der Frauen unter dem Gesichtspunkt der Auslese.)

Czerny, A. Die Bedeutung der Konstitution für die Klinik der kindlichen Infektionskrankeiten. Jena 1915. (Der berühmte Berliner Kinderarzt tritt ausdrücklich für die Auslesebedeutung der Säuglings- und Kindersterblichkeit ein, die oft mit gefühlsstarken, aber sachlich schwachen Gründen bestritten wird.)

Peiper, A. Krankheit und Vererbung beim Kinde. Monatsschrift für Kinderheilkunde 1920. (Ebenfalls wertvoll für die Kenntnis der Auslese im Kindesalter.)

Lenz, F. Einschüchterungsauslese und weibliche Wahl bei Tier und Mensch. Archiv für Rassen- und Gesellschaftsbiologie 1917. (Erörterung einiger schwierigerer Seiten der Theorie der geschlechtlichen Zuchtwahl.)

Ammon, O. Die natürliche Auslese beim Menschen. Jena 1893.

— — Die Gesellschaftsordnung und ihre natürlichen Grundlagen. 1. Aufl. 1895, 3. Aufl. 1910. (Historisch bedeutsames Werk über die soziale Auslese.)

Ziegler, H. E. Die Vererbungslehre in der Biologie und in der Soziologie. Jena 1918. (Enthält eine grundlegende Darstellung der sozialen Auslese.)

Ploetz, A. Sozialanthropologie. Sonderdruck aus „Kultur der Gegenwart" III. 5. Band „Anthropologie". Leipzig 1920. Im Buchhandel bisher nicht erschienen. (Sehr bedeutsam für die Kenntnis der sozialen Auslese.)

Fischer, E. Sozialanthropologie. In: Handwörterbuch der Naturwissenschaften. Jena 1912/13. (Ebenfalls wichtig für die soziale Auslese.)

Röse, K. Beiträge zur europäischen Rassenkunde. Archiv für Rassen- und Gesellschaftsbiologie. 1905 u. 1906. (Enthält wertvolles Material über die soziale Auslese.)

Niceforo, A. Anthropologie der nichtbesitzenden Klassen. Deutsche Übersetzung Leipzig 1910. (Bedeutsames Werk zur sozialen Auslese mit wichtigem Originalmaterial.)

Lombroso, C. Der Verbrecher. Deutsche Übersetzung Hamburg 1907. (Die Lehre Lombrosos vom „geborenen Verbrecher" hat trotz ihrer Einseitigkeit grundlegende historische Bedeutung auch für die soziale Auslese.)

Dugdale, R. L. The Jukes. New York 1884. (Diese wie auch die folgenden Monographien über große Verwandtschaftskreise sozial Minderwertiger und Entgleister haben nicht nur große Bedeutung als Belege der Erblichkeit seelischer Minderwertigkeit, als welche sie gewöhnlich angeführt werden, sondern eher noch größere für die Kenntnis der sozialen Auslese.)

Estabrook, A. H. The Jukes in 1915. Washington 1916.

Jörger, J. Die Familie Zero. Archiv für Rassen- und Gesellschaftsbiologie 1905. Als Buch: Psychiatrische Familiengeschichten. Berlin 1919.

Goddard, H. H. Die Familie Kallikak. Deutsche Übersetzung Langensalza 1914.

Davenport, C. B. The Hill Folk. New York 1912.

— — The Nam Family. New York 1912.

Marcuse, M. Der eheliche Präventivverkehr, seine Verbreitung, Verursachung und Methodik, dargestellt und beleuchtet an 300 Ehen. (Diese wertvolle und dankenswerte, wenn auch unerfreuliche Arbeit wirft ein grelles Licht auf die Hauptursache des Geburtenausfalls.)

Theilhaber, F. Das sterile Berlin. Berlin 1913. (Eindrucksvolle Darstellung des Geburtenrückgangs.)

— — Der Untergang der deutschen Juden. München 1911. (Wertvolle Untersuchung über den Rückgang der in Deutschland eingesessenen Judenfamilien, auf den schon vorher Ruppin eindrucksvoll aufmerksam gemacht hatte.)

Seeck, O. Geschichte des Untergangs der antiken Welt. 3. Aufl. Berlin 1910. (Rassenbiologisch orientierte Geschichte des Untergangs der antiken Kultur durch einen anerkannten Fachhistoriker.)

Gobineau, J. A. Graf von. Versuch über die Ungleichheit der Menschenrassen. Deutsche Übersetzung Stuttgart 1898. (In diesem 1853–55 erschienenen Werk ist die Tatsache und die Bedeutung des Rückganges der nordischen Rasse erstmalig erfaßt. Die Ausgestaltung der Gobineauschen Rassenlehre im Sinne der Auslesetheorie geschah durch Ammon (s. o.), Lapouge und Woltmann.)

de Lapouge, M. Les sélections sociales. Paris 1896.

— — L'Aryen et son rôle social. Paris 1899.

Weltmann, L. Politische Anthropologie. Eisenach 1903.

— — Die Germanen und die Renaissance in Italien. Leipzig 1905.

— — Die Germanen in Frankreich. Jena 1907.

Grant, M. The Passing of the Great Race. New York 1916. (Modernes amerikanisches Werk im Geiste Gobineaus.)

An Schriften zur praktischen Rassenhygiene seien außer den eingangs genannten zusammenfassenden Werken noch folgende genannt:

v. Hoffmann, G. Die Rassenhygiene in den Vereinigten Staaten von Nordamerika. München 1913. (Sehr vollständige Darstellung der mit Eheverboten und Sterilisierungen arbeitenden sogenannten „negativen“ Rassenhygiene in Amerika. Mit erschöpfendem Verzeichnis der Literatur bis 1912.)

Placzek. Künstliche Fehlgeburt und künstliche Unfruchtbarkeit, ihre Indikationen, Technik und Rechtslage. Leipzig 1918. (Wertvolles Sammelwerk, in dem die Frage der Sterilisierung von verschiedenen Verfassern unter verschiedenen Gesichtspunkten eingehend erörtert wird.)

v. Hentig, H. Strafrecht und Auslese. Berlin 1914. (Originelles, aber wertvolles rassenhygienisch orientiertes Buch.)

Rosenfeld, E. H. Die strafrechtlichen Grundlagen der Sterilisation. Vierteljahrschr. für gerichtliche Medizin. 3. Folge. XLV, Suppl. 1. (Sehr bemerkenswertes Gutachten eines anerkannten Strafrechtslehrers.)

Siemens, H. W. Die Proletarisierung unseres Nachwuchses, eine Gefahr unrassenhygienischer Bevölkerungspolitik. Archiv für Rassen- und Gesellschaftsbiologie 1916. (Bedeutungsvolle Kritik rein quantitativer Bevölkerungspolitik.)

Zur Erhaltung und Mehrung der Volkskraft. Arbeiten einer vom Ärztlichen Verein München eingesetzten Kommission. München 1918. (Enthält wertvolle Leitsätze zu verschiedenen Gegenständen praktischer Rassenhygiene, die eine unter dem Vorsitz von Gruber und Trumpp tagende Kommission Münchener Ärzte und Hochschullehrer aufgestellt hat.)

Krankheiten und Ehe. 2. Aufl. Neu bearbeitet und herausgegeben von C. v. Noorden und S. Kaminer. Leipzig 1916. (Trotz mancher Mängel wertvolles Handbuch der ärztlichen Eheberatung.)

Zeiler, A. Gesetzliche Zulagen für jeden Haushalt. Stuttgart 1917.

— — Die selbsttätige Anpassung des Beamtengehaltes an die Schwankungen des Volkswohlstandes und die Kaufkraft des Geldes. München 1917.

— — Einkommensabgaben, Gesellschaftlicher Ausgleich und Gesamtverbrauchssteuer. Zweibrücken 1919. (Obwohl die Schriften Zeilers nicht speziell rassenhygienisch orientiert sind, scheinen uns seine Gedanken über sozial-wirtschaftliche Reform doch von gewaltiger Bedeutung für die Rassenhygiene zu sein.)

v. Gruber, M. Hygiene des Geschlechtslebens. Stuttgart 1914.

— — Mädchenerziehung und Rassenhygiene. München 1910. (Wertvolle Schriften zur privaten Rassenhygiene.)

Siemens, H. W. Die biologischen Grundlagen der Rassenhygiene und der Bevölkerungspolitik. München 1917. (Sehr geeignete billige Werbeschrift zur Einführung gebildeter Laien in die rassenhygienischen Gedanken.)

Lenz, F. Überblick über die Rassenhygiene. Jahreskurse für ärztliche Fortbildung. München, Oktober 1917. (Billige Einführungsschrift, für Ärzte gedacht.)

Gerstenhauer, M. R. Rassenlehre und Rassenpflege. Zeitz 1920. (Wertvolle kleine Werbeschrift Gobineauscher Richtung.)

Platon. Der Staat. Übersetzung von K. Preisendanz. Jena 1909. (Platons vor mehr als 2000 Jahren erschienene Staatslehre enthält überraschend aktuelle Grundzüge einer Rassenhygiene, daneben freilich manche absonderliche Vorschläge.)

Frank, J. P. System einer vollständigen medizinischen Polizey. In mehreren Bänden seit 1779. (Das Werk Johann Peter Franks ist für die Geschichte des rassenhygienischen Denkens hochbedeutsam, obwohl es ohne geschichtliche Wirksamkeit geblieben ist.)

Hildebrand, K. Norm und Entartung des Menschen.

— — Norm und Verfall des Staates. Dresden 1920. (Diese beiden zusammengehörigen Bücher stellen eine Erneuerung der Lehre Platons auf dem Boden der modernen Wissenschaft dar.)

v. Koschützki, R. Quelle der Kraft. Hamburg 1912. (Diese packende, rassenhygienisch orientierte Schrift des leider zu wenig bekannten Dichters kann zur Werbung für den rassenhygienischen Gedanken warm empfohlen werden.)

— — Siehdichum. Hirschberg i. Schi. ca. 1911. (Ein ergreifender Roman, in dem in feinsinniger und anheimelnder Weise ostelbisches Landleben geschildert wird und in dem der Held an einer rassenhygienisch verfehlten Ehe tragisch zugrundegeht.)

Popert, H. Helmut Harringa. 22. Aufl. Dresden 1913. (Seitdem wahrscheinlich wieder mehrere neue Auflagen. Ein rassenhygienischer Roman von starker Wirkung, der sich in erster Linie den Kampf gegen den Alkoholismus zur Aufgabe macht. Für die Jugend sehr zu empfehlen.)

Schließlich seien noch einige Zeitschriften genannt:

Archiv für Rassen- und Gesellschaftsbiologie. Herausgeber A. Ploetz. Verlag in Zukunft J. F. Lehmann, München. (Das Archiv bringt vor allem wissenschaftliche Originalarbeiten und kritische Berichte sowohl aus dem Gebiet der theoretischen Rassenbiologie als auch dem der praktischen

Rassenhygiene. Es bemüht sich, nicht nur dem Wissenschaftler, sondern auch dem gebildeten Laien verständlich zu sein.)

Hereditas. Herausgeber R. Larsson, Lund. (In dieser skandinavischen Zeitschrift für Erblichkeitsforschung erscheinen auch rassenbiologische Arbeiten, meist in englischer oder deutscher Sprache.)

Journal of Heredity. Herausgeber P. Popenoe. Organ der „American Genetics Association". Washington. (Führende amerikanische Zeitschrift auf dem Gebiet der Rassenbiologie und Rassenhygiene.)

Eugenics Review. Organ der „Eugenics Education Society". London. (Dient hauptsächlich der gemeinverständlichen Werbung.)

Das kommende Geschlecht. Zeitschrift für Familienpflege und geschlechtliche Volkserziehung auf biologischer und ethischer Grundlage. Herausgegeben von H. Muckermann S. J. u. a. Berlin, Verlag Dümmler. (Populäre Zeitschrift, welche der praktischen Bevölkerungspolitik und auch der privaten Rassenhygiene dient.)

Berichtigungen zum 1. Bande.

a) Druckfehler.

S. 11 Z. 6 lies Tabelle 10 statt Tabelle 8.

S. 17 Z. 30 lies Figur 5 statt Figur 6.

S. 18 Z. 13 lies Figur 5 statt Figur 6.

S. 67 Z. 7 v. u. lies albinotischer statt albionitischer.

S. 162 Z. 16 v. u. lies Zäpfchen statt Stäbchen.

S. 201 Z. 14 lies schematischer statt chematischer.

S. 234 Z. 7 v. u. lies ὁριστός statt ὁριοτός.

S. 236 Z. 2 lies Selbstüberschätzung statt Selbsüberschätzung.

S. 236 Z. 5 lies vermeintlichen statt vermeindlichen.

b) Inhaltliche Berichtigungen.

Zu S. 271 Z. 11–21 vgl. die Fußnote zu S. 55 des 2. Bandes.

Zu S. 300. Infolge eines Versehens ist im ersten Bande die wichtigste amerikanische Zeitschrift für Erblichkeit- und Variationslehre nicht genannt worden:

Genetics. Herausgeber G. H. Shull. Verlag Williams and Wilkins Co., Baltimore.

Zu S. 249 des 1. Bandes:

Infolge zu weit getriebenen Bestrebens nach Raumersparnis und gemeinverständlicher Darstellung hat leider die Klarheit des Absatzes über die Korrelationsrechnung gelitten. Das Wesen der Korrelation möge daher hier an einem einfachen Beispiel erläutert werden. Wenn in einer Bevölkerung im Durchschnitt jedes tausendste Individuum albinotisch wäre und wenn die Ehewahl ganz ohne Rücksicht darauf erfolgen würde, so wäre zu erwarten, daß nur jedes tausendste der albinotischen Individuen ein ebensolches Ehegemahl bekommen würde. Dann würden also in jeder millionsten Ehe beide Ehegatten albinotisch sein. Das rein zufällige Zusammentreffen zweier Ereignisse erfolgt eben mit einer Wahrscheinlichkeit, die gleich dem Produkt der Wahrscheinlichkeiten ist, mit denen jedes der beiden einzelnen Ereignisse eintritt. Wenn dagegen beide Ereignisse häufiger zusammentreffen, als dem Produkt der Wahrscheinlichkeiten entspricht, so stehen sie in positiver Korrelation, wenn seltener, in negativer. Wenn also z. B. albinotische Individuen vorzugsweise ebensolche Ehegatten bekommen würden, so würde in dieser Hinsicht eine positive Korrelation zwischen den Ehegatten bestehen. Wenn ein albinotisches Individuum immer wieder nur ein albinotisches heiraten würde, so wäre die Korrelation gleich 1. Wenn dagegen ein albinotisches niemals ein ebensolches heiraten würde, so wäre die Korrelation — 1. Und wenn albinotische Individuen in der Ehe nur gemäß der allgemeinen Wahrscheinlichkeit zusammentreffen würden, so wäre die Korrelation gleich 0. Der Korrelationskoeffizient ist also ein Maß, welches angibt, um wieviel die Wahrscheinlichkeit des Zusammentreffens zweier Ereignisse von dem Produkt der einzelnen Wahrscheinlichkeiten abweicht.

Auch bei Eigenschaften, die nicht in zwei deutlich unterscheidbare Gruppen geteilt werden können, kann eine Korrelation berechnet werden, z. B. bei Unterschieden der Größe, die nur Grade mit allmählichem Übergang erkennen lassen. Hinsichtlich der Größe würde unter Ehepaaren z. B. dann vollständige Korrelation (= 1) bestehen, wenn einem bestimmten Grade der Abweichung des Mannes von der Durchschnittsgröße aller Männer in jedem Falle auch ein proportionaler Grad der Abweichung der Frau von der Durchschnittsgröße aller Frauen der Bevölkerung entsprechen würde. Gar keine Korrelation (= 0) dagegen würde bestehen, wenn die Ehewahl ohne jede Rücksicht auf die Größe, in dieser Hinsicht also rein zufällig erfolgen würde.

Diese Korrelationsrechnung wird nun auch zur Erfassung der Erblichkeitserscheinungen gebraucht, indem die Korrelation der Merkmale zweier Blutsverwandtschaftsgrade, etwa zwischen Eltern und Kindern oder zwischen Geschwistern berechnet wird. Wenn z. B. in einer Kaninchenbevölkerung ein albinotischer (reiner) Stamm in sich rein weitergezüchtet würde, während alle übrigen Kaninchen gefärbt wären, so würde bei Korrelation zwischen Eltern und Nachkommen in bezug auf die Haarfarbe in dieser Bevölkerung gleich 1 sein. So war das Beispiel auf S. 249 gemeint. Wenn dagegen die ganze Bevölkerung nur aus weißen oder nur aus schwarzen Tieren bestehen würde, so würde man die Erblichkeit durch die Korrelationsrechnung überhaupt nicht erfassen können, obwohl die Erblichkeit der Farbe natürlich noch ganz dieselbe wäre. Schon das zeigt also, daß die Korrelationsrechnung zur exakten Erfassung der Erblichkeit wenig geeignet ist. Wenn weiter nur wenige albinotische Individuen in der Bevölkerung vorhanden wären und die Paarung ohne Rücksicht auf die Haarfarbe, d. h. rein zufällig erfolgen würde, so würden die Nachkommen albinotischer Tiere in der Regel nicht wieder albinotisch sein, und entsprechend würde man nur eine verschwindend geringe Korrelation von nahezu gleich 0 finden. Wenn dagegen dieselbe rezessive Anlage häufiger oder gar überwiegend in der Bevölkerung vorhanden wäre, so würden oft auch die Nachkommen albinotischer Tiere wieder albinotisch sein, und man würde eine viel höhere Korrelation finden, obwohl die Erblichkeit der Anlage im Grunde natürlich keine andere wäre als bei Seltenheit. Entsprechendes gilt natürlich auch für Merkmale, die keine Scheidung in zwei deutlich getrennte Gruppen, sondern nur die Feststellung allmählicher Gradunterschiede gestatten (wie z. B. die Größe). Auch hier ist die Korrelationsrechnung also zur Erfassung der eigentlichen Gesetzlichkeit des Erbganges nicht geeignet, sondern nur zu einer Orientierung über die phänotypische Ähnlichkeit verschiedener Verwandtschaftsgrade.

Fußnote

[*] Dort ist übrigens leider ein Irrtum untergelaufen. Von den dort genannten Personen sind nur *Hölderlin*, *Uhland*, *Schelling* und *Wildermuth* Nachkommen des Prof. *Bardili*, während die übrigen dort genannten berühmten Schwaben nur durch Verschwägerung ihrer Vorfahren mit jenem Stammbaum verwandt sind. Mir hatte für die Darstellung im 1. Bande nur ein Bericht in der medizinischen Fachpresse vorgelegen; inzwischen ist mir aber die Originalmitteilung Raths zugänglich geworden. Durch die Richtigstellung wird übrigens nichts Grundsätzliches geändert.